VHDLで学ぶ
ディジタル回路設計

ディジタル回路の理論と
VHDL設計の基礎を同時に学ぶ

吉田　たけお
尾知　博　共著

CQ出版社

まえがき

　我々の身の周りは，非常に多くのディジタル家電で取り囲まれている．テレビ，ビデオ，オーディオ，携帯電話，テレビゲームなどなど．これらの製品の制御中枢としての役割をになっているのがディジタル回路である．ディジタル回路は，半導体集積化技術の進歩とともに大規模，複雑化の一途を辿っており，もはや人手による回路図作成に基づいた設計は不可能となっている．このため，ディジタル回路の新しい設計手法の登場が期待され，現在では，ハードウェア記述言語（Hardware Description Language; HDL）と論理合成ツールを用いたトップダウン設計手法によるディジタル回路設計が常識となっている．

　このように企業におけるトップダウン設計に対する需要が急速に高まるにともない，大学・高専においても同様に HDL に関する講義や実習を，電気・電子・情報系のカリキュラムに組み込む大学も増えてきている．しかし，HDL に関する日本語の書籍は非常に少なく，さらに学校テキスト用に執筆された書籍は皆無と言える状況である．そこで本書では，ディジタル回路のトップダウン設計に関するテキストとして使用できるように，設計理論を始め，現在最も普及している HDL の一つである VHDL を用いたディジタル回路の設計方法についても詳しく解説している．

　HDL と論理合成ツールを用いた設計手法と従来の人手による回路図作成に基づく設計手法との差は，あくまでも道具の差であり，本質的な差ではない．すなわち，設計する回路のイメージを持たなければ，設計は行えない．本書は，初学者でもディジタル回路の基礎理論とこの新しい実践的な設計手法を同時に学べるように Part I～III で構成されている．

　Part I は理論編であり，ブール代数，論理関数，論理圧縮などのディジタル回路の基礎をなす理論を解説し，実用的なディジタル回路とその設計例や VHDL 記述例を多数紹介する．また，ディジタル回路の基礎理論を体系的に学びながら VHDL の使用法を習得できるように，各章は理論解説，例題，VHDL 演習，章末問題で構成されている．Part I は，半期の講義で学習できる程度の分量になっており，大学・高専のディジタル回路のテキストに適した内容になっている．

　また，Part II は実践編であり，HDL によるトップダウン設計に関する，より実践的で高度な話題を提供している．読者のスキルアップを目的としており，前半は同期式順序回路の設計方法，論理合成の仕組み，設計事例の紹介などについて，また後半はやや大きめのディジタル回路（RSA 暗号の暗号器）の設計演習について書かれている．Part II の内容を通して合成可能な記述などをより実践的で効率的な設計手順を理解することができる．

　さらに Appendix として Part III に，VHDL の構文，記述方法などを詳しく解説している．Part III は初心者用の文法書としても利用できるように，構文解説の章では機能説明だけでなく実用上，必要十分な構文について使用例もあわせて載せてある．

　本書を執筆するにあたり，琉球大学大学院生の島尻寛之君に例題や VHDL 記述の作成を手伝ってもらった．彼には，この他，学生の視点で草稿をチェックしてもらい，さまざまな改善提案をしてもらった．この場を借りて謝意を表す．また，本書の執筆の機会を与えてくれた琉球大学情報工学科諸氏ならびに CQ 出版社山本潔氏，大野典宏氏に感謝する．

最後に，本書によってディジタル回路設計に興味を持ち，より実践的な回路設計に挑戦する人が増えることを期待している．なお，本書の内容等に関するご質問やご指摘については，下記のメールアドレスに連絡頂ければ幸いである．

2002 年 2 月
吉田 たけお
尾知 博
(vhdl_support@fts.ie.u-ryukyu.ac.jp)

■ **本書のサポート Web サイト**
https://sites.google.com/ie.u-ryukyu.ac.jp/vhdl/

【授業を担当する大学・高専教官へ】
　Part I に関する授業案を筆者の経験を元に紹介するので，カリキュラム計画の参考にして頂きたい．なお，90 分授業を 1 コマとして 15 回分の講義を想定している．

講義日	授業内容 (節)	講義日	授業内容 (節)
1	1.1, 1.2	8	5.1, 5.2
2	2.1, 2.2	9	5.2, 5.3
3	2.2, 2.3	10	5.4
4	3.1, 3.3	11	6.1, 6.2
5	4.1	12	6.3, 6.4
6	演習	13	6.5
7	中間試験	14	演習
		15	期末試験

　なお，目次・本文において * 印が付いた節は，学校教育にとっては比較的高度な内容となっており，時間的な制約がある場合は授業で割愛できる部分である (0.1, 0.2, 3.2, 3.3.4, 4.2, 4.3, 6.3.3, 6.3.4, 6.3.5 各節)．
　Part II についても，実際の設計実習も含め 15 コマで十分に対応できる内容となっている．Part II の設計演習を通して効率的な回路設計技法が自然に身に付くばかりでなく，オリジナルな回路を自ら考え設計する力も付くように内容が工夫されているので，Part I に引き続き Part II も授業で実施されることを期待する．

目　次

(*印は専門的内容であり，講義で省略可能な節を示す)

第0章　ディジタル回路設計の世界　　1
- 0.1$^{(*)}$　ディジタル回路の設計過程　　1
  - 0.1.1　ディジタル回路設計における設計段階　　1
  - 0.1.2　トップダウン設計とボトムアップ設計　　2
- 0.2$^{(*)}$　ハードウェア記述言語と設計自動化　　3
  - 0.2.1　ハードウェア記述言語　　3
  - 0.2.2　設計自動化技術　　3

Part I　理論編　　5

第1章　2進数とゲート回路　　7
- 1.1　10進数と2進数　　7
  - 1.1.1　導入　　7
  - 1.1.2　2進数の表現　　8
- 1.2　ゲート回路の2値動作　　11
  - 1.2.1　基本ゲート回路と真理値表　　11
  - 1.2.2　正論理と負論理　　15

第2章　ディジタル回路とVHDLの基礎　　17
- 2.1　論理回路と論理式　　17
  - 2.1.1　導入　　17
  - 2.1.2　論理回路と論理式の関係　　18
- 2.2　ブール代数と論理関数の簡単化　　19
  - 2.2.1　ブール代数と論理関数　　20
  - 2.2.2　ブール代数に基づく論理式の簡単化　　22
- 2.3　VHDLの基礎　　23
  - 2.3.1　VHDLの概要　　24
  - 2.3.2　VHDLによるディジタル回路の記述　　24

第3章　論理関数の標準形と論理圧縮　　29
- 3.1　論理関数の標準形　　29
  - 3.1.1　導入　　29
  - 3.1.2　加法標準形と乗法標準形　　30
  - 3.1.3　展開定理　　32
  - 3.1.4　主加法標準形と主乗法標準形　　32
- 3.2$^{(*)}$　完全系　　34
  - 3.2.1　2変数論理関数と完全系　　34

3.2.2　NAND 形式と NOR 形式の実現 36
　　　3.2.3　完全系の相互変換 37
　3.3　論理圧縮 38
　　　3.3.1　導入 38
　　　3.3.2　最小項と最大項 39
　　　3.3.3　カルノー図法による論理圧縮 42
　　　3.3.4(*)　クワイン・マクラスキー法による論理圧縮 48

第4章　組み合わせ回路とそのVHDL記述　57

　4.1　実用的な組み合わせ回路 57
　　　4.1.1　加算器 57
　　　4.1.2　マルチプレクサ/デマルチプレクサ 64
　　　4.1.3　デコーダ/エンコーダ 68
　　　4.1.4　その他の実用回路 71
　4.2(*)　組み合わせ回路におけるハザードとその対策 73
　　　4.2.1　ハザード 74
　　　4.2.2　ハザードフリーな回路の構成 77
　4.3(*)　VHDL によるディジタル回路の検証 81
　　　4.3.1　ディジタル回路の検証方法 81
　　　4.3.2　テストベンチによる検証 82
　　　4.3.3　VHDL によるテストベンチの記述方法 83

第5章　フリップフロップとそのVHDL記述　91

　5.1　記憶機能を有する回路 91
　　　5.1.1　導入 91
　　　5.1.2　フィードバックのある回路 92
　5.2　フリップフロップおよびラッチの回路構成と特性表 92
　　　5.2.1　RS フリップフロップ 92
　　　5.2.2　同期型 RS フリップフロップ 95
　　　5.2.3　ラッチ 97
　　　5.2.4　JK フリップフロップ 99
　　　5.2.5　T フリップフロップ 102
　　　5.2.6　D フリップフロップ 104
　5.3　安定動作をするフリップフロップの構成 106
　　　5.3.1　フリップフロップの発振とレーシング 106
　　　5.3.2　マスタ-スレーブ型フリップフロップ 107
　　　5.3.3　エッジトリガ型フリップフロップ 109
　5.4　フリップフロップの応用 112
　　　5.4.1　レジスタ 112
　　　5.4.2　カウンタ 114

第6章　順序回路とその VHDL 記述　　　　　　　　　　　**121**

- 6.1　順序回路の定義 121
  - 6.1.1　導入 121
  - 6.1.2　順序回路の基本構成 122
- 6.2　順序回路の表現 124
  - 6.2.1　状態遷移図 124
  - 6.2.2　状態遷移表と出力表 125
  - 6.2.3　状態遷移関数と出力関数 125
- 6.3　順序回路の設計 127
  - 6.3.1　フリップフロップによる記憶回路の実現 127
  - 6.3.2　RS フリップフロップを用いた順序回路の設計 128
  - 6.3.3[*]　JK フリップフロップを用いた順序回路の設計 129
  - 6.3.4[*]　T フリップフロップを用いた順序回路の設計 131
  - 6.3.5　D フリップフロップを用いた順序回路の設計 132
  - 6.3.6　順序回路の設計手順のまとめ 132
- 6.4　VHDL によるステートマシンの記述 133
  - 6.4.1　記憶回路の記述 133
  - 6.4.2　状態遷移回路および出力回路の記述 133
- 6.5　実用的な順序回路 134
  - 6.5.1　同期式 N 進カウンタ 134
  - 6.5.2　アップダウンカウンタ 135
  - 6.5.3　その他のカウンタ 136
  - 6.5.4　メモリ 142

Part II　実践編　　　　　　　　　　　　　　　　　　　　　**153**

第7章　VHDL によるディジタル回路設計　　　　　　　　　**155**

- 7.1　ディジタル回路の設計方針 155
  - 7.1.1　データパスと制御回路 155
  - 7.1.2　組み合わせ回路と順序回路の違い 155
  - 7.1.3　ステートマシンを設計する目的 156
  - 7.1.4　HDL によるディジタル回路設計の流れ 157
- 7.2　ディジタル回路の実装技術 161
  - 7.2.1　ディジタル IC の分類 161
  - 7.2.2　FPGA によるディジタル回路の実現 163
- 7.3　論理合成における処理 166
  - 7.3.1　論理合成と制約条件 166
  - 7.3.2　論理変換 167
  - 7.3.3　テクノロジマッピング 173
  - 7.3.4　論理最適化 173
- 7.4　設計事例の紹介 173

	7.4.1	回路仕様	175
	7.4.2	mod 演算器の設計事例	175
	7.4.3	各 VHDL 記述の比較	177

第8章　VHDL による RSA 暗号器の設計　　179

8.1	暗号に関する基礎知識	179
	8.1.1　暗号とは？	179
	8.1.2　秘密鍵暗号と公開鍵暗号	180
	8.1.3　RSA 暗号とは？	181
	8.1.4　RSA 暗号の諸性質	183
	8.1.5　RSA 暗号の暗号化と復号の例	184
8.2	RSA 暗号器の方式設計	186
	8.2.1　仕様とは？	186
	8.2.2　RSA 暗号器を設計するうえで決めておく必要のある情報	186
	8.2.3　RSA 暗号器のエンティティ仕様	187
	8.2.4　RSA 暗号器のアーキテクチャ仕様	188
8.3	RSA 暗号器の機能設計	191
	8.3.1　RSA 暗号器の組み合わせ回路としての設計	192
	8.3.2　RSA 暗号器の同期式順序回路としての設計	196
8.4	まとめ	205

Part III　Appendix　　207

Appendix A　VHDL の文法概要　　209

A.1	VHDL の記述方法	209
A.2	VHDL の構文解説	209
A.3	VHDL で使用できる演算子	238
A.4	VHDL の予約語	239
	A.4.1　現在の版（`Std 1076-1993`）の予約語	239
	A.4.2　旧版（`Std 1076-1987`）にあって 1993 年版で削除された予約語	240
A.5	VHDL で使用できる型変換関数	240

Appendix B　TEXTIO パッケージ　　241

Appendix C　信号代入文と変数代入文　　243

参考文献 　245

索　引 　247

図目次

0.1	ディジタル回路の設計過程	2
1.1	2進加算器 (1桁分)	8
1.2	2進加算器 (4桁分)	8
1.3	アナログ信号とディジタル信号	12
1.4	NOT ゲート	13
1.5	AND ゲート	13
1.6	OR ゲート	13
1.7	NAND ゲート	13
1.8	NOR ゲート	13
1.9	XOR ゲート	14
1.10	XOR ゲートを用いた回路	14
1.11	基本ゲートのみを用いた回路	14
1.12	NAND ゲートを用いた半加算器	16
2.1	構造の異なる半加算器	17
2.2	論理式表現するための論理回路の例	18
2.3	例題 2.1 の論理回路	18
2.4	例題 2.2 の論理回路	19
2.5	リスト 2.1 の合成結果	24
2.6	問題 2.1 の回路図	27
2.7	問題 2.6 の回路図	28
2.8	問題 2.6 のタイミングチャート	28
3.1	導入演習 3.1 の回路図	30
3.2	NAND 形式による回路	36
3.3	NOR 形式による回路	37
3.4	例題 3.8 の回路図	38
3.5	例題 3.8 の解説	39
3.6	NOT ゲート,NAND ゲート,NOR ゲートの関係	39
3.7	論理圧縮の必要性	40
3.8	カルノー図	42
3.9	4変数関数 f のカルノー図	43
3.10	隣接する最小項の性質	43
3.11	最小項のグループ化の例	44
3.12	論理圧縮の手順の説明	45
3.13	例題 3.12 のカルノー図	46

3.14	論理圧縮後の回路図	46
3.15	リスト 3.1 の論理合成の結果	46
3.16	ドントケアを含んだカルノー図	47
3.17	クワイン・マクラスキー法における主項の導出手順	51
3.18	クワイン・マクラスキー法における主項の選択手順	54
3.19	問題 3.8 のカルノー図	55
4.1	4 ビット加算器	57
4.2	全加算器のカルノー図	58
4.3	全加算器の回路図	58
4.4	半加算器による全加算器の構成	59
4.5	全加算器の合成結果	60
4.6	図 4.5 のコンポーネントの中身	61
4.7	図 4.5 を最適化した結果	61
4.8	階層設計の概念	61
4.9	4 ビットマルチプレクサの回路図	65
4.10	4 ビットデマルチプレクサの回路図	67
4.11	データ伝送回路 (マルチプレクサ/デマルチプレクサの応用)	68
4.12	2 入力 4 出力デコーダの回路図	69
4.13	7 セグメント LED 表示回路	70
4.14	7 セグメント LED 用デコーダの合成結果	73
4.15	4 入力 2 出力エンコーダの回路図	73
4.16	コンパレータの合成結果	75
4.17	パリティチェッカの合成結果	76
4.18	ハザードの種類	77
4.19	静的ハザードの例	77
4.20	動的ハザードの例	77
4.21	ハザードフリーな回路の例	78
4.22	式 (4.3) のカルノー図	80
4.23	例題 4.4 のカルノー図	80
4.24	ハザードを回避するために冗長項を加えたカルノー図	80
4.25	式 (4.6) を実現するハザードフリーな回路	81
4.26	テストベンチの階層	82
4.27	半加算器のシミュレーション結果	83
4.28	問題 4.1 のカルノー図	90
5.1	AND-OR ループによる記憶回路	91
5.2	FF とラッチの基本構成	92
5.3	RS-FF の記号と回路構成	93
5.4	RS-FF のシミュレーション結果	95

5.5	NAND ゲートによる RS-FF の記号と回路構成	95
5.6	NOR ゲートによる同期型 RS-FF	96
5.7	NAND ゲートによる同期型 RS-FF	96
5.8	同期型 RS-FF のシミュレーション結果	97
5.9	ラッチのタイミングチャート	98
5.10	ラッチの記号と回路構成	98
5.11	図 5.10 (b) を改良したラッチ	99
5.12	JK-FF の記号と回路構成	100
5.13	RS-FF を用いた JK-FF の回路構成	101
5.14	JK-FF のシミュレーション結果	103
5.15	T-FF の記号と回路構成	103
5.16	T-FF のシミュレーション結果	104
5.17	D-FF の記号と回路構成	105
5.18	FF の縦続接続	106
5.19	マスタ-スレーブ型 FF	107
5.20	マスタ-スレーブ型 JK-FF のシミュレーション結果	108
5.21	エッジトリガ型 FF の記号	109
5.22	ネガティブエッジトリガ型 JK-FF の構成例	109
5.23	ポジティブエッジトリガ型 D-FF のシミュレーション結果	110
5.24	n ビットメモリレジスタ	112
5.25	4 ビットメモリレジスタ	112
5.26	n ビットシフトレジスタ	113
5.27	4 ビットシフトレジスタ	113
5.28	4 ビットシフトレジスタのシミュレーション結果	114
5.29	16 進リプルカウンタ	115
5.30	リプルカウンタの遅延	116
5.31	同期式 16 進カウンタ	117
5.32	問 5.3 の入力波形	117
5.33	クロック入力付き T-FF	117
5.34	問 5.4 の入力波形	118
5.35	位相比較 (弁別) 器	118
5.36	問 5.5 の入力波形	118
5.37	同期微分器	118
5.38	問 5.6 の入力波形	119
5.39	クリア端子付き T-FF による非同期式 16 進カウンタ	119
5.40	問 5.13 の同期式カウンタ	120
6.1	何進カウンタかわからない回路	121
6.2	図 6.1 (a), (b) のタイミングチャート	122
6.3	順序回路のモデル	122

6.4	状態遷移図	124
6.5	4 進カウンタの状態遷移図	124
6.6	状態割り当て後の 4 進カウンタの状態遷移図	126
6.7	状態遷移関数のカルノー図	126
6.8	FF0 の入力 R_0, S_0 のカルノー図	128
6.9	FF1 の入力 R_1, S_1 のカルノー図	128
6.10	4 進カウンタの RS-FF による実現	129
6.11	FF0 の入力 J_0, K_0 のカルノー図	130
6.12	FF1 の入力 J_1, K_1 のカルノー図	130
6.13	4 進カウンタの JK-FF による実現	130
6.14	FF0 の入力 T_0 のカルノー図	131
6.15	FF1 の入力 T_1 のカルノー図	131
6.16	4 進カウンタの T-FF による実現	131
6.17	4 進カウンタの D-FF による実現	132
6.18	4 進カウンタのシミュレーション結果	134
6.19	例題 6.1 の状態遷移図	137
6.20	リスト 6.3 の合成結果	137
6.21	4 ビットリングカウンタ	141
6.22	4 ビットジョンソンカウンタ	143
6.23	2 進数とグレイコードを変換する回路	143
6.24	4 ビットグレイコードカウンタのタイミングチャート	145
6.25	メモリにおけるデータとアドレス	145
6.26	問題 6.2 の状態遷移図	151
7.1	同期式順序回路のモデル (データパスと制御回路)	156
7.2	8 ビット乗算器のデータパスの例	157
7.3	8 ビット乗算器の制御回路の状態遷移図	160
7.4	対象ユーザによる IC の分類	162
7.5	FPGA の内部構造 (模式図)	163
7.6	論理ブロックの構造	163
7.7	FPGA の設計環境	165
7.8	論理合成の処理手順	166
7.9	回路規模と遅延時間の関係	167
7.10	リソースの割り当て	168
7.11	リソースの共有化	168
7.12	レジスタ推定の例 (FF の推定)	169
7.13	レジスタ推定の例 (メモリレジスタの推定)	170
7.14	レジスタ推定の例 (シフトレジスタの推定)	171
7.15	等価な状態の例	172
7.16	VHDL 構文の論理式への変換	174

7.17	二段論理回路の多段論理回路への変換	175
8.1	暗号を用いた通信システム	179
8.2	RSA暗号の暗号器と復号器	182
8.3	乗算回数の比較	189
8.4	2進数の除算	190
8.5	modの計算方法	191
8.6	RSA暗号の暗号化方法	192
8.7	mod演算器の組み合わせ回路としてのブロック図	193
8.8	mod演算器のシミュレーション結果	195
8.9	RSA暗号器の組み合わせ回路としてのブロック図	195
8.10	乗算+mod演算器の順序回路としてのブロック図(データパス)	196
8.11	乗算+mod演算器の制御回路の状態遷移図	197
8.12	乗算+mod演算器のシミュレーション結果	202
8.13	RSA暗号器の順序回路としてのブロック図(データパス)	203
8.14	RSA暗号器の制御回路の状態遷移図	204
A.1	VHDL記述の構造	210

表目次

1.1	10進数とBCD符号の対応	10
1.2	符号付き2進数	11
1.3	NOTの真理値表	13
1.4	ANDの真理値表	13
1.5	ORの真理値表	13
1.6	NANDの真理値表	13
1.7	NORの真理値表	13
1.8	XORの真理値表	14
1.9	1ビット加算器(半加算器)	14
1.10	正論理のANDの真理値表	15
1.11	正論理のORの真理値表	15
1.12	負論理のANDの真理値表	15
1.13	負論理のORの真理値表	15
2.1	半加算器の真理値表	17
2.2	吸収則の真理値表	22
2.3	ド・モルガンの定理の真理値表	23
3.1	導入演習	29
3.2	2変数論理関数(2項演算)の種類	35
3.3	f, f'の真理値表	40
3.4	2変数の最小項と最大項	41
3.5	3変数の最小項と最大項	41
3.6	全加算器のキャリ生成部の真理値表	45
3.7	式(3.48)の最小項の分類	49
3.8	表3.7に対して1次圧縮を行った結果	49
3.9	表3.8に対して2次圧縮を行った結果	50
3.10	論理関数fの主項——最小項表	51
3.11	論理関数fの必須項を除いた主項-最小項表	52
3.12	関数f(式(3.55))の主項——最小項表	53
3.13	多数決回路の真理値表	55
4.1	全加算器の真理値表	58
4.2	4ビットマルチプレクサの真理値表	65
4.3	4ビットデマルチプレクサの真理値表	67
4.4	2入力4出力デコーダの真理値表	69
4.5	BCD符号-10進デコーダの真理値表	69

4.6	7セグメントLED用デコーダの真理値表	71
4.7	4入力2出力エンコーダの真理値表	71
4.8	10進-BCD符号エンコーダの真理値表	74
5.1	RS-FFの特性表	93
5.2	NANDゲートによるRS-FFの特性表	95
5.3	同期型RS-FFの特性表	96
5.4	ラッチの特性表	98
5.5	JK-FFの特性表	100
5.6	T-FFの特性表	103
5.7	D-FFの特性表	105
6.1	4進カウンタの状態遷移表と出力表	125
6.2	状態割り当て後の4進カウンタの状態遷移表	126
6.3	FFiへの入力条件	127
6.4	4ビットの2進数とグレイコードの対応	144
6.5	ROMの分類	146
6.6	RAMの分類	148
7.1	リスト7.1の各processの役割	160
7.2	ルックアップテーブルの真理値表	164
7.3	FPGAの種類とその特徴	164
7.4	状態割り当ての例	172
8.1	秘密鍵暗号と公開鍵暗号の特徴	180
8.2	文字コード対応表	184
8.3	RSA暗号器のエンティティ仕様	188
A.1	VHDLの演算子	239
A.2	定義済みの使用できる型変換関数	240
B.1	TEXTIOパッケージで定義されているデータタイプ	241
B.2	TEXTIOパッケージで定義されている関数	241
B.3	std_logic_textioパッケージで定義されている関数	242

リスト目次

2.1	半加算器の VHDL 記述	24
3.1	VHDL 演習 3.1 の VHDL 記述	47
4.1	半加算器の VHDL 記述 (std_logic 型使用)	59
4.2	全加算器の VHDL 記述	60
4.3	コンポーネントを用いた 4 ビット加算器の VHDL 記述	62
4.4	算術演算子を用いた 4 ビット加算器の VHDL 記述	63
4.5	4 ビットマルチプレクサ (セレクタ) の VHDL 記述	66
4.6	4 ビットデマルチプレクサの VHDL 記述	68
4.7	2 入力 4 出力デコーダの VHDL 記述	70
4.8	7 セグメント LED 用デコーダの VHDL 記述	72
4.9	4 入力 2 出力エンコーダの VHDL 記述	74
4.10	コンパレータの VHDL 記述	75
4.11	パリティチェッカの VHDL 記述	76
4.12	半加算器用のテストベンチの記述	84
4.13	信号値と時間の指定によるテストベンチの記述	86
4.14	データファイルを用いたテストベンチの記述	87
4.15	データファイル test_in.dat の内容	88
4.16	データファイル test_out.dat の内容	88
4.17	プログラム的なテストベンチの記述	89
5.1	RS-FF の VHDL 記述	94
5.2	同期型 RS-FF の VHDL 記述	97
5.3	ラッチの VHDL 記述	99
5.4	JK-FF の VHDL 記述	102
5.5	T-FF の VHDL 記述	104
5.6	D-FF の VHDL 記述	105
5.7	マスタ-スレーブ型 JK-FF の VHDL 記述	108
5.8	ポジティブエッジトリガ型 D-FF の VHDL 記述	110
5.9	4 ビットシフトレジスタの VHDL 記述	114
6.1	4 進カウンタのステートマシンとしての VHDL 記述	135
6.2	4 進カウンタの VHDL 記述	136
6.3	図 6.19 の VHDL 記述	138
6.4	同期式 N 進カウンタの VHDL 記述	139
6.5	2^N 進アップダウンカウンタの VHDL 記述	140

6.6	N ビットリングカウンタの VHDL 記述	142
6.7	N ビットジョンソンカウンタの VHDL 記述	144
6.8	グレイコード生成回路の VHDL 記述	146
6.9	N ビットグレイコードカウンタの VHDL 記述	147
6.10	定数を用いた ROM の VHDL 記述	148
6.11	データファイルを用いた ROM の VHDL 記述	149
6.12	ROM データファイル (rom_data.dat) の内容	150
6.13	RAM の VHDL 記述	150
7.1	乗算器の順序回路としての VHDL 記述	158
7.2	if 文による mod 演算器の VHDL 記述	176
7.3	for-loop 文による mod 演算器の VHDL 記述	177
7.4	ビット幅をパラメータ化した mod 演算器の VHDL 記述	178
8.1	論理合成できない RSA 暗号器の VHDL 記述	187
8.2	mod 演算器 (組み合わせ回路) の VHDL 記述	194
8.3	乗算+mod 演算器 (順序回路) の VHDL 記述	198
C.1	信号代入文と変数代入文の違い	243

構文解説目次

構文解説 1	architecture 宣言	210
構文解説 2	assert 文	211
構文解説 3	attribute	212
構文解説 4	block 文	213
構文解説 5	case 文	214
構文解説 6	component 宣言	215
構文解説 7	component_instance 文	215
構文解説 8	configuration 宣言	216
構文解説 9	constant 宣言	217
構文解説 10	entity 宣言	217
構文解説 11	exit 文	218
構文解説 12	file 宣言	218
構文解説 13	generate 文	219
構文解説 14	generic 文	220
構文解説 15	generic_map 文	220
構文解説 16	if 文	221
構文解説 17	library 宣言	222
構文解説 18	loop 文	223
構文解説 19	next 文	224
構文解説 20	null 文	224
構文解説 21	package 宣言	225
構文解説 22	package_body 文	225
構文解説 23	port 文	226
構文解説 24	port_map 文	227
構文解説 25	process 文	228
構文解説 26	signal 宣言	229
構文解説 27	subprogram 宣言	229
構文解説 28	subprogram 本体	230
構文解説 29	subprogram 呼び出し	231
構文解説 30	subtype 宣言	233
構文解説 31	type 宣言	233
構文解説 32	use 節	235
構文解説 33	variable 宣言	235
構文解説 34	wait 文	236
構文解説 35	コメント文	236
構文解説 36	条件付き信号代入文	237
構文解説 37	信号代入文	237
構文解説 38	変数代入文	238

コラム目次

- コラム 1　定数 25
- コラム 2　std_logic 型 26
- コラム 3　階層設計 61
- コラム 4　算術演算用パッケージ 63
- コラム 5　同時処理文と順序処理文 65
- コラム 6　process 文を用いた組み合わせ回路の記述 66
- コラム 7　FF やラッチの記述 101
- コラム 8　エッジ検出の記述 110
- コラム 9　process 文を用いたフリップフロップの記述 111

第0章
ディジタル回路設計の世界

　ディジタル回路は，コンピュータの心臓部としての役割だけでなく，テレビ，ビデオ，オーディオ，携帯電話，テレビゲームなどの一般家電の制御中枢としての役割を担っており，その応用分野は，半導体技術の進歩とともに広がり続けている．このようなディジタル回路は，一体どのように設計されるのであろうか？ここでは，ディジタル回路設計の世界を概観しよう．

0.1(*) ディジタル回路の設計過程

0.1.1 ディジタル回路設計における設計段階

　ディジタル回路は，その設計を開始してから実際の LSI 回路として**実現 (implementation)** されるまでに，図 0.1 に示すような設計過程を経る．

(1) **方式設計 (system design)**
- ディジタル回路の動作やそれを実現する手順，アーキテクチャなどの**仕様**を決定する．

(2) **機能設計 (functional design)**
- 必要となる構成要素や構成要素間のデータの流れを決定する．

(3) **論理設計 (logic design)**
- ゲート回路などのディジタル素子を用いた回路図を作成する．

(4) **回路設計 (circuit design)**
- トランジスタなどのアナログ素子を用いた回路図を作成する．

(5) **レイアウト設計 (layout design)**
- LSI プロセスにおけるフォトマスク原画となるマスクパターンを作成する．

　ディジタル回路の設計は，上記 (1)～(5) の順に行われ，各段階における設計作業が終了すると，図 0.1 に示すように，その設計作業が正しく行われたかどうかを確認する．この確認作業を**設計検証 (design verification)** または単に**検証 (verification)** という．検証の結果，設計作業が正しく行われていると判断された場合は，次の設計段階に進む．一方，設計作業が正しく行われていないと判断された場合は，その設計段階または以前

図 0.1 ディジタル回路の設計過程

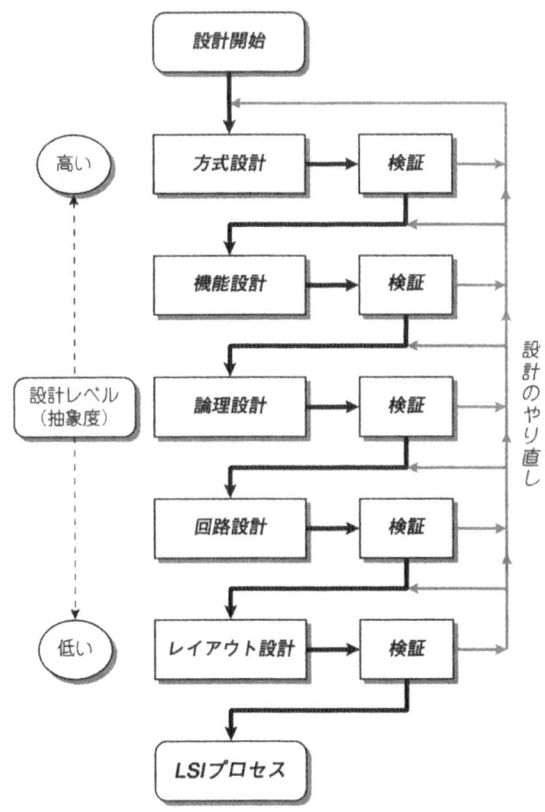

の設計段階に戻って[注1]，設計作業をやり直す．この設計作業のやり直しは，検証結果が良くなるまで繰り返される．すなわち，ディジタル回路は，設計と検証の繰り返し作業によって実現されていく．

設計の初期の段階では，実際のディジタル回路に対する物理的なイメージが少なく非常に抽象的である．設計が進んでいくと，具体的な回路イメージに近づいていく．ディジタル回路の設計においては，**抽象度**の高い設計段階を**高レベル (high level)** といい，抽象度の低い設計段階を**低レベル (low level)** という．上記の設計過程は，高いレベルから低いレベルへと進んでいくため，**トップダウン設計 (top-down design)** と呼ばれる．一方，これとは逆に，低いレベルから高いレベルへと進めていく設計手法もあり，これを**ボトムアップ設計 (bottom-up design)** と呼ぶ．

0.1.2　トップダウン設計とボトムアップ設計

トップダウン設計手法は，まずディジタル回路全体の動作や機能を決定し，徐々に具体化 (回路化) していく方法である．**トップダウン設計**手法は，ハードウェアの基礎知識が無くても比較的容易に設計作業が行え

注1：実際の設計現場では，各設計段階が独立しているため，以前の設計に戻ってやり直すことができない．

る[注2]，設計検証にかかる時間や設計期間を短縮できるなどのメリットがある．

一方，**ボトムアップ設計**手法は，まず開発対象となるディジタル回路をいくつかのブロックに分割し，設計された各ブロックを組み合わせて回路全体を構成する方法である．過去の設計資産を再利用し易いので，大規模なディジタル回路の設計において，従来採用されてきた方法である．

後述の合成技術の進歩によって，最近では，**トップダウン設計**手法が回路設計者の注目を集めている．しかし実際にディジタル回路を設計する場合，一から設計を始めるのではなく，過去の設計資産を再利用することが多い．そのため実際には，**トップダウン設計**と**ボトムアップ設計**とは混在しているのが実情である．

0.2[(*)] ハードウェア記述言語と設計自動化

0.2.1 ハードウェア記述言語

従来，ディジタル回路の設計作業の多くは，人間の手作業によって行われてきた．しかし半導体集積化技術の飛躍的な向上に伴い，設計するディジタルシステムの規模は増大の一途を辿っており，人間の手作業による回路図作成は既に限界となっている．このため近年，**ハードウェア記述言語** (hardware description language：HDL) を用いた，プログラミング形式のディジタル回路設計が行われるようになっている．

HDL はディジタル回路の動作や構造を形式的に記述するための言語であり，先に示した各設計段階に対応する HDL が存在する．HDL は 40 年近い長い歴史を持っており，設計者間のコミュニケーションの正確化，設計期間の短縮，シミュレーション作業の軽減などを目的として開発された．しかし，HDL 記述と実際のディジタル回路との間には大きなギャップが存在したため，ここ数年まで，HDL は実際の設計現場にはあまり普及してこなかった．

0.2.2 設計自動化技術

HDL 記述と実際のディジタル回路との間のギャップを埋めるための**設計自動化** (design automation：DA) の試みも，古くから行われており，既に 30 年以上の歴史がある．この設計自動化を実現するために重要な技術の一つに**合成** (synthesis) がある．合成とは，あるレベルの HDL 記述から，それより低いレベルの HDL 記述を自動生成する技術である．合成技術は，低レベルの設計段階では，古くから実用化されていた．現在では，機能設計段階の HDL 記述から回路図や LSI のマスクパターンを自動生成できるようになってきている．このように，合成技術の進歩によって HDL は急速に普及し，現在では HDL を抜きにしたディジタル回路設計は考えられなくなっている．

なお，機能設計段階のことを**レジスタ転送レベル** (register transfer level：RTL) ともいい，RTL の HDL 記述から論理設計段階の HDL 記述 (回路図) を自動生成する技術を特に**論理合成** (logic synthesis) という．また，RTL より上位の HDL 記述から回路図や LSI のマスクパターンを自動合成することを**高位合成** (high level synthesis) という．現在，高位合成技術に関する研究が盛んに行われている．

HDL は，その長い歴史において，非常に多種多様な言語が開発・提案されてきた．その中で，標準化が進められ，現在広く用いられている言語の一つに **VHDL** がある．本書では，この VHDL を取り上げ，VHDL とディジタル回路との関係，VHDL によるディジタル回路の設計方法などを詳しく解説していく．

注 2：もちろん，ハードウェアに関する基礎知識が不必要であるという意味ではない．

Part I
理論編

第1章

2進数とゲート回路

コンピュータやそれを構成するディジタル回路では，各桁が '0' または '1' で表現される2進数を用いて数値計算を行っている．理由は，'0' と '1' の2値を表現できるエレクトロニクス素子が安価で簡単に製作実現できるからである．本章では，こうしたディジタル回路の基本である2進数とゲート回路について学び，ディジタル回路の世界の入口を覗いてみることにする．

1.1 10進数と2進数

1.1.1 導入

導入演習 1.1 (10 進数の加算と 2 進数の加算)

以下に示した **10 進数 (decimal number)** の加算 $(18)_{10} + (85)_{10}$ の計算手順を参考にして，**2 進数 (binary number)** の加算 $(1101)_2 + (0101)_2$ の計算手順を示しなさい．ただし，$(x)_n$ は，x が n 進数であることを表している．

$$(18)_{10} + (85)_{10} = (103)_{10}$$

[解]

$$(1101)_2 + (0101)_2 = (10010)_2$$

このように，2進数の加算手順は，10進数の加算と同様に，最下位桁から順にキャリ (carry：桁上げ) を考慮しながら計算していく．ここで，1桁の2進数の加算を図1.1の回路ブロックで表現しておくと，導入演習1.1で示したような4桁の2進数の加算を実行する回路は，図1.2のブロック図となることが理解できる．

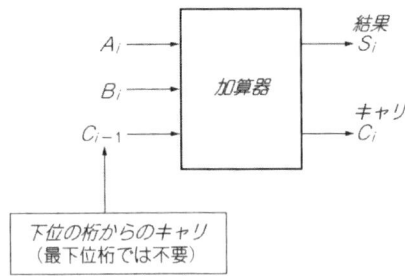

図1.1　2進加算器 (1桁分)

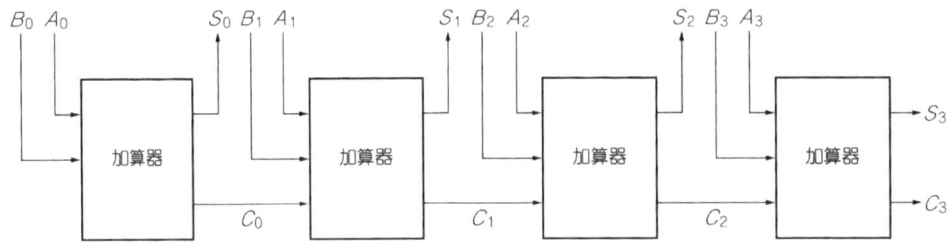

図1.2　2進加算器 (4桁分)

$(A_3A_2A_1A_0)_2 + (B_3B_2B_1B_0)_2 = (C_3S_3S_2S_1S_0)_2$

　この演習で考えた2進加算器は，コンピュータで数値計算を行っているCPUに必ず内蔵されている，基本的でかつ重要なディジタル回路である．さてそれでは，こうした2進加算器は，実際にはどのような素子を用いて実現されているのであろうか？ 本書の目的の一つは，こうしたディジタル回路の設計を行うことである．本書を読み進んでいくにつれて，加算器などの実用上重要なディジタル回路の設計や解析が行えるようになる．

1.1.2　2進数の表現

まず始めにディジタル回路で用いられる2進数の表現について検討してみよう．

◆ **n 進数**

m 桁の n 進数 $I = (a_{m-1}a_{m-2}\cdots a_0)_n$ の10進数における値 $V(I)$ は，

$$V(I) = a_{m-1} \times n^{m-1} + a_{m-2} \times n^{m-2} + \cdots + a_0 \times n^0 \tag{1.1}$$

$$= \sum_{i=0}^{m-1} a_i n^i \tag{1.2}$$

と表される．なお，n 進数の各桁 a_i，$i = 0, 1, \cdots, m-1$ は，$\{0, 1, \cdots, m-1\}$ のいずれかの値をとる．

◆ 小数の表現

1 未満の小数を n 進数で表す場合は，10 進数の場合と同様に小数点を用いて，

$$F = (.a_{-1}a_{-2}\cdots a_{-k})_n \tag{1.3}$$

と表す．各桁 a_{-i} は n^{-i} の重みをもつので，F の 10 進数としての値 $V(F)$ は，

$$V(F) = a_{-1} \times n^{-1} + a_{-2} \times n^{-2} + \cdots + a_{-k} \times n^{-k} \tag{1.4}$$

$$= \sum_{i=1}^{k} a_{-i} n^{-i} \tag{1.5}$$

となる．

◆ 2 進数とその 10 進数としての値

以上より，一般に 2 進数 B は，

$$B = (a_{m-1}a_{m-2}\cdots a_0.a_{-1}a_{-2}\cdots a_{-k})_2 \tag{1.6}$$

で表現され，その 10 進数としての値 $V(B)$ は，式 (1.2)，式 (1.5) より，

$$V(B) = \sum_{i=0}^{m-1} a_i 2^i + \sum_{i=1}^{k} a_{-i} 2^{-i} \tag{1.7}$$

となる．

◆ ビットとバイト

2 進数において各桁をビット (bit) という．また 8 桁の 2 進数，すなわち 8 ビットのかたまりを 1 バイト (byte) と呼ぶ．

バイトにはキロ (kilo : K)，メガ (mega : M)，ギガ (giga : G) などの補助単位が付くことが多い．通常，キロは 1,000，メガは 1,000 K，ギガは 1,000 M を表す．しかし，2 進数を扱うコンピュータやディジタル回路の世界では，$2^{10} = 1,024$ バイトを 1 キロバイト (Kbyte : KB)，2^{20} バイト $= 1,024$ キロバイト を 1 メガバイト (Mbyte : MB)，2^{30} バイト $= 1,024$ メガバイト を 1 ギガバイト (Gbyte : GB) と表すので注意が必要である．

◆ 2 進化 10 進 (BCD) 符号

ディジタル回路では 2 進数を扱うため，我々がよく使用する 10 進数を 2 進数に変換する必要がある．この変換には 10 進数を各桁ごとに 2 進数で表す **2 進化 10 進 (binary coded decimal : BCD) 符号**が，比較的に簡単に変換を行えるために，よく用いられる．1 桁の 10 進数に対する BCD 符号の対応表を**表 1.1** に示す．

例えば，2 桁の 10 進数 $(84)_{10}$ は，$(1010100)_2$ と 7 桁の 2 進数で表される．この 10 進数 $(84)_{10}$ を BCD 符号で表す場合，各桁毎に表 1.1 の対応に従って 2 進化する．すなわち $(84)_{10}$ は，BCD 符号では $(10000100)_{BCD}$ と 8 桁の 2 進符号として表される．

表 1.1　10 進数と BCD 符号の対応

10 進数	BCD 符号
0	0000
1	0001
2	0010
3	0011
4	0100
5	0101
6	0110
7	0111
8	1000
9	1001

◆ 2 進数による負数の表現

10 進数では，'−'記号を付けて負数を表現している．ディジタル回路では，'0'，'1'の二つの記号しか用いることができないので，新たに'−'の記号を使用することはできない．そのため，ディジタル回路では，'0'か'1'を用いて正負の表現を行わなければならない．

一般の 2 進数においては，**最上位ビット (most significant bit : MSB)**[注1] を**符号ビット (sign bit)** とし，'0' の場合は正数を，'1' の場合は負数を表す．2 進数の負数表現には，以下の 3 種類がある．

(1) **符号絶対値 (sign and magnitude) 表現**

(符号ビット) + (絶対値) により表現

例　$(1011)_2 = -(011)_2 = (-3)_{10}$

(2) **1 の補数 (one's complement) 表現**

正数の各ビットの '0' と '1' を反転することにより表現

例　$(1011)_2 = -(0100)_2 = (-4)_{10}$

(3) **2 の補数 (two's complement) 表現**

(1 の補数) + 1 により表現

例　$(1011)_2 = -(0101)_2 = (-5)_{10}$

なお例として，4 ビットの**符号付き 2 進数**を表 **1.2** に示しておく．

例題 1.1 (負数の 2 進数表現)

符号絶対値負数表現の 4 ビット 2 進数において，小数点が 2 ビット目にある次の 2 進数 B の 10 進数における値 $V(B)$ を示せ．

$$B = (11.01)_2 \tag{1.8}$$

[解]

式 (1.6)，式 (1.7) において符号ビットに注意すると，

注 1：なお**最下位ビット**は，LSB (least significant bit) と表す．

表 1.2 符号付き2進数

10進数	符号絶対値	1の補数	2の補数
+7	0111	0111	0111
+6	0110	0110	0110
+5	0101	0101	0101
+4	0100	0100	0100
+3	0011	0011	0011
+2	0010	0010	0010
+1	0001	0001	0001
+0	0000	0000	0000
−0	1000	1111	—
−1	1001	1110	1111
−2	1010	1101	1110
−3	1011	1100	1101
−4	1100	1011	1100
−5	1101	1010	1011
−6	1110	1001	1010
−7	1111	1000	1001
−8	—	—	1000

$$\begin{aligned} V(B) &= -(1 \times 2^0 + 0 \times 2^{-1} + 1 \times 2^{-2}) \\ &= -1.25 \end{aligned} \tag{1.9}$$

となる. □

1.2 ゲート回路の2値動作

1.2.1 基本ゲート回路と真理値表

◆ アナログ回路とディジタル回路

電子回路が取り扱う電気信号にはアナログ信号 (analog signal) とディジタル信号 (digital signal) がある. アナログ信号は, 図 1.3 (a) のように連続的な値をとる信号であり, ディジタル信号は, 図 1.3 (b) のように '0' または '1' の離散的な値をとる信号である. 一般に, アナログ信号を取り扱う回路をアナログ回路 (analog circuit), ディジタル信号を取り扱う回路をディジタル回路 (digital circuit) と呼ぶ[注2]. 本書では, 後者のディジタル回路について詳しく解説していく.

◆ 論理関数と論理式

2進数の各桁は, '0' または '1' のいずれかの値をとる. こうした二つの状態を真理値 (truth value) または論理値 (logical value) という. また, 真理値をとる変数を論理変数 (logical variable) という. いま論理変数 $A, B, C, \cdots$ を入力変数とし, 論理変数 Y を出力変数とするブール代数[注3]に基づく関数 $Y = f(A, B, C, \cdots)$ を考える. このとき, 関数 f を論理関数 (logical function) と呼ぶ.

我々がよく知っている関数の多くは, +, −, ×, ÷ などの算術演算子 (arithmetic operator) を用いて表される. これに対して論理関数は, 通常, 否定 (¯), 論理積 (·), 論理和 (+) などの論理演算子 (logical operator)

注2: 実際には, ディジタル回路も連続的な電気信号を処理するアナログ回路の組み合わせにより成り立っている.
注3: ブール代数については第2章で詳しく述べる.

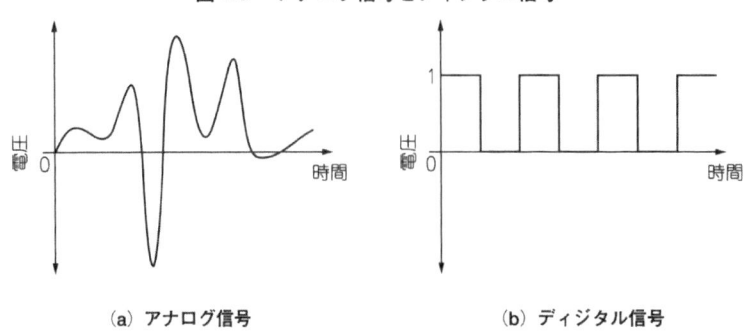

図 1.3 アナログ信号とディジタル信号

(a) アナログ信号　　　(b) ディジタル信号

を用いて表される．論理演算子を用いた論理関数の表現を**論理式** (logical expression) と呼ぶ．

◆ 論理関数と論理回路

　論理関数を計算 (実現) するための電子回路を**論理回路** (logic circuit) という．ディジタル回路の大部分は，この論理回路で構成されるため，本書では，ディジタル回路と論理回路を同じものとして扱う．

　なお，ディジタル回路 (論理回路) は，**組み合わせ回路** (combinational circuit) と**順序回路** (sequential circuit) とに大別できる．後で詳しく述べるが，組み合わせ回路とは，出力が過去の入力には依存せず現在の入力によって一意に定まるようなディジタル回路である．一方，順序回路とは，出力が現在の入力だけでなく，過去の入力の履歴にも依存するようなディジタル回路である．

　以下では，しばらくの間，組み合わせ回路のみを扱う．

◆ 3 種類の基本ゲート回路

　論理関数を表すためには，通常，**否定**，**論理積**，**論理和**の 3 種類の演算が基本となっている．このためディジタル回路でも，これらの 3 種類の演算回路 (**ゲート** (gate) 回路と呼ぶ) が基本となっており，図 1.4～図 1.6 に示すような回路記号 (**MIL 記号** (military standard) と呼ぶ) で表される．また各ゲート回路の動作は，表 1.3～表 1.5 のような，**論理変数**と論理関数の値の対応表によって表される．この対応表は，**真理値表** (truth table) と呼ばれる．

(1) NOT ゲート (MIL 記号：図 1.4，真理値表：表 1.3)
　　入力の**否定** (negation)

$$f = \overline{A} \tag{1.10}$$

(2) AND ゲート (MIL 記号：図 1.5，真理値表：表 1.4)
　　2 入力の**論理積** (conjunction)

$$f = A \cdot B = AB \tag{1.11}$$

(3) OR ゲート (MIL 記号：図 1.6，真理値表：表 1.5)
　　2 入力の**論理和** (disjunction)

$$f = A + B \tag{1.12}$$

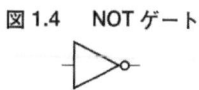
図 1.4　NOT ゲート

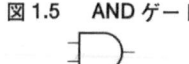
図 1.5　AND ゲート

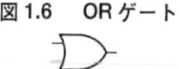
図 1.6　OR ゲート

表 1.3　NOT の真理値表

A	f
0	1
1	0

表 1.4　AND の真理値表

A	B	f
0	0	0
0	1	0
1	0	0
1	1	1

表 1.5　OR の真理値表

A	B	f
0	0	0
0	1	1
1	0	1
1	1	1

例題 1.2 (NAND, NOR)

次の論理関数の真理値表を示せ．

(1) $f_1 = \overline{A \cdot B}$

(2) $f_2 = \overline{A + B}$

[解]

表 1.6，表 1.7 に示す通りである．

表 1.6　NAND の真理値表

A	B	f_1
0	0	1
0	1	1
1	0	1
1	1	0

表 1.7　NOR の真理値表

A	B	f_2
0	0	1
0	1	0
1	0	0
1	1	0

□

　上記の例題において，f_1 は**論理積否定** (negative AND : NAND)，f_2 は**論理和否定** (negative OR : NOR) と呼ばれ，これらのゲート回路も重要である．NAND ゲート，NOR ゲートの MIL 記号をそれぞれ図 1.7，図 1.8 に示す．

図 1.7　NAND ゲート　　　　　図 1.8　NOR ゲート

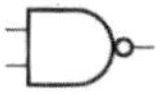

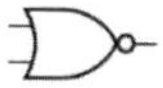

◆ 排他的論理和

　表 1.8 に示す真理値表を有するゲートは，**排他的論理和** (exclusive OR : XOR)[注4]と呼ばれるゲートであり，このゲートもよく使用される．XOR ゲートの MIL 記号は，図 1.9 に示す通りである．なお XOR ゲートの表す論理関数は，

注 4：文献によっては，EXOR, EOR などと表されていることもある．

$$f = A \cdot \overline{B} + \overline{A} \cdot B \tag{1.13}$$
$$= A \oplus B \tag{1.14}$$

のように，通常 '⊕' を用いて表される．

表 1.8　XOR の真理値表

A	B	f
0	0	0
0	1	1
1	0	1
1	1	0

図 1.9　XOR ゲート

例題 1.3（1 ビット加算器のゲート回路表現）
表 1.9 は，1 ビット加算器の真理値表である．ゲート回路表現を示せ．

表 1.9　1 ビット加算器（半加算器）

入力		出力	桁上げ
A	B	S	C
0	0	0	0
0	1	1	0
1	0	1	0
1	1	0	1

[解]
　表 1.9 の真理値表を実現する回路は無数に存在する．ここでは，XOR ゲートを用いた回路例（図 1.10）と，基本ゲートのみを用いた回路例（図 1.11）を示しておく．

図 1.10　XOR ゲートを用いた回路　　　　図 1.11　基本ゲートのみを用いた回路

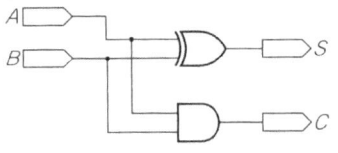
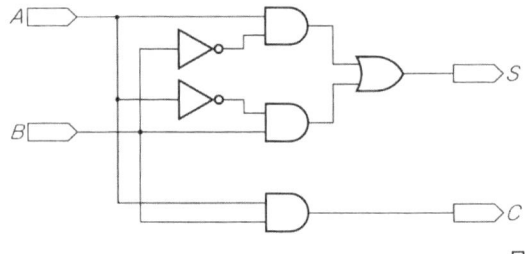

この例題で扱った加算器は下位ビットのキャリを考慮していないので，**半加算器** (half adder：HA) と呼ばれる．これに対して，下位ビットのキャリを考慮した加算器は**全加算器** (full adder：FA) と呼ばれる．

1.2.2 正論理と負論理

◆ 論理値と電圧レベル

これまでに述べてきたように，ディジタル回路は，'0'，'1' の二つの**論理値**に基づく 2 値動作を行う．実際のディジタル回路では，電圧の高低に対して，これらの論理値を対応させている．この電圧の高低を**電圧レベル** (voltage level) といい，高い電圧レベルを H (high)，低い電圧レベルを L (low) で表す．

◆ 正論理

電圧レベル H に対して論理値 '1' を，電圧レベル L に対して論理値 '0' を対応させる方法を**正論理** (positive logic) という．

◆ 負論理

電圧レベル H に対して論理値 '0' を，電圧レベル L に対して論理値 '1' を対応させる方法を**負論理** (negative logic) という．

例題 1.4（正論理と負論理）
　負論理における OR が正論理の AND，負論理における AND が正論理の OR であることを真理値表を書いて確認しなさい．

[解]
　正論理の AND および OR の真理値表を**表 1.10**，**表 1.11** に示す．また，負論理の AND および OR の真理値表を**表 1.12**，**表 1.13** に示す．

表 1.10　正論理の AND の真理値表

A	B	f
L	L	L
L	H	L
H	L	L
H	H	H

表 1.11　正論理の OR の真理値表

A	B	f
L	L	L
L	H	H
H	L	H
H	H	H

表 1.12　負論理の AND の真理値表

A	B	f
H	H	H
H	L	H
L	H	H
L	L	L

表 1.13　負論理の OR の真理値表

A	B	f
H	H	H
H	L	L
L	H	L
L	L	L

　以上の各真理値表より，負論理における OR が正論理の AND，負論理における AND が正論理の OR になっていることがわかる．　　　　　　　　　　　　　　　　　　　　　　　　　　　□

章末問題

問題 1.1 1桁の16進数の全ての値に対応する2進数の値を示せ.

問題 1.2 次の10進数を4ビット2進数で表しなさい.ただし,負数表現は2の補数とし,MSBは符号ビットとする.

(1) 7

(2) −2

(3) −7

(4) 3

問題 1.3 次の10進数の計算を4ビット符号付き2進数で行い,その計算結果を2進数で示しなさい.また,その2進数の計算結果を10進数に変換しなさい.ただし,負数表現は2の補数とする.2進数への変換は問題1.2の結果を参照すること.

(1) 7 − 2

(2) −7 + 2

(3) (−7 + 2) + 3

問題 1.4 図1.12の回路の真理値表を作成し,半加算器となっていることを確認しなさい.

図1.12 NANDゲートを用いた半加算器

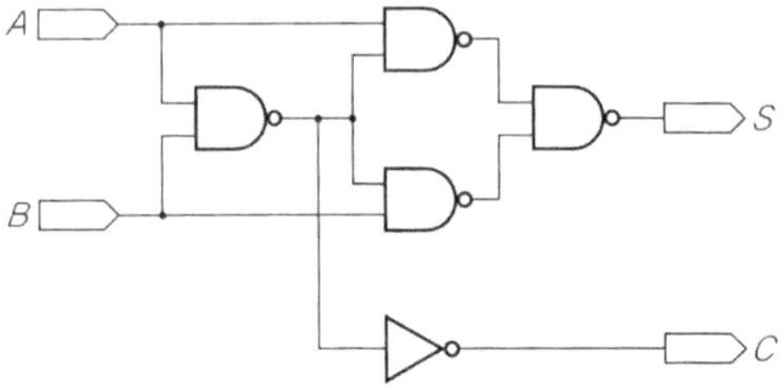

第2章

ディジタル回路とVHDLの基礎

本章と次章では，ディジタル回路(論理回路)の基礎となる論理関数とその性質について詳しく解説していく．まず本章では，論理関数およびブール代数における諸法則について説明し，ディジタル回路と論理関数との関係，論理関数とブール代数との関係などについて解説する．また，次章以降で用いるハードウェア記述言語 VHDL の表記法についても簡単に説明する．

2.1 論理回路と論理式

2.1.1 導入

導入演習 2.1 (構造の異なる論理回路)

図 2.1 に示す二つの論理回路は，どちらも**半加算器**を構成している．真理値表を作成して確認しなさい．

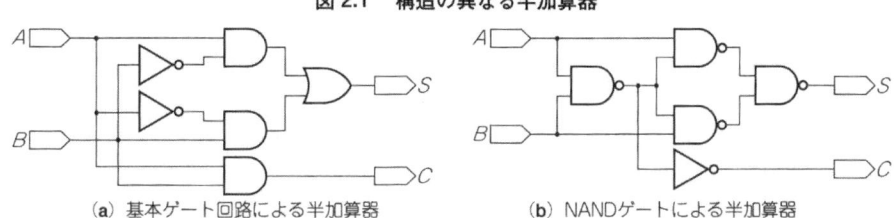

図 2.1　構造の異なる半加算器

(a) 基本ゲート回路による半加算器　　(b) NANDゲートによる半加算器

[解]

真理値表は，表 2.1 となり，図 2.1 (a), (b) どちらの回路も半加算器となっていることがわかる．

表 2.1　半加算器の真理値表

A	B	S	C
0	0	0	0
0	1	1	0
1	0	1	0
1	1	0	1

本演習より，同じ**真理値表**(論理) すなわち同一の入出力関係をもつ複数の論理回路が存在することがわかる．しかし回路が異なっているので，それらの**論理式**は当然ながら異なるはずである．そこで，「真理値表が同一ならば，異なる論理式が等価であることを示すことが可能では？」と予想できる．

本章では，ブール代数の諸法則を示し，この予想に答えることにしよう．

2.1.2 論理回路と論理式の関係

◆ 論理回路の論理式表現

基本ゲート回路の組み合わせで構成される論理回路は，比較的容易にその論理式を求めることができる．例えば図 2.2 の場合，まず出力 f は，途中結果である f_1, f_2 を用いて

$$f = \overline{f_1 \cdot f_2} \tag{2.1}$$

と表すことができる．つぎに各基本ゲート回路の出力関数 f_1, f_2, f_3 は，

$$\begin{aligned} f_1 &= \overline{A \cdot f_3} \\ f_2 &= \overline{B \cdot f_3} \\ f_3 &= \overline{A \cdot B} \end{aligned} \tag{2.2}$$

であるので，式 (2.2) を式 (2.1) に代入すると，

$$f = \overline{(A \cdot \overline{(A \cdot B)}) \cdot (B \cdot \overline{(A \cdot B)})} \tag{2.3}$$

となる．

図 2.2 論理式表現するための論理回路の例

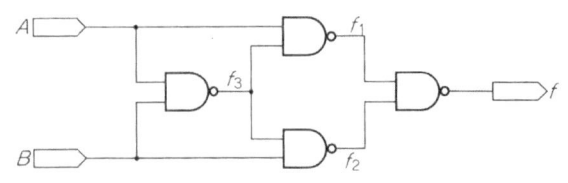

例題 2.1 (論理回路の論理式表現)

図 2.3 の論理回路の論理式を求めよ．

図 2.3 例題 2.1 の論理回路

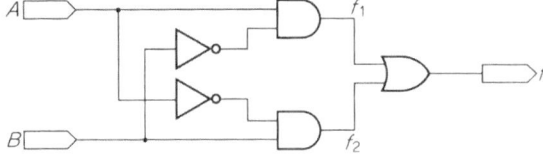

[解]
$$f_1 = A \cdot \overline{B}$$
$$f_2 = \overline{A} \cdot B \tag{2.4}$$

であるため，
$$f = (A \cdot \overline{B}) + (\overline{A} \cdot B) \tag{2.5}$$

となる．　□

◆ **論理式の基本ゲート回路による実現**

全ての**論理関数**は，**否定**($\overline{}$)，**論理積**($\cdot$)，**論理和**($+$) の3種類の論理演算で表現できる (3.2節で詳しく説明する)．したがって，論理関数が与えられれば，NOT, AND, OR の3種類の基本ゲート回路の組み合わせにより論理回路を構成できることになる．

例題 2.2（論理式の論理回路実現）

次の論理式を基本ゲート回路を用いて構成せよ．
$$f = \overline{\overline{(A \cdot \overline{B})} \cdot \overline{(\overline{A} \cdot B)}} \tag{2.6}$$

[解]
$$f_1 = \overline{A \cdot \overline{B}}$$
$$f_2 = \overline{\overline{A} \cdot B} \tag{2.7}$$

と定義すると，式 (2.6) は，
$$f = \overline{f_1 \cdot f_2} \tag{2.8}$$

と表される．以上より，式 (2.6) は，**図 2.4** に示す論理回路によって実現される．

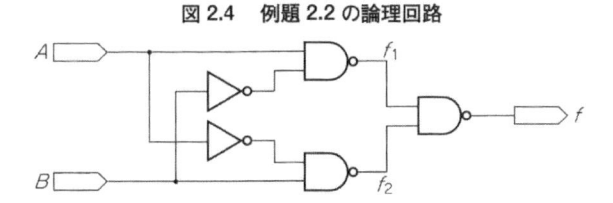

図 2.4　例題 2.2 の論理回路

□

2.2　ブール代数と論理関数の簡単化

ある論理関数を論理回路として実現する際，ゲート数を削減して回路規模を小さくすることが望ましい．もし，何らかの手法で与えられた論理関数を**簡単化** (simplification)，すなわち**論理圧縮** (logic minimization) で

きれば，実現に必要なゲート数は減少する．そこで本節では，ブール代数の諸法則を利用した論理関数の簡単化について検討していく．

2.2.1 ブール代数と論理関数

◆ ブール代数の公理

いま集合 L が与えられ，その任意の元 A, B に対し，二つの演算 '·' と '+' が定義されているとする．ここで，$A \cdot B$, $A + B$ がともに L の元であり，かつ，次の公理 2.1〜2.6 が成立する場合，L を**ブール代数** (Boolean algebra) という．ただし以下の各公理において，C は L の元であるとする．

公理 2.1 (交換則 (commutative law))

$$A \cdot B = B \cdot A \tag{2.9}$$

$$A + B = B + A \tag{2.10}$$

□

公理 2.2 (結合則 (associative law))

$$A \cdot (B \cdot C) = (A \cdot B) \cdot C \tag{2.11}$$

$$A + (B + C) = (A + B) + C \tag{2.12}$$

□

公理 2.3 (分配則 (distributive law))

$$A \cdot (B + C) = (A \cdot B) + (A \cdot C) \tag{2.13}$$

$$A + (B \cdot C) = (A + B) \cdot (A + C) \tag{2.14}$$

□

公理 2.4 (吸収則 (absorption law))

$$A + (A \cdot B) = A \tag{2.15}$$

$$A \cdot (A + B) = A \tag{2.16}$$

□

公理 2.5 (同一則 (identity law))

任意の元 $A\ (\in L)$ に対して，

$$A \cdot 0 = 0, \quad A + 0 = A \tag{2.17}$$

$$A + 1 = 1, \quad A \cdot 1 = A \tag{2.18}$$

を満たす元 $0, 1 \in L$ が存在する．ここで，0 を**零元** (zero element)，1 を**単位元** (unit element) と呼ぶ． □

公理 2.6 (**補元則** (complementary law))

任意の元 $A (\in L)$ に対して，

$$A \cdot \overline{A} = 0 \tag{2.19}$$

$$A + \overline{A} = 1 \tag{2.20}$$

を満たす元 $\overline{A} \in L$ が存在する．ここで，$\overline{A}$ を元 A の**補元** (complement) と呼ぶ． □

ブール代数上の正しい等式において，各元の補元をとり，かつ，演算記号・と+，さらに '0' と '1' を交換して得られる式も，やはりブール代数上の正しい等式となる．このような交換によって得られる式を，もとの式の**双対** (dual) という．たとえば，公理 2.1 の第 1 式 (式 (2.9))

$$A \cdot B = B \cdot A \tag{2.21}$$

に，上で述べた操作を施すと，

$$\overline{A} + \overline{B} = \overline{B} + \overline{A} \tag{2.22}$$

と書き換えられるが，$\overline{A}, \overline{B}$ をそれぞれ A, B とみなすことにより，式 (2.10) と等しくなり，公理 2.1 の第 2 式が得られる．逆に，公理 2.1 の第 2 式に上の操作を施すと，公理 2.1 の第 1 式が得られることもわかるであろう．他の公理についても同様であり，上記の操作によって，それぞれの公理の第 1 式から第 2 式，また，第 2 式から第 1 式が得られる．このようなブール代数の性質を，**双対性** (duality) と呼ぶ．

◆ **論理式に関する諸定理**

ブール代数と論理式との間には，非常に密接な関係がある．いま，二つの元 '0'，'1' からなるブール代数 $L = \{0, 1\}$ において，演算 ¯ を NOT，・ を AND，+ を OR とみなすと，先に示した公理 2.1～2.6 が成立する．すなわち論理式は，ブール代数上の等式とみなすことができる．このことは，導入演習における予想が正しいことを意味している．以下で，吸収則 (公理 2.4) について，その確認をしてみよう．

例題 2.3 (**公理の確認**)

ブール代数 $L = \{0, 1\}$ において，吸収則 (公理 2.4) を真理値表を用いて証明せよ．

$$A + (A \cdot B) = A \tag{2.23}$$

$$A \cdot (A + B) = A \tag{2.24}$$

[解]

式 (2.23) において，・を AND，+ を OR とみなすと，**表 2.2** に示す真理値表が得られる．

表 2.2 に示したように，$A + (A \cdot B)$ の真理値は，A の真理値と同じになる．よって，式 (2.23) は成立する．

表 2.2　吸収則の真理値表

A	B	$A \cdot B$	$A+(A \cdot B)$
0	0	0	0
0	1	0	0
1	0	0	1
1	1	1	1

式 (2.24) は，式 (2.23) の双対なので明らかである． □

例題 2.3 で見たように，論理式は，ブール代数 $L = \{0, 1\}$ 上の等式とみなすことができる．すなわち，論理式に関する諸定理をブール代数の公理を用いて導出することができるのである．以下に，これらの定理をまとめて示しておこう．

定理 2.1 (べき等則 (idempotent law))

$$A \cdot A \cdot \cdots \cdot A = A \tag{2.25}$$

$$A + A + A + \cdots + A = A \tag{2.26}$$

□

定理 2.2 (二重否定の法則 (law of double negation))

$$\overline{\overline{A}} = A \tag{2.27}$$

□

定理 2.3 (ド・モルガンの定理 (de Morgan's law))

$$\overline{A \cdot B} = \overline{A} + \overline{B} \tag{2.28}$$

$$\overline{A + B} = \overline{A} \cdot \overline{B} \tag{2.29}$$

□

例題 2.4(ド・モルガンの定理の証明)
　ド・モルガンの定理を真理値表を用いて証明せよ．

[解]
　定理の第 1 式の真理値表は，表 2.3 の通りである．よって，$\overline{A \cdot B} = \overline{A} + \overline{B}$ となる．
　定理の第 2 式は，第 1 式の双対なので自明である． □

2.2.2　ブール代数に基づく論理式の簡単化

以上で述べてきたブール代数の公理と定理を使用すれば，複雑な論理式の簡単化が行える．この論理式の簡単化により，回路実現に要するゲート回路の数を減らし，回路規模を削減できる．以下に例題で検討して

表 2.3　ド・モルガンの定理の真理値表

A	B	$\overline{A \cdot B}$	$\overline{A} + \overline{B}$
0	0	1	1
0	1	1	1
1	0	1	1
1	1	0	0

みよう．

例題 2.5（公理に基づく論理式の簡単化）

次の論理式をブール代数の公理を用いて簡単化せよ．

(1) $f = A \cdot \overline{B} + \overline{A} \cdot \overline{B}$

(2) $f = A \cdot B + \overline{A} \cdot B + A \cdot \overline{B}$

[解]

(1) $\quad f = A \cdot \overline{B} + \overline{A} \cdot \overline{B}$
$\quad\quad = (A + \overline{A}) \cdot \overline{B} \quad\quad \cdots \quad$ 分配則
$\quad\quad = 1 \cdot \overline{B} \quad\quad\quad\quad\quad \cdots \quad$ 補元則
$\quad\quad = \overline{B} \quad\quad\quad\quad\quad\quad \cdots \quad$ 同一則

(2) $\quad f = A \cdot B + \overline{A} \cdot B + A \cdot \overline{B}$
$\quad\quad = A \cdot B + A \cdot \overline{B} + \overline{A} \cdot B \quad \cdots \quad$ 交換則
$\quad\quad = A(B + \overline{B}) + \overline{A} \cdot B \quad \cdots \quad$ 分配則
$\quad\quad = A \cdot 1 + \overline{A} \cdot B \quad\quad \cdots \quad$ 補元則
$\quad\quad = A + \overline{A} \cdot B \quad\quad\quad \cdots \quad$ 同一則
$\quad\quad = (A + \overline{A}) \cdot (A + B) \quad \cdots \quad$ 分配則
$\quad\quad = 1 \cdot (A + B) \quad\quad\quad \cdots \quad$ 補元則
$\quad\quad = A + B \quad\quad\quad\quad \cdots \quad$ 同一則

□

2.3　VHDL の基礎

本書の第 3 章以降では，ディジタル回路の設計に，ハードウェア記述言語 VHDL を用いる．ここではその準備として，VHDL について簡単に述べておこう．

2.3.1 VHDLの概要

ハードウェア記述言語 (HDL) は，C や Pascal などのような形式言語である．しかし，これらのプログラミング言語とは異なり，HDL では，ハードウェアを設計するうえで欠かすことのできない並列処理 (同時処理)，時間やタイミングの概念などを記述できる．

VHDL (VHSIC HDL) は，HDL の一つであり，米国国防総省において，VHSIC (very high speed IC) プロジェクトの一環として，1981 年に開発が始められた．1983 年には，言語に対する要求仕様書がまとめられ，1987 年には**言語マニュアル** (language reference manual : LRM) が発行された．さらに 1987 年末には，IEEE[注1]において，標準言語として承認され，現在では全世界に広く普及している．

2.3.2 VHDLによるディジタル回路の記述

◆ VHDL の記述例

簡単な VHDL の記述例として，導入演習 2.1 で検討した**半加算器**の記述を**リスト 2.1** に示す．リスト中の行番号は，説明の便宜上付したものであり，VHDL 記述では行番号を付さないことを注意しておく．なお，**リスト 2.1** を論理合成ツール (米国 Synopsys Inc. の Design Compiler) を用いて論理合成した結果を**図 2.5** に示す．**リスト 2.1** のような VHDL 記述を作成することにより，自動的に**図 2.5** のような回路図が得られることがわかるであろう．

リスト 2.1 において，第 8, 9 行が，具体的な回路の記述である．第 8 行が加算結果の記述であり，第 9 行がキャリの記述である．以下，どのようにして VHDL で回路を記述するかを見ていこう．

リスト 2.1 半加算器の VHDL 記述

```
1   entity HALF_ADDER is
2       port ( A, B : in  bit;
3              S, C : out bit );
4   end HALF_ADDER;
5
6   architecture STRUCTURE of HALF_ADDER is
7   begin
8       S <= A xor B;
9       C <= A and B;
10  end STRUCTURE;
```

図 2.5 リスト 2.1 の合成結果

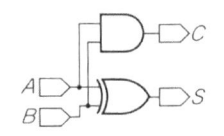

◆ エンティティとアーキテクチャ

ディジタル回路は，それに入力された何らかの信号 (データ) に加工を施し，その加工の結果を出力する電子回路である．このようなディジタル回路を設計するためには，

注 1 : IEEE (The Institute of Electrical and Electronics Engineers) は，エレクトロニクス全般に関する研究を目的とした世界的に権威のあるアメリカの学会である．

(1) どのような信号が入力されるのか？

(2) その信号にどのような加工を施すのか？

(3) どのような信号を出力させるのか？

を明確にする必要がある．VHDL を用いてディジタル回路を設計する場合も同様であり，これらに関する情報を VHDL 記述内に盛り込む必要がある．

上記 (1) および (3) の情報は，外部から入力される信号 (入力信号) や外部へ出力する信号 (出力信号) に関する情報，すなわち，インターフェースに関する情報である．これに対して上記 (2) の情報は，回路内部の動作や構造に関する情報である．VHDL では，これらの外部，内部の情報を，それぞれ**エンティティ** (entity)，**アーキテクチャ** (architecture) と呼び，別々に記述する．

リスト 2.1 の記述例において，第 1～4 行までがエンティティの記述であり，第 6～10 行までがアーキテクチャの記述である．エンティティの記述部では，"HALF_ADDER"というエンティティ名 (回路名) の回路が，'A' と 'B' の二つの**入力ポート** (入力線) を持ち，'S' と 'C' の二つの**出力ポート** (出力線) を持っていることを宣言している．また，アーキテクチャの記述部では，"HALF_ADDER"に対して，"STRUCTURE"という名前のアーキテクチャを宣言し，アーキテクチャ本体として，半加算器の構造を記述している．

◆ 信号線

`entity` 宣言内で宣言される信号線は，それが入力信号線 (入力ポート) なのか，出力信号線 (出力ポート) なのか，あるいは入出力兼用の信号線なのかが定められている必要がある．さらに，その信号線をどのようなタイプのデータ (信号) が通過するのかも，あらかじめ宣言しておく必要がある．これらの宣言は，`port` **文**を用いて行う．

また，回路の内部でのみ用いられる内部信号線についても，データタイプを宣言しておく必要がある．この宣言は，`architecture` 宣言の宣言部 (architecture ～ is と begin の間) で `signal` **文**を用いて行う．

リスト 2.1 の記述例では，`entity` 宣言内で，信号線 'A'，'B' が，入力ポートであり，かつ，それらのデータタイプが `bit` 型であることを表している．さらに，信号線 'S'，'C' が，出力ポートであり，かつ，それらのデータタイプが `bit` 型であることを表している．

◆ 信号の代入と演算子

`architecture` **本体** (architecture 宣言の begin と end の間) では，ディジタル回路の動作や構造を記述する．データの流れを記述するためには，**信号代入文** "<=" を用いる．信号代入文では，複数の信号間に論理演算などを施し，その結果を他の信号線に代入することもできる．リスト 2.1 の記述例には 2 つの信号代入文があり，それぞれ「信号 'A' と 'B' の値の排他的論理和 (xor) を信号 'S' に代入する」，「信号 'A' と 'B' の値の論理積 (and) を信号 'C' に代入する」を表していることは直観的に理解できるであろう．

なお，VHDL で使用可能な演算子を巻末の**表 A.1** (p.239) にまとめておく．

コラム 1　定数

定数には，**数値定数**，**文字 (列) 定数**，**ビット (列) 定数**などがある．

数値定数は，**integer** 型または **real** 型の定数であり，**10 進定数**と**基底定数**の 2 種類がある．10 進定数は，10 進数による定数の表現であり，基底定数は，2 進，8 進，16 進の基底を用いた定数の表現である．基底定数では，定数を # #（シャープ）で括り，先頭に基底を表す '2'，'8'，'16' のいずれかをつける．たとえば，247, 2#1111_0111#, 8#367#, 16#F7# は，それぞれ 10 進，2 進，8 進，16 進の数値定数であり，すべて 10 進数の 247 を表している．なお，2#1111_0111# のように，数値定数には，途中に '_'（アンダースコア）を用いて数値を区切ることができる．

文字（列）定数は，英数字のみからなる **character** 型または **string** 型の定数である．英数字 1 字のみの定数は '0'，'A'，'z' のように ' '（シングルクォーテーション）で括り，英数字 2 字以上からなる定数は "001"，"ABC"，"xyz" のように " "（ダブルクォーテーション）で括る．

また，ビット（列）定数は，**bit** 型または **bit_vector** 型の定数であり，基底表現が可能である．たとえば，ビット列を " " で括り，そのビット列を 2 進数で表す場合は 'B' を，8 進数で表す場合は 'O' を，16 進数で表す場合は 'X' を，それぞれビット列の前に付ける．具体的には，B"1100"，O"14"，X"C" のようにする．これらはすべて 10 進数の 12 を表している．

コラム2　std_logic 型

VHDL には，**論理型**のデータタイプとして，論理値 '0' または '1' しかとれない bit 型，およびその配列タイプである bit_vector 型しかなかった．しかし，ディジタル回路の設計やシミュレーション，論理合成などを行う際には，**不定値** 'X'，**ハイインピーダンス** 'Z'，**ドントケア** '-' などを使用できることが望ましい．

このための新しいデータタイプとして，**std_logic** 型とその配列タイプ **std_logic_vector** 型が，1993 年に **IEEE** で標準化された．現在では，ディジタル回路を設計する際には，これらの型を用いるのが一般的となっている．ただし，これらのデータタイプを使用するためには，VHDL 記述の最初の部分に，

```
library IEEE;
use IEEE.std_logic_1164.all;
```

の 2 行を加える必要がある．

なお，std_logic_vector 型では，コラム 1 で述べたような 8 進数および 16 進数の基底表現は使用できない．

章末問題

問題 2.1 図 2.6 に示す論理回路の論理式を求めよ．

図 2.6　問題 2.1 の回路図

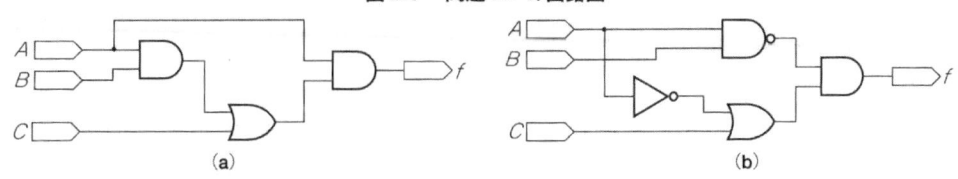

(a)　(b)

問題 2.2　以下の論理関数を論理回路で実現しなさい．

(1) $f = A \cdot B + A \cdot \overline{B} + \overline{A} \cdot \overline{B}$

(2) $f = A \cdot (B \cdot C + \overline{B} + C)$

(3) $f = A \oplus B \oplus C$

問題 2.3　以下の論理関数の否定を求めよ．

(1) $f = A \cdot B \cdot C$

(2) $f = A + B + C$

問題 2.4　次の論理式を証明せよ．

(1) $A + \overline{A} \cdot B = A + B$

(2) $A \cdot (\overline{A} + B) = A \cdot B$

(3) $(A + B) \cdot (B + C) \cdot (C + A) = A \cdot B + B \cdot C + C \cdot A$

問題 2.5　次の論理関数を簡単化し，論理回路を描きなさい．また，真理値表を作成し，論理関数の簡単化前後で論理が合っているかどうか確認しなさい．

(1) $f = A \cdot B + \overline{A} \cdot B + \overline{A} \cdot \overline{B}$

(2) $f = A \cdot (B \cdot C + \overline{B} \cdot C)$

(3) $f = A + A \cdot B + \overline{A} \cdot B$

(4) $f = A \cdot B \cdot C + A \cdot C + A \cdot B \cdot \overline{C}$

問題 2.6　図 2.8 のように，ディジタル回路の動作を時間的な経過で表す図表を**タイミングチャート (timing chart)** という．いま，図 2.7 の回路において，図 2.8 のタイミングチャートに示す信号 A, B, C を入力とする場合の，信号 D および出力 E をタイミングチャート内に記入しなさい．

図 2.7 問題 2.6 の回路図

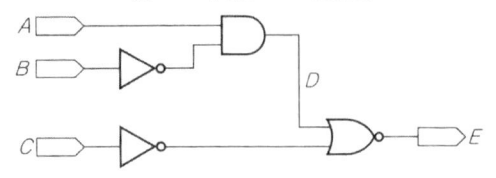

図 2.8 問題 2.6 のタイミングチャート

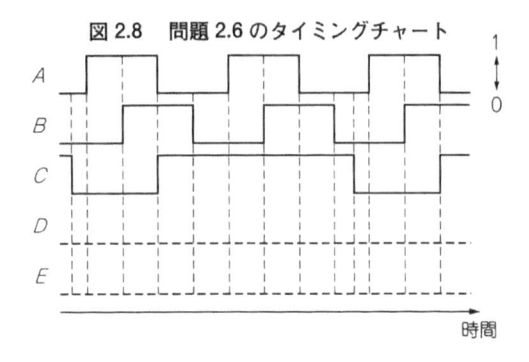

問題 2.7 問題 2.2 の各論理関数を VHDL で記述し，論理合成結果を示しなさい．

第3章
論理関数の標準形と論理圧縮

　前章では，与えられたディジタル回路 (論理回路) からその論理関数や真理値表を導いた．しかしながら，実際の回路設計では，真理値表や論理関数などがまず与えられ，それらを満足する回路の導出を行う．また前章までに見てきたように，一つの真理値表に対して，その真理値表を満足する論理関数や論理回路は複数存在する．

　そこで本章では，与えられた真理値表を満足する論理回路の導出方法について検討する．また，論理関数の標準形について検討する．さらに，与えられた論理関数を少ないゲート数で回路実現する論理圧縮 (論理関数の簡単化) の方法についても検討する．

3.1 論理関数の標準形

3.1.1 導入

導入演習 3.1 (真理値表と論理回路)
　次の真理値表を実現する論理回路を構成せよ．

表 3.1 導入演習

入力		論理関数
A	B	$f(A, B)$
0	0	0
0	1	1
1	0	1
1	1	0

[解]
　出力である論理関数 $f(A, B)$ が 1 となる入力変数 A, B の組み合わせは，$(0, 1)$ と $(1, 0)$ の二つの場合である．従って，論理関数 $f(A, B)$ は，次式のように $f(0, 1)$ と $f(1, 0)$ の OR で表現される．

$$f(A, B) = f(0, 1) + f(1, 0) \tag{3.1}$$

ここで，$A = 0$，$B = 1$ のときに $f(A, B) = 1$ であるので，

$$f(0,1) = \overline{A}B \tag{3.2}$$

と表される．同様に，$A=1$，$B=0$ のときにも $f(A,B) = 1$ であるので，

$$f(1,0) = A\overline{B} \tag{3.3}$$

となり，結局，式 (3.1) は，

$$f(A,B) = \overline{A}B + A\overline{B} \tag{3.4}$$

で表される．本式は与えられた真理値表を満足している．なお以下では，本例のように論理積 $A \cdot B$ の '·' を省略して，単に AB と表すこともある．

以上より，$f(A,B)$ を実現する論理回路は図 3.1 のようになる．

図 3.1　導入演習 3.1 の回路図

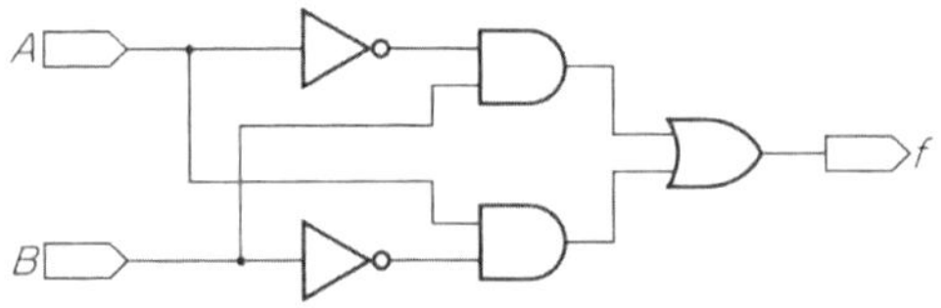

本演習より，真理値表から論理関数 f を得る方法は，

(1) 真理値表の各行について，f の値が 1 となる入力変数の組み合わせを AND で表現する．

(2) 次いで AND で表した各項を OR で連結する．

と予想できる．

さて，この予想は正しいのであろうか？本章では，標準形と呼ばれる定理を証明し，この予想に答えることにしよう．

3.1.2　加法標準形と乗法標準形

前章で見てきたように，同じ真理値表をもつ論理関数の表現形式 (論理式) は一つではない．しかし，論理関数に関する議論を行う際には，論理関数の表現形式が決まっているほうが便利である．このような特定の表現形式があれば，与えられた二つの論理関数が等価であるかどうかを判定するのに役立つ．ここでは，最も良く用いられる加法標準形および乗法標準形と呼ばれる論理関数の標準形を示そう．

定義 3.1 (リテラル)

論理変数 x およびその否定 $\overline{x}$ を，論理変数 x の**リテラル** (literal) と呼ぶ．　　□

定義 3.2 (積項と和項)

1 個以上のリテラルを全て論理積で結合した論理式を**積項** (product term) と呼ぶ．また同様に，1 個以上のリテラルを全て論理和で結合した論理式を**和項** (sum term) と呼ぶ．　　□

例題 3.1 (積項と和項)

以下に示す各論理式について，積項，和項のいずれであるかを判定せよ．

$$x_1\bar{x}_3,\ x_1\bar{x}_2+\bar{x}_3,\ \bar{x}_1+x_3,\ \bar{x}_1,\ x_2x_3,\ \bar{x}_2+\bar{x}_3,\ (\bar{x}_1+x_3)(x_1+\bar{x}_2)$$

[解]

積項：$x_1\bar{x}_3,\ \bar{x}_1,\ x_2x_3$

和項：$\bar{x}_1+x_3,\ \bar{x}_1,\ \bar{x}_2+\bar{x}_3$

いずれでもない：$x_1\bar{x}_2+\bar{x}_3, (\bar{x}_1+x_3)(x_1+\bar{x}_2)$

なお，$\bar{x}_1$ のように，1個の論理変数からなる積項(和項)を**単項**と呼ぶ． □

定義 3.3 (加法標準形と乗法標準形)

ある論理関数が積項を論理和 '+' で結合した論理式で表されるとき，その論理関数を**加法(標準)形** (disjunctive canonical form) あるいは**積和(標準)形**の論理関数と呼ぶ．また，ある論理関数が和項を論理積 '·' で結合した論理式で表されるとき，その論理関数を**乗法(標準)形** (conjunctive canonical form) あるいは**和積(標準)形**の論理関数と呼ぶ． □

例題 3.2 (加法形と乗法形)

以下に示す各論理関数 $f_1 \sim f_9$ について，加法標準形，乗法標準形のいずれであるかを判定せよ．

$$f_1 = x_1 + \bar{x}_1\bar{x}_2 \tag{3.5}$$

$$f_2 = x_1(\bar{x}_1 + \bar{x}_2) \tag{3.6}$$

$$f_3 = \overline{(x_1x_2)}(x_1 + \bar{x}_2 + x_3) \tag{3.7}$$

$$f_4 = (x_1x_2 + \bar{x}_3)(\bar{x}_2 + x_3) \tag{3.8}$$

$$f_5 = x_1x_2\bar{x}_3 + x_1\bar{x}_2 + \bar{x}_1\bar{x}_2 \tag{3.9}$$

$$f_6 = x_1x_2\bar{x}_3 + x_1\bar{x}_2x_3 + \bar{x}_1\bar{x}_2\bar{x}_3 \tag{3.10}$$

$$f_7 = x_1x_2\bar{x}_3 + \overline{x_1\bar{x}_2x_3} + \overline{\overline{\bar{x}_1\bar{x}_2\bar{x}_3}} \tag{3.11}$$

$$f_8 = (x_1 + x_2 + \bar{x}_3)(x_1 + \bar{x}_2)(\bar{x}_1 + \bar{x}_2) \tag{3.12}$$

$$f_9 = (x_1 + x_2 + \bar{x}_3)(x_1 + \bar{x}_2 + x_3)(\bar{x}_1 + \bar{x}_2 + \bar{x}_3) \tag{3.13}$$

[解]

加法標準形：f_1, f_5, f_6

乗法標準形：f_2, f_8, f_9

いずれでもない：f_3, f_4, f_7 □

加法標準形と乗法標準形は，論理関数の性質を調べるうえで便利である．しかし前章の例題 2.5 からわかるように，実は，一つの論理関数に対して複数の加法標準形および乗法標準形が存在する．そこで以下では，た

だ一つに定まる標準形について述べよう．

3.1.3 展開定理

ここでは，ただ一つに定まる標準形である**主加法標準形**および**主乗法標準形**を示すための準備として，**展開定理** (expansion theorem) と呼ばれる定理を証明しておく．

定理 3.1 (加法展開定理)

論理関数 $f(x_1, x_2, \cdots, x_i, \cdots, x_n)$ は，任意の変数 x_i について次のように展開できる．

$$\begin{aligned}f(x_1, x_2, \cdots, x_i, \cdots, x_n) &= x_i \cdot f(x_1, x_2, \cdots, x_{i-1}, 1, x_{i+1}, \cdots, x_n) \\ &\quad + \bar{x}_i \cdot f(x_1, x_2, \cdots, x_{i-1}, 0, x_{i+1}, \cdots, x_n)\end{aligned} \tag{3.14}$$

[証明]

$$\begin{aligned}f(x_1, x_2, \cdots, x_i, \cdots, x_n) &= (x_i + \bar{x}_i) \cdot f(x_1, x_2, \cdots, x_i, \cdots, x_n) \\ &= x_i \cdot f(x_1, x_2, \cdots, x_i, \cdots, x_n) \\ &\quad + \bar{x}_i \cdot f(x_1, x_2, \cdots, x_i, \cdots, x_n)\end{aligned} \tag{3.15}$$

ここで，式 (3.15) 第 1 項は $x_i = 1$ のときだけ，また第 2 項は $x_i = 0$ のときだけ成立するので，定理が導かれる． □

定理 3.1 の式 (3.14) の展開は，**シャノン展開** (Shannon expansion) とも呼ばれる，重要な式である．また定理 3.1 の双対として，以下の乗法展開定理も成立する．

定理 3.2 (乗法展開定理)

論理関数 $f(x_1, x_2, \cdots, x_i, \cdots, x_n)$ は，任意の変数 x_i について次のように展開できる．

$$\begin{aligned}f(x_1, x_2, \cdots, x_i, \cdots, x_n) &= (x_i + f(x_1, x_2, \cdots, x_{i-1}, 0, x_{i+1}, \cdots, x_n)) \\ &\quad \cdot (\bar{x}_i + f(x_1, x_2, \cdots, x_{i-1}, 1, x_{i+1}, \cdots, x_n))\end{aligned} \tag{3.16}$$

[証明]

定理 3.1 の双対なので明らかである． □

3.1.4 主加法標準形と主乗法標準形

定理 3.1 を全ての変数に対して繰り返して適用すると，以下の定理が得られる．

定理 3.3 (主加法標準形)

論理関数 $f(x_1, x_2, x_3, \cdots, x_{n-1}, x_n)$ は，次のように展開できる．

$$\begin{aligned}f(x_1, x_2, x_3, \cdots, x_n) &= x_1 \cdot x_2 \cdot x_3 \cdot \cdots \cdot x_{n-1} \cdot x_n \cdot f(1,1,1,\cdots,1,1) \\ &\quad + x_1 \cdot x_2 \cdot x_3 \cdot \cdots \cdot x_{n-1} \cdot \bar{x}_n \cdot f(1,1,1,\cdots,1,0) \\ &\quad + x_1 \cdot x_2 \cdot x_3 \cdot \cdots \cdot \bar{x}_{n-1} \cdot x_n \cdot f(1,1,1,\cdots,0,1)\end{aligned}$$

$$
\begin{aligned}
&\vdots \\
&+ \overline{x}_1 \cdot \overline{x}_2 \cdot \overline{x}_3 \cdot \cdots \cdot \overline{x}_{n-1} \cdot x_n \cdot f(0,0,0,\cdots,0,1) \\
&+ \overline{x}_1 \cdot \overline{x}_2 \cdot \overline{x}_3 \cdot \cdots \cdot \overline{x}_{n-1} \cdot \overline{x}_n \cdot f(0,0,0,\cdots,0,0)
\end{aligned}
\tag{3.17}
$$

[証明]

論理関数 $f(x_1, x_2, \cdots, x_i, \cdots, x_j, \cdots, x_n)$ の変数 x_i に対して，定理 3.1 を適用し，続けて変数 x_j $(i \neq j)$ に同定理を適用すると，

$$
\begin{aligned}
f(x_1, x_2, \cdots, x_i, \cdots, x_j, \cdots, x_n) &= x_i \cdot x_j \cdot f(x_1, x_2, \cdots, 1, \cdots, 1, \cdots, x_n) \\
&+ x_i \cdot \overline{x}_j \cdot f(x_1, x_2, \cdots, 1, \cdots, 0, \cdots, x_n) \\
&+ \overline{x}_i \cdot x_j \cdot f(x_1, x_2, \cdots, 0, \cdots, 1, \cdots, x_n) \\
&+ \overline{x}_i \cdot \overline{x}_j \cdot f(x_1, x_2, \cdots, 0, \cdots, 0, \cdots, x_n)
\end{aligned}
\tag{3.18}
$$

となる．これをすべての変数 x_i $(i = 1 \sim n)$ に対して行うと，式 (3.17) が得られる． □

定理 3.3 により得られる論理式を**主加法標準形** (principal disjunctive canonical form) という．また，定理 3.3 の双対として，以下の定理も成立する．

定理 3.4 (主乗法標準形)

論理関数 $f(x_1, x_2, x_3, \cdots, x_{n-1}, x_n)$ は，次のように展開できる．

$$
\begin{aligned}
f(x_1, x_2, x_3, \cdots, x_n) &= (x_1 + x_2 + x_3 + \cdots + x_{n-1} + x_n + f(0,0,0,\cdots,0,0)) \\
&\cdot (x_1 + x_2 + x_3 + \cdots + x_{n-1} + \overline{x}_n + f(0,0,0,\cdots,0,1)) \\
&\cdot (x_1 + x_2 + x_3 + \cdots + \overline{x}_{n-1} + x_n + f(0,0,0,\cdots,1,0)) \\
&\vdots \\
&\cdot (\overline{x}_1 + \overline{x}_2 + \overline{x}_3 + \cdots + \overline{x}_{n-1} + x_n + f(1,1,1,\cdots,1,0)) \\
&\cdot (\overline{x}_1 + \overline{x}_2 + \overline{x}_3 + \cdots + \overline{x}_{n-1} + \overline{x}_n + f(1,1,1,\cdots,1,1))
\end{aligned}
\tag{3.19}
$$

[証明]

定理 3.3 の双対なので明らかである． □

定理 3.4 により得られる論理式を**主乗法標準形** (principal conjunctive canonical form) という．

変数を並べる順序と積項・和項を並べる順序を定めておけば，主加法標準形と主乗法標準形は，一意に定まることは明らかであろう．以下に，それぞれの例を示しておこう．

例題 3.3 (主加法標準形)

表 3.1 (p.29) の真理値表を満足する論理式を主加法標準形を用いて求めよ．

[解]

定理 3.3 より，

$$
f(A, B) = A \cdot B \cdot f(1,1) + A \cdot \overline{B} \cdot f(1,0) + \overline{A} \cdot B \cdot f(0,1) + \overline{A} \cdot \overline{B} \cdot f(0,0)
\tag{3.20}
$$

となる．ここで，$f(0,1)$ と $f(1,0)$ のみが 1 であるので，前式は，
$$f(A, B) = A \cdot \overline{B} + \overline{A} \cdot B \tag{3.21}$$
となる． □

この結果は，導入演習 3.1 の式 (3.4) と一致する．したがって，導入演習における予想は正しいことがわかる．

例題 3.4 (主乗法標準形)
表 3.1 の真理値表を満足する論理式を主乗法標準形を用いて求めよ．

[解]
定理 3.4 より，
$$f(A, B) = (A + B + f(0,0)) \cdot (A + \overline{B} + f(0,1)) \cdot (\overline{A} + B + f(1,0)) \cdot (\overline{A} + \overline{B} + f(1,1)) \tag{3.22}$$
となる．ここで，$f(0,1)$ と $f(1,0)$ は 1 であるので，上式は
$$f(A, B) = (A + B)(\overline{A} + \overline{B}) \tag{3.23}$$
となる． □

この例題でわかるように，主乗法標準形を用いると主加法標準形と異なる論理式が得られる．しかしながら，両者とも真理値表を満足することに違いはない．事実，両者で得られる論理式は，式変形により等価となることを示すことができる (問題 3.4)．

3.2(*) 完全系

前節の議論より，任意の**論理関数**は，**主加法標準形**あるいは**主乗法標準形**により表されることがわかった．このことは，任意の論理関数が論理積，論理和および否定のみを用いて実現できることを示している．このように，ある決まった演算の組を使用して任意の論理関数を表すことができる場合，それらの演算の組を**完全系 (complete sets)** と呼ぶ．すなわち，論理積，論理和および否定の組は，完全系である．これは，NOT, AND, OR の各ゲートのみを用いて，任意のディジタル回路 (論理回路) を構成できることを意味している．

ここで疑問となるのは，これ以外の完全系が存在するか？ ただ一つの演算で完全系をなすものが存在するか？ といったことであろう．ここではまず，すべての 2 変数論理関数を論理積，論理和および否定のみを用いて実際に表し，論理積，論理和および否定の組以外の完全系について検討する．次に，よく使われる完全系の構成方法について述べ，また，それら各完全系の相互変換の方法について検討していく．

3.2.1　2 変数論理関数と完全系

2 変数論理関数 $f(A, B)$ には，論理積 '·' とその否定 (NAND)，論理和 '+' とその否定 (NOR)，排他的論理和 '⊕' などがあった．これ以外にもまだ，2 変数論理関数が存在する．まず以下で，全ての 2 変数論理関数を論理積，論理和および否定のみを用いて実現してみよう．

例題 3.5 (2 変数論理関数の種類)
全ての 2 変数論理関数を論理積，論理和および否定のみを用いて表せ．

3.2 完全系

[解]

2変数論理関数は，'0' と '1' の 2 値をとる変数を二つもった関数であるので，これらの変数がとり得る値の組み合わせは，全部で $4 (= 2^2)$ 通りある．また，2変数論理関数は，この 4 通り全ての場合に対して，それぞれ '0' または '1' の関数値が割当てられているので，表 3.2 の真理値表に示すように全部で $16 (= 2^4)$ 種類の 2 変数論理関数が存在することになる．

表 3.2　2 変数論理関数 (2 項演算) の種類

入力		出力：$f_i(A, B)$															
A	B	f_0	f_1	f_2	f_3	f_4	f_5	f_6	f_7	f_8	f_9	f_{10}	f_{11}	f_{12}	f_{13}	f_{14}	f_{15}
0	0	0	0	0	0	0	0	0	0	1	1	1	1	1	1	1	1
0	1	0	0	0	0	1	1	1	1	0	0	0	0	1	1	1	1
1	0	0	0	1	1	0	0	1	1	0	0	1	1	0	0	1	1
1	1	0	1	0	1	0	1	0	1	0	1	0	1	0	1	0	1

ここで，表 3.2 の各論理関数を論理積，論理和および否定のみを用いて表すと，以下のようになる．

$f_0(A, B) = 0$：入力 A, B の値に関わらず，常に 0 を出力する恒等関数

$f_1(A, B) = A \cdot B$：**論理積 (AND)**

$f_2(A, B) = A \cdot \overline{B} = \overline{A \rightarrow B}$：含意「$A$ ならば B」の否定

$f_3(A, B) = A$：入力 B の値に関わらず，常に A の値をそのまま出力する関数

$f_4(A, B) = \overline{A} \cdot B = \overline{B \rightarrow A}$：含意「$B$ ならば A」の否定

$f_5(A, B) = B$：入力 A の値に関わらず，常に B の値をそのまま出力する関数

$f_6(A, B) = A \cdot \overline{B} + \overline{A} \cdot B = A \oplus B$：**排他的論理和 (XOR)**

$f_7(A, B) = A + B$：**論理和 (OR)**

$f_8(A, B) = \overline{A + B}$：**論理和否定 (NOR)**

$f_9(A, B) = A \cdot B + \overline{A} \cdot \overline{B} = \overline{A \oplus B} = A \leftrightarrow B$：**排他的論理和否定 (XNOR)**，対等ともいう

$f_{10}(A, B) = \overline{B}$：入力 A の値に関わらず，常に B の値の否定を出力する関数

$f_{11}(A, B) = \overline{\overline{A} \cdot B} = B \rightarrow A$：**含意**といい，「$B$ ならば A」と読む

$f_{12}(A, B) = \overline{A}$：入力 B の値に関わらず，常に A の値の否定を出力する関数

$f_{13}(A, B) = \overline{A \cdot \overline{B}} = A \rightarrow B$：含意といい，「$A$ ならば B」と読む

$f_{14}(A, B) = \overline{A \cdot B}$：**論理積否定 (NAND)**

$f_{15}(A, B) = 1$：入力 A, B の値に関わらず，常に 1 を出力する恒等関数　　　□

任意の論理関数は，上記の例題で示した 16 種類の論理関数を組み合わせることにより実現できる．また本例題で見たように，これらの関数は，否定，論理積および論理和のみを用いて実現できる．すなわち，「NOT,

AND, OR」の組が**完全系**であることがわかる．ところが，ド・モルガンの定理より，

$$A \cdot B = \overline{\overline{A} + \overline{B}} \tag{3.24}$$

$$A + B = \overline{\overline{A} \cdot \overline{B}} \tag{3.25}$$

であり，論理積は否定と論理和を用いて，また，論理和は否定と論理積を用いて，それぞれ表すことができる．すなわち，「NOT, AND」の組および「NOT, OR」の組もそれぞれ完全系である．ここでは証明を省くが，この他，「NAND」のみ，「NOR」のみ，「XOR, AND, '1'」の組，「含意 '→', NOT」の組なども，それぞれ重要な完全系である．

以下では，ディジタル回路の設計においてよく用いられる NAND のみの完全系 (NAND 形式と呼ぶ) および NOR のみの完全系 (NOR 形式と呼ぶ) について検討してみる．

3.2.2　NAND形式とNOR形式の実現

NAND のみを用いた論理関数，すなわち，NAND 形式の論理関数を実現する場合，論理関数を積和形 (NOR 形式の場合は和積形) で表現し，それに対して二重否定の法則を適用すればよい．

例題 3.6 (NAND 形式の論理関数)

次の論理関数，

$$f = (A + AB)B + BC + CA \tag{3.26}$$

を NAND ゲートにより実現しなさい．

[解]

まず式 (3.26) を積和形に変形するため，吸収則を用いると，

$$f = AB + BC + CA \tag{3.27}$$

となる．次に，f の二重否定をとり，さらにド・モルガンの定理を適用すると，

$$f = \overline{\overline{f}} = \overline{\overline{AB + BC + CA}} \tag{3.28}$$

$$= \overline{\overline{(A \cdot B)} \cdot \overline{(B \cdot C)} \cdot \overline{(C \cdot A)}} \tag{3.29}$$

となり，図 3.2 が得られる．

図 3.2　NAND 形式による回路

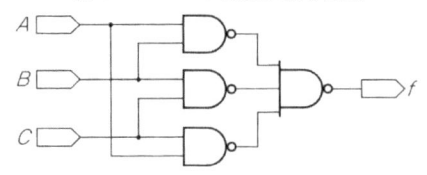

□

例題 3.7 (NOR 形式の論理関数)

例題 3.6 の式 (3.26) を NOR ゲートにより実現しなさい．

[解]

まず式 (3.26) を和積形に変形するため，ブール代数の諸公理および諸定理を適用すると，

$$f = AB + BC + CA \quad \cdots\cdots 吸収則$$
$$= (A + C) \cdot B + C \cdot A \quad \cdots\cdots 分配則 \quad (3.30)$$
$$= C \cdot A + B(A + C) \quad \cdots\cdots 交換則 \quad (3.31)$$
$$= (CA + B)(CA + A + C) \quad \cdots\cdots 分配則 \quad (3.32)$$
$$= (B + C)(B + A)(A + C + A)(A + C + C) \quad \cdots\cdots 分配則 \quad (3.33)$$
$$= (A + B)(B + C)(A + C) \quad \cdots\cdots べき等則，交換則 \quad (3.34)$$

となる．次に，f の二重否定をとり，さらにド・モルガンの定理を適用すると，

$$f = \overline{\overline{f}} = \overline{\overline{(A + B)(B + C)(A + C)}} \quad (3.35)$$
$$= \overline{\overline{(A + B)} + \overline{(B + C)} + \overline{(A + C)}} \quad (3.36)$$

となり，図 3.3 が得られる．

図 3.3　NOR 形式による回路

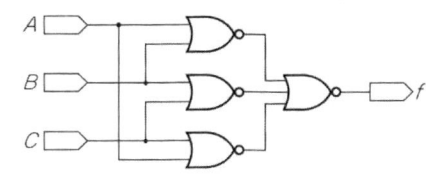

3.2.3 完全系の相互変換

さて，NAND 形式完全系および NOR 形式完全系を求めるためには，先の例題で検討したように，与えられた論理関数を積和形あるいは和積形に変形する必要があるが，複雑な論理関数の場合は容易に式変形ができない．

そこで，NOT, AND, OR で実現された回路から NAND または NOR ゲートによる回路を機械的に得る方法を検討することにする．変換にあたってはド・モルガンの定理を積極的に用いる．具体的な変換方法を以下の例題を通して理解してみよう．

例題 3.8 (完全系の相互変換)

図 3.4 の NOT, AND, OR ゲートで構成された論理回路を，NAND ゲートのみを用いた回路に変更しなさい．

[解]
(1) 同じ種類のゲートを縦方向にまとめる (図 3.5 (a))．

図 3.4　例題 3.8 の回路図

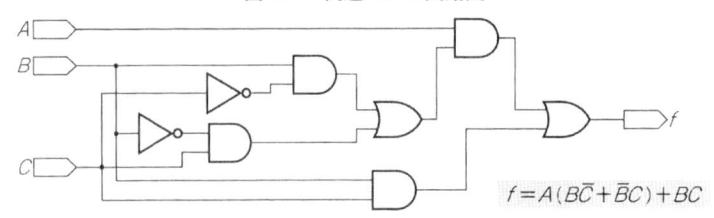

$$f = A(B\overline{C} + \overline{B}C) + BC$$

(2) 出力側から数えて奇数段目のゲート回路の入力と偶数段目のゲート回路の出力をそれぞれ否定 (○ 印) にする．このとき，NOT ゲートは数段に数えず，信号線の片側にのみ ○ 印が存在する場合は，NOT ゲートを挿入して信号線の両側に ○ 印が存在するように変更する (図 3.5 (b))．

(3) 入力側が否定になっているゲート回路をド・モルガンの定理を使って，NAND または NOR ゲートに置換する (図 3.5 (c))．

(4) NOT ゲートも NAND ゲートまたは NOR ゲートに置換する．なお，NOT ゲートの置換には，図 3.6 に示す関係を用いる． □

このように，回路図から完全系の相互変換が機械的に行えることが理解できる．

3.3　論理圧縮

さて，実際のディジタル回路設計では，回路によってはゲート数が数万，数十万を越える規模になる場合があり，これまで学んできた公理や定理を駆使した手作業ではとても**論理圧縮**は行えない．そのため，コンピュータを利用した論理圧縮が一般的に行われている．本節では，そうした論理圧縮のアルゴリズムについて検討していくことにする．

3.3.1　導入

導入演習 3.2 (論理圧縮の必要性)

次の論理式がそれぞれ同じ真理値表を有することを確認しなさい．また，2 入力ゲートを用いて，それぞれの回路を示しなさい．

$$f = AB + A\overline{B} + \overline{A}B \tag{3.37}$$

$$f' = A + B \tag{3.38}$$

[解]

真理値表は**表 3.3** となり，同じ真理値表であることがわかる．

回路は**図 3.7** の通りである．このように，論理式 f はゲート数 7，配線数 13 に対し，f' はゲート数 1，配線数 3 と大幅に少なくなっており，断然 f' を実現するほうが回路規模的に有利であることがわかる． □

さて，式 (3.37) から式 (3.38) への変換は，公理や定理を適用すれば可能であるが (例題 2.5 (2) 参照)，"人手" が介入すると思わぬミスで誤った結果となったり，あるいは圧縮が十分に行えない可能性がある．そこで，以下では図表を使って幾何学的に論理圧縮をする手法について検討していく．

図 3.5 例題 3.8 の解説

(a) 手順 (1) を適用した後の回路図

(b) 手順 (2) を適用した後の回路図

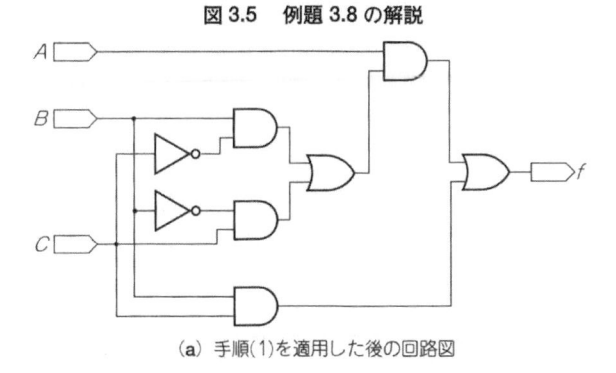

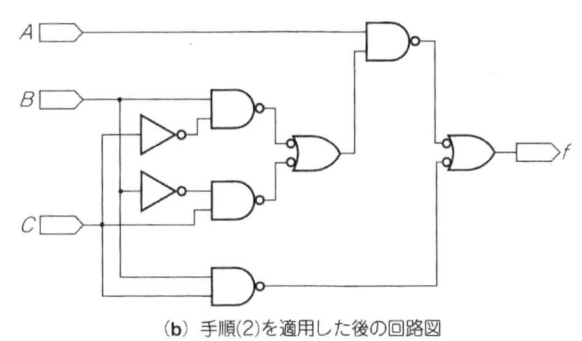

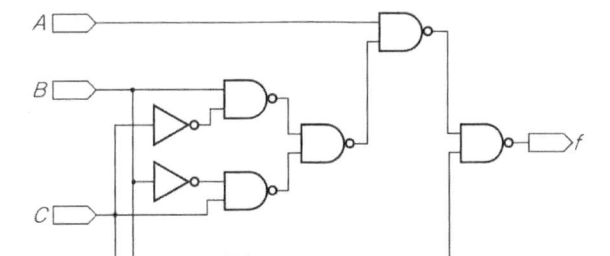

(c) 手順 (3) を適用した後の回路図

図 3.6 NOT ゲート，NAND ゲート，NOR ゲートの関係

3.3.2 最小項と最大項

まず準備として，いくつかの用語を定義する．

定義 3.4 (最小項)

n 個の論理変数 $x_1, x_2, \cdots, x_n$ に対して，

表 3.3　f, f' の真理値表

A	B	$f(f')$
0	0	0
0	1	1
1	0	1
1	1	1

図 3.7　論理圧縮の必要性

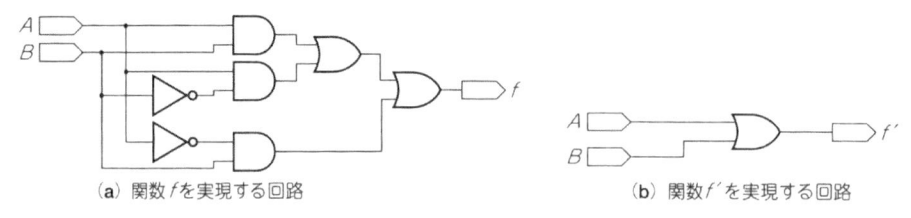

(a) 関数 f を実現する回路　　　(b) 関数 f' を実現する回路

$$\tilde{x}_1 \tilde{x}_2 \cdots \tilde{x}_n \tag{3.39}$$

で表される積項を n 個の論理変数 $x_1, x_2, \cdots, x_n$ の**最小項** (minterm) または**基本積** (fundamental product) と呼ぶ．ただし，$\tilde{x}_i\,(i=1,2,\cdots,n)$ は，論理変数 x_i のいずれか一方のリテラルを表すものとする．　□

一般に，最小項を真理値表と対応させる場合，

$$0 \to \overline{x}_i$$
$$1 \to x_i$$

として論理積をとればよい．

定義 3.5（最大項）

n 個の論理変数 $x_1, x_2, \cdots, x_n$ に対して，

$$\tilde{x}_1 + \tilde{x}_2 + \cdots + \tilde{x}_n \tag{3.40}$$

で表される和項を n 個の論理変数 $x_1, x_2, \cdots, x_n$ の**最大項** (maxterm) または**基本和** (fundamental sum) と呼ぶ．ただし，$\tilde{x}_i\,(i=1,2,\cdots,n)$ は，論理変数 x_i のいずれか一方のリテラルを表すものとする．　□

一般に，最大項を真理値表と対応させる場合，

$$0 \to x_i$$
$$1 \to \overline{x}_i$$

として論理和をとればよい．

定義 3.4，定義 3.5 からわかるように，最小項を否定したものは最大項に，逆に，最大項を否定したものは最小項になっている．

例題 3.9（最小項と最大項）

2 変数および 3 変数の最小項と最大項を書き出しなさい．

[解]

表 3.4 および表 3.5 に示す通りである．

表 3.4　2 変数の最小項と最大項

x_1	x_2	最小項	最大項
0	0	$\bar{x}_1 \cdot \bar{x}_2$	$x_1 + x_2$
0	1	$\bar{x}_1 \cdot x_2$	$x_1 + \bar{x}_2$
1	0	$x_1 \cdot \bar{x}_2$	$\bar{x}_1 + x_2$
1	1	$x_1 \cdot x_2$	$\bar{x}_1 + \bar{x}_2$

表 3.5　3 変数の最小項と最大項

x_1	x_2	x_3	最小項	最大項
0	0	0	$\bar{x}_1 \cdot \bar{x}_2 \cdot \bar{x}_3$	$x_1 + x_2 + x_3$
0	0	1	$\bar{x}_1 \cdot \bar{x}_2 \cdot x_3$	$x_1 + x_2 + \bar{x}_3$
0	1	0	$\bar{x}_1 \cdot x_2 \cdot \bar{x}_3$	$x_1 + \bar{x}_2 + x_3$
0	1	1	$\bar{x}_1 \cdot x_2 \cdot x_3$	$x_1 + \bar{x}_2 + \bar{x}_3$
1	0	0	$x_1 \cdot \bar{x}_2 \cdot \bar{x}_3$	$\bar{x}_1 + x_2 + x_3$
1	0	1	$x_1 \cdot \bar{x}_2 \cdot x_3$	$\bar{x}_1 + x_2 + \bar{x}_3$
1	1	0	$x_1 \cdot x_2 \cdot \bar{x}_3$	$\bar{x}_1 + \bar{x}_2 + x_3$
1	1	1	$x_1 \cdot x_2 \cdot x_3$	$\bar{x}_1 + \bar{x}_2 + \bar{x}_3$

□

定義 3.6 (ハミング距離)
　二つの n 変数の最小項 t_1, t_2 を比較したとき，異なっている変数 (リテラル) の数を t_1 と t_2 の**ハミング距離** (Hamming distance) という．
□

定義 3.7 (ハミング重み)
　すべてのリテラルが否定形である最小項 $\bar{x}_1 \bar{x}_2 \cdots \bar{x}_n$ と n 変数の最小項 t とのハミング距離を t の**ハミング重み** (Hamming weight) あるいは単に**重み**という．
□

例題 3.10 (ハミング距離とハミング重み)
　以下に示す各最小項のハミング重みを求めなさい．また，(1) と (2) のハミング距離，(3) と (4) のハミング距離を求めなさい．

(1) $\bar{A}\bar{B}\bar{C}$

(2) ABC

(3) $\bar{A}B\bar{C}$

(4) $\bar{A}BC$

[解]

ハミング重みは，(1) 0，(2) 3，(3) 1，(4) 2 となる．また，(1) と (2) のハミング距離は 3，(3) と (4) のハミング距離は 1 となる． □

3.3.3 カルノー図法による論理圧縮

論理関数の圧縮方法として，**カルノー (Karnaugh) 図法**と**クワイン・マクラスキー (Quine-McCluskey) 法**がよく知られている．これらの方法は，**主加法標準形**の論理関数の圧縮に用いられる．ここではまず，基本的で理解しやすいカルノー図を使った**論理圧縮**について理解する．

◆ カルノー図

主加法標準形で表された論理関数の**最小項**の有無を図表で表す方法が**カルノー図 (Karnaugh map)** である．例として図 3.8 (a), (b) に，2 変数および 3 変数のカルノー図を示す．例えば $f = A\overline{B}$ なる論理関数は，図 3.8 (c) のように，2 変数のカルノー図の右上のマス目に '1' を書く ('1' を立てる) ことによって表される．

図 3.8　カルノー図

(a) 2 変数のカルノー図　　(b) 3 変数のカルノー図　　(c) $f = A\overline{B}$ のカルノー図

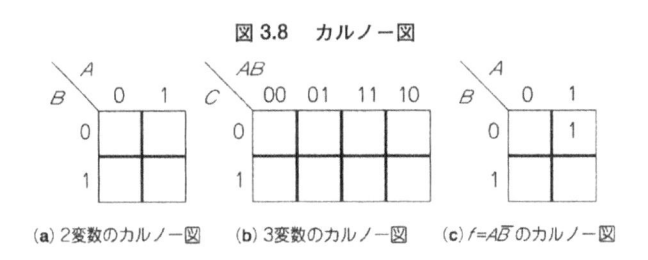

図 3.8 に示したカルノー図は以下の性質を有している．

(1) それぞれのマス目は，最小項を表している．
(2) 互いに隣り合うマス目の最小項のハミング距離は 1 である．たとえば 3 変数の場合，変数 $\{AB\}$ の組み合わせは 00, 01, 11, 10 の順に並んでおり，隣り合う変数の組み合わせは一つの数字だけ異なっている．

なお 3 変数のカルノー図の場合，図 3.8 (b) のように $\{AB, C\}$ と組み合わせてもよいし，$\{A, BC\}$ としてもよく，本質的な差はない．

◆ カルノー図を用いた論理関数の表現

例題 3.11 (論理関数のカルノー図による表現)
次の 4 変数の論理関数をカルノー図で表現しなさい．

$$f = ABC\overline{D} + ABCD + A\overline{B}CD + \overline{A}B\overline{C}\overline{D} \tag{3.41}$$

[解]

図 3.9 に示す通りである． □

このように 4 変数までのカルノー図は平面上に簡単に表すことができる．しかし 5 変数以上の場合は，原理的には可能であるが，立体的で複雑な図になるため一般にあまり利用されない．

図 3.9　4 変数関数 f のカルノー図

```
    AB
CD\  00 01 11 10
 00      1
 01
 11         1  1
 10         1
```

◆ **カルノー図の性質**

つぎに，**カルノー図上で互いに隣接しているマス目の表す最小項**の性質について調べてみよう．

いま，図 3.10 で表されるカルノー図が与えられているとする．ここで，図のように隣接して '1' が立っているマス目 (最小項) どうしをグループ化しておく．

図 3.10　隣接する最小項の性質

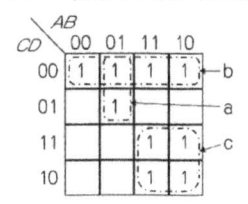

```
    AB
CD\  00 01 11 10
 00  1  1  1  1 ─ b
 01     1        ─ a
 11            1 ─ c
 10         1  1
```

さて，任意の論理関数は，カルノー図上で '1' が立っている全ての最小項の論理和 (OR) として表される (**加法展開定理**より)．そこで，図 3.10 の各グループにおいて隣接する最小項の論理和をとり，公理 2.6 の補元則 $A + \overline{A} = 1$ なる性質を利用すると，

$$(\text{グループ a}) = \overline{A}\,B\,\overline{C}\,\overline{D} + \overline{A}\,B\,\overline{C}\,D$$
$$= \overline{A}\,B\,\overline{C}(\overline{D} + D)$$
$$= \overline{A}\,B\,\overline{C} \qquad (3.42)$$

$$(\text{グループ b}) = \overline{A}\,\overline{B}\,\overline{C}\,\overline{D} + \overline{A}\,B\,\overline{C}\,\overline{D} + A\,B\,\overline{C}\,\overline{D} + A\,\overline{B}\,\overline{C}\,\overline{D}$$
$$= (\overline{A}\,\overline{B} + \overline{A}\,B + A\,B + A\,\overline{B})\overline{C}\,\overline{D}$$
$$= (\overline{A}(\overline{B} + B) + A(B + \overline{B}))\overline{C}\,\overline{D}$$
$$= (\overline{A} + A)\overline{C}\,\overline{D}$$
$$= \overline{C}\,\overline{D} \qquad (3.43)$$

$$(\text{グループ c}) = A\,B\,C\,D + A\,\overline{B}\,C\,D + A\,B\,C\,\overline{D} + A\,\overline{B}\,C\,\overline{D}$$
$$= A\,C(B\,D + \overline{B}\,D + B\,\overline{D} + \overline{B}\,\overline{D})$$
$$= A\,C((B + \overline{B})D + (B + \overline{B})\overline{D})$$
$$= A\,C(D + \overline{D})$$
$$= A\,C \qquad (3.44)$$

となる．このように，各グループでは共通に用いられている変数のみが残り，非共通変数は消去されること

がわかる．

◆ **最小項のグループ化**

以上のようにカルノー図を用いた論理圧縮は，隣接する最小項に対して補元則を適用することに基づいている．このようなことが可能であるのは，カルノー図の互いに隣接しているマス目の最小項のハミング距離が1になっているためである．

すなわち，カルノー図のあるマス目の最小項が $x_1 x_2 \cdots x_i \cdots x_n$ という形のとき，そのマス目に隣接するマス目の最小項は必ず1箇所だけ異なった $x_1 x_2 \cdots \bar{x}_i \cdots x_n$ という形をしている．これらの論理和をとることによって，変数 x_i が消去される．

ここで，カルノー図における最小項をグループ化する規則についてまとめておく．

(1) '1' の立っているマス目だけをグループ内に入れる．

(2) グループ化するマス目の形は，1×2, 2×1, 2×2, 1×4, 4×1, $\cdots$ のように $2^m \times 2^n$ $(m, n = 0, 1, 2, \cdots)$ の四角形にする．

(3) カルノー図の上下および左右の境界は反対側とつながっているものとして扱う．

上記の (3) は，例えば**図 3.11** のように，カルノー図の四つの角に '1' が立っている場合，それらを 2×2 の四角形としてグループ化できることを表している．

図 3.11　最小項のグループ化の例

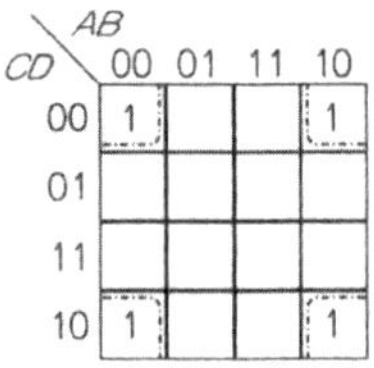

CD\AB	00	01	11	10
00	1			1
01				
11				
10	1			1

以上の規則に基づいてグループ化された最小項に対して，以下の重要な定理が成り立つことは明らかであろう．

定理 3.5 (カルノー図における隣接する最小項の性質)

2^n 個の最小項がグループ化されている場合，それらの最小項の論理和 (OR) をとると n 個の変数が消去される． □

◆ **カルノー図を用いた論理圧縮の手順**

定理 3.5 を利用すると，以下の手順 3.1 でカルノー図を用いた**論理圧縮**が行える．例として，**図 3.12** のカルノー図を使って説明しよう．

手順 3.1 (カルノー図を用いた論理圧縮の手順)

　Step 1. 他のマス目の '1' と隣接しない孤立した '1' を □ (四角) で囲む (**図 3.12** の a の部分)．

図 3.12 論理圧縮の手順の説明

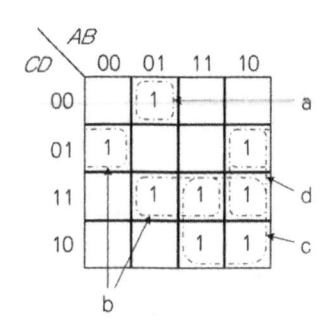

Step 2. '1' が 2 個隣接するグループを□で囲む (図 3.12 の b の部分). ただし, 図 3.12 の c のように隣接する '1' の数が 4 個以上のグループに内在される (完全に含まれる) ようには囲まない.

Step 3. '1' が 4 個隣接するグループを□で囲む (図 3.12 の c の部分). ただし, 隣接する '1' の数が 8 個以上のグループに内在されるようには囲まない.

Step 4. '1' が 2^n 個 ($n \geq 3$) 隣接するグループを□で囲む. ただし, 隣接する '1' の数が 2^{n+1} 個以上のグループに内在されるようには囲まない.

Step 5. すべての '1' がいずれかの□で囲まれるまで **Step 4.** を続ける.

Step 6. □で囲まれた各グループおいて, それぞれの最小項の論理和 (OR) をとり, 定理 3.5 を適用して変数を消去する. このとき得られる積項を**主項** (prime implicant) という. すべてのグループについて主項を求め, すべての主項の論理和をとると圧縮された論理関数が得られる. □

なお図 3.12 では, グループ d が **Step 2.** において候補として挙げられるが, 最終的にグループ d は複数のグループによって完全に包含される. すなわち, グループ d に含まれる '1' はすべて他のグループ (グループ b とグループ c) に内在するようになる. このため, **Step 6.** においてグループ d の最小項の論理和をとる必要はない.

なお, 後述するクワイン・マクラスキー法は, このグループ d のように複数のグループによって完全に包含されるグループを積極的に作ることによって, 論理圧縮を行う方法である.

例題 3.12 (カルノー図を用いた論理圧縮 (全加算器のキャリ生成部))

表 3.6 に示す真理値表を有する論理関数をカルノー図を用いて圧縮しなさい.

表 3.6 全加算器のキャリ生成部の真理値表

A_i	B_i	C_{i-1}	C_i
0	0	0	0
0	0	1	0
0	1	0	0
0	1	1	1
1	0	0	0
1	0	1	1
1	1	0	1
1	1	1	1

[解]

カルノー図は**図 3.13** のようになる．**図 3.13** の a, b, c の各部分について補元則を適用して論理圧縮を行った結果得られる論理関数は，

$$C_i = A_i B_i + B_i C_{i-1} + C_{i-1} A_i \tag{3.45}$$

となる．また，この論理関数から**図 3.14** の回路図が得られる．

図 3.13　例題 3.12 のカルノー図

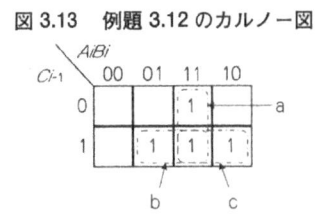

図 3.14　論理圧縮後の回路図

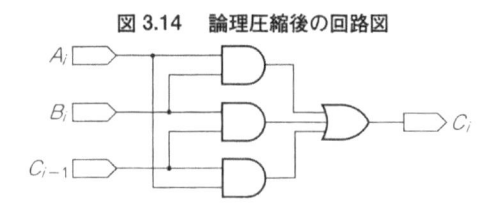

VHDL 演習 3.1（全加算器のキャリ生成部）

例題 3.12 の真理値表を VHDL で記述し，論理合成結果を示しなさい．また，合成結果が論理圧縮されていることを確認しなさい．

[解]

リスト 3.1 および**図 3.15** に示す通りである．

なお**リスト 3.1** では，if 文を用いて，全加算器のキャリ生成部の真理値表 (**表 3.6**) をそのまま VHDL で記述している．

図 3.15　リスト 3.1 の論理合成の結果

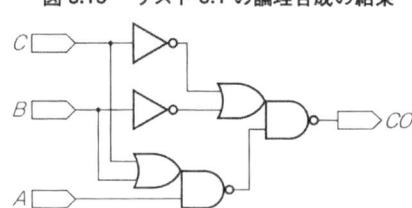

◆ ドントケア

ところで，実際のディジタル回路の設計では，ある特定の変数の値が '0' と '1' のどちらでもよい場合がある．このような変数は**ドントケア (don't care)** と呼ばれており，'*' で表される．ドントケアを含んだカルノー図では，ドントケアに適当な値（'0' または '1'）を割り当て，できるだけ大きなグループを作るようにする．

ドントケアを利用することによって，論理圧縮の効率を向上させることができる場合がある．次の例題で

リスト 3.1　　VHDL 演習 3.1 の VHDL 記述

```
library IEEE;
use IEEE.std_logic_1164.all;

entity FA_CARRY is
    port ( A, B, C : in  std_logic;
           CO      : out std_logic );
end FA_CARRY;

architecture TRUTH_TABLE of FA_CARRY is

signal INDATA : std_logic_vector(2 downto 0);

begin
    INDATA <= A & B & C;

    process (INDATA) begin
        if (INDATA = "000") then
            CO <= '0';
        elsif (INDATA = "001") then
            CO <= '0';
        elsif (INDATA = "010") then
            CO <= '0';
        elsif (INDATA = "011") then
            CO <= '1';
        elsif (INDATA = "100") then
            CO <= '0';
        elsif (INDATA = "101") then
            CO <= '1';
        elsif (INDATA = "110") then
            CO <= '1';
        else
            CO <= '1';
        end if;
    end process;
end TRUTH_TABLE;
```

それを示そう.

例題 3.13（ドントケアを含むカルノー図）

次のドントケア項 '∗' を含むカルノー図 (図 3.16) で表された論理関数を論理圧縮しなさい.

図 3.16　　ドントケアを含んだカルノー図

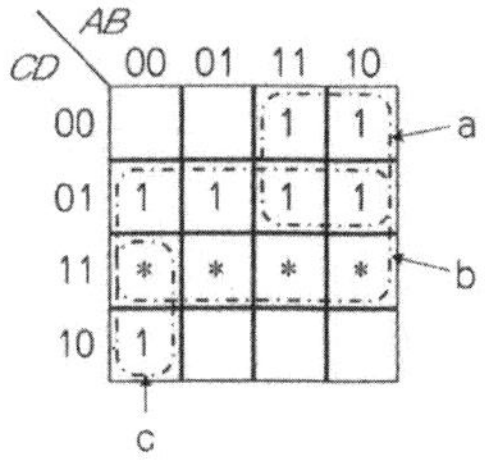

```
         AB
    CD \  00  01  11  10
    00  |    |    | 1  | 1  |── a
    01  | 1  | 1  | 1  | 1  |
    11  | *  | *  | *  | *  |── b
    10  | 1  |    |    |    |
         │
         c
```

[解]

図 3.16 のカルノー図のドントケア '*' にすべて '1' を割り当てると，同図の b, c のように，大きなグループを作ることができ，

$$f = A\overline{C} + D + \overline{A}\,\overline{B}C \tag{3.46}$$

が得られる．なお図 3.16 においてドントケアがない場合は，

$$f = A\overline{C} + \overline{C}D + \overline{A}\,\overline{B}C\overline{D} \tag{3.47}$$

が得られる． □

この例のように，ドントケア '*' がある場合は，それを積極的に利用することによって，圧縮効率の向上が図れる．

3.3.4(*) クワイン・マクラスキー法による論理圧縮

カルノー図法は，直観的にわかりやすい手法であるが，扱える変数の数に限界があり，また，コンピュータによる処理に不向きである．これらの問題点を解決し，コンピュータ処理用に開発された圧縮手法の一つに**クワイン・マクラスキー法**がある．ここでは，このクワイン・マクラスキー法について述べよう．

◆ クワイン・マクラスキー法の概要

クワイン・マクラスキー法は，カルノー図法と同様に，**主加法標準形**の論理関数の圧縮に用いられる．また**論理圧縮**の原理もカルノー図法と同じであり，ハミング距離が 1 となる最小項に対して**補元則**を適用することに基づいている．

クワイン・マクラスキー法がカルノー図法と異なる点は，先に述べたように，他の複数のグループに完全に包含されるようなグループ(**主項**)を積極的に作る点にある．そのため，この結果得られる主項には冗長なものが含まれていることになる．そこで，得られた主項の中から，もとの論理関数を表すために必要となる最少限の主項を選択する．

以上のように，クワイン・マクラスキー法は，主項の導出と主項の選択という大きな二つの段階に分かれている．以下ではこれらの各段階において行う手順について説明しよう．

◆ 最小項の分類

以下では，例として式 (3.48) に示す主加法標準形の論理関数を用いて説明する．

$$\begin{aligned}f = &\overline{A}\,\overline{B}\,\overline{C}\,\overline{D} + A\overline{B}\,\overline{C}\,\overline{D} + \overline{A}\,B\overline{C}D + A\overline{B}\,\overline{C}D + A\overline{B}C\overline{D} \\ &+ \overline{A}BCD + AB\overline{C}D + ABC\overline{D} + ABCD\end{aligned} \tag{3.48}$$

式 (3.48) のような主加法標準形の論理関数から機械的に主項を導出するためには，まず，ハミング距離が 1 となる最小項の対を見つける必要がある．ところで明らかに，ハミング距離が 1 となる二つの最小項のハミング重みは必ず 1 だけ差がある[注1]．そこでこの性質を利用して，まず論理関数の最小項をハミング重みによって分類する．

以下では，n 変数論理関数 f の重みが i ($i = 0, 1, \cdots, n$) となる最小項のグループを G_i と表すことにしよ

注1：この逆は成り立たない

う．たとえば，式 (3.48) の最小項を分類すると表 3.7 のようになる．なお，表 3.7 の ● 印については後で説明する．

表 3.7　式 (3.48) の最小項の分類

グループ	最小項	
G_0	$\bar{A}\bar{B}\bar{C}\bar{D}$	●
G_1	$A\bar{B}\bar{C}\bar{D}$	●
G_2	$\bar{A}B\bar{C}D$	●
	$A\bar{B}\bar{C}D$	●
	$A\bar{B}C\bar{D}$	●
G_3	$\bar{A}BCD$	●
	$AB\bar{C}D$	●
	$ABC\bar{D}$	●
G_4	$ABCD$	●

◆ 主項の導出

さて，分類された最小項から主項を導出するためには，隣接するグループに含まれる最小項，すなわちグループ G_j ($j = 0, 1, \cdots, n-1$) と G_{j+1} に含まれる最小項どうしを比較すればよい．

具体的には，グループ G_j 内の各最小項について，その最小項とハミング距離が 1 になるような最小項がグループ G_{j+1} 内に存在するかどうかを調べる．存在した場合は，両最小項の論理和に補元則を適用し，1 変数少なくなった最小項を求める．この操作をすべての組み合わせに対して行うことによって，$n-1$ 変数の最小項をすべて求めることができる．以上の操作を 1 次圧縮と呼ぶことにしよう．

表 3.7 に示す 4 変数の最小項に対して 1 次圧縮を行うと，表 3.8 に示すような 3 変数の最小項が得られる．ここで表 3.8 を見るとわかるように，たとえば $\bar{A}BD$ と ABD に対して，もう一度，圧縮操作を行えることがわかる．そこで，表 3.8 の最小項に対して，もう一度，圧縮操作を行う．これを 2 次圧縮と呼ぼう．

表 3.8　表 3.7 に対して 1 次圧縮を行った結果

グループ	最小項	
G_0, G_1	$\bar{B}\bar{C}\bar{D}$	
G_1, G_2	$A\bar{B}\bar{C}$	
	$A\bar{B}\bar{D}$	
G_2, G_3	$\bar{A}BD$	●
	$B\bar{C}D$	●
	$A\bar{C}D$	
	$AC\bar{D}$	
G_3, G_4	BCD	●
	ABD	●
	ABC	

表 3.8 に対して 2 次圧縮を行った結果を表 3.9 に示す．この表 3.9 に対しては圧縮操作を行えないので，ここで終了する．まだ圧縮操作ができる場合は，3 次圧縮，4 次圧縮と，圧縮操作が行えなくなるまで続ければよい[注2]．

以上の操作は，m 次圧縮後の最小項を二つ用いて，$m+1$ 次圧縮された新しい最小項を導出する操作であ

注 2：n 変数論理関数に対しては，n 次圧縮まで行える可能性がある．

表 3.9　表 3.8 に対して 2 次圧縮を行った結果

グループ	最小項
$(G_0, G_1), (G_1, G_2)$	—
$(G_1, G_2), (G_2, G_3)$	—
$(G_2, G_3), (G_3, G_4)$	BD

り，カルノー図法の場合と同様に，導出に使用した m 次圧縮後の二つの最小項は不必要になる．

クワイン・マクラスキー法では，この新しい最小項の導出に使用されずに残った最小項を主項と呼んでいる．なお，主項を判別するために，表 3.7〜表 3.9 のように，新しい最小項の導出に使用した最小項に対して●印を付けておいた．

すなわち，表 3.7〜表 3.9 で●印の付いていない 7 個の最小項が主項である．これを書き出すと以下のようになる．

$$\overline{B}\,\overline{C}\,\overline{D},\ A\,\overline{B}\,\overline{C},\ A\,\overline{B}\,D,\ A\,\overline{C}\,D,\ A\,C\,\overline{D},\ A\,B\,C,\ B\,D \tag{3.49}$$

なお，圧縮操作において同じ最小項が複数導出される場合がある．たとえば，表 3.8 の $\overline{A}BD$ と ABD から表 3.9 の BD が導出され，表 3.8 の $B\overline{C}D$ と BCD からも同じ BD が導出される．このような場合，どちらも BD を導出したものとして，●印を付ける必要があることを注意しておく．

ここまでに述べた主項の導出手順を，手順 3.2 および図 3.17 にまとめておく．

手順 3.2（クワイン・マクラスキー法における主項の導出手順）
　Step 1. 主加法標準形の n 変数論理関数 f の各最小項をハミング重みによって分類する（図 3.17 の最小項の分類）．

　Step 2. ハミング重みが $j\ (j = 0, 1, \cdots, n-1)$ のグループ内の各最小項に対してハミング距離が 1 となる最小項を，ハミング重みが $j+1$ のグループから探す．ハミング距離が 1 となる最小項の対が存在する場合は，両者の論理和に対して補元則を適用し，1 変数少なくなった新しい最小項を別に記録する．また，この新しい最小項の導出に使用した最小項に●印を付ける（図 3.17 の 1 次圧縮）．すでに導出されている最小項と同じものが導出された場合も，その導出に使用した最小項に●印を付ける．

　Step 3. m 次圧縮によって導出された各最小項に対して，**Step 2.** と同様の圧縮操作（$m+1$ 次圧縮）を行う（図 3.17 の 2 次圧縮）．

　Step 4. 新しい最小項が導出されなくなるまで（最大で n 次圧縮まで），**Step 3.** を繰り返し，最終的に●印の付いていない最小項を主項とする（図 3.17 の ○ 印）．　□

◆ **主項–最小項表の作成**

さて，上記の手順で導出された各主項（式 (3.49)）の論理和をとることによって，以下の論理関数が得られる．

$$f = \overline{B}\,\overline{C}\,\overline{D} + A\,\overline{B}\,\overline{C} + A\,\overline{B}\,D + A\,\overline{C}\,D + A\,C\,\overline{D} + A\,B\,C + B\,D \tag{3.50}$$

式 (3.50) は，もとの論理関数（式 (3.48)）を簡単化した論理関数になっている．しかし先に述べたように，これらの主項には冗長なものが含まれている可能性がある．そこで，必要最少限の主項を選択するために，表

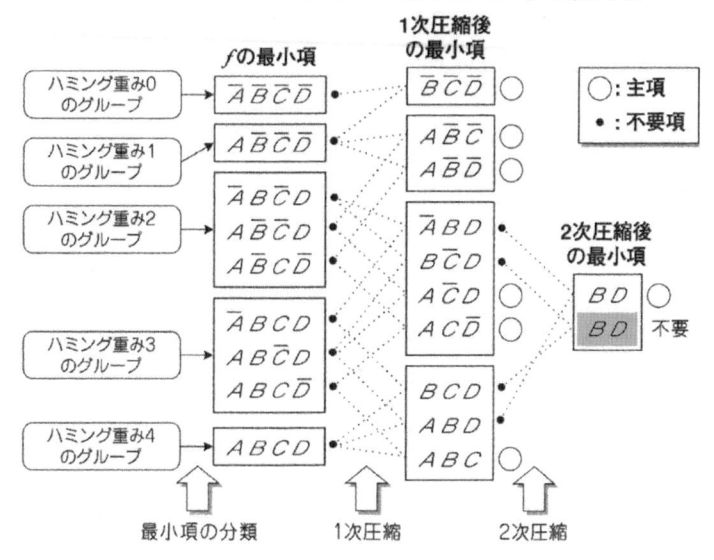

図 3.17 クワイン・マクラスキー法における主項の導出手順

3.10 に示すような，主項と最小項の対応表を書いてみよう．

表 3.10 論理関数 f の主項-最小項表

主項	最小項								
	$\overline{A}\overline{B}\overline{C}\overline{D}$	$\overline{A}B\overline{C}\overline{D}$	$\overline{A}\overline{B}C\overline{D}$	$\overline{A}B\overline{C}D$	$A\overline{B}\overline{C}D$	$\overline{A}BCD$	$AB\overline{C}D$	$ABC\overline{D}$	$ABCD$
$\overline{B}\overline{C}\overline{D}$	○	○							
$A\overline{B}\overline{C}$		○		○					
$A\overline{B}\overline{D}$		○			○				
$A\overline{C}D$				○			○		
$AC\overline{D}$					○			○	
ABC								○	○
BD			○			○	○		○

 表 3.10 には，縦(行)方向に手順 3.2 で得られた主項を，横(列)方向にもとの論理関数の最小項を，それぞれ並べてある．また各主項が含んでいる最小項，すなわち，その主項の導出に使用された最小項の欄に，○印を付けてある．たとえば主項 $\overline{B}\overline{C}\overline{D}$ は，最小項 $\overline{A}\overline{B}\overline{C}\overline{D}$ と $A\overline{B}\overline{C}\overline{D}$ を含んでいるので，それぞれの欄に ○印を付けた．表 3.10 に示した最小項をすべて含むような必要最少限の主項の組み合わせを求めることにより，簡単化された論理関数を得ることができる．

 まず，表 3.10 を簡単化しよう．いま表 3.10 において，たとえば $\overline{A}\overline{B}C\overline{D}$ の列のように，○印が一つしかない列は，最小項 $\overline{A}\overline{B}C\overline{D}$ を含む主項が BD しかないことを表している．すなわち，簡単化された論理関数を得る際に，必ず主項 BD を使用する必要がある．このような主項を必須項と呼ぶことにしよう．必須項は必ず使用されるので，表 3.10 から必須項とその必須項が含む最小項を除いた表を作成してみる．この例では，$\overline{B}\overline{C}\overline{D}$ と BD の二つが必須項なので表 3.11 のようになる．

表 3.11　論理関数 f の必須項を除いた主項-最小項表

主項	最小項		
	$A\overline{B}\overline{C}D$ (M_1)	$A\overline{B}C\overline{D}$ (M_2)	$ABC\overline{D}$ (M_3)
$A\overline{B}\overline{C}$ (P_1)	○		
$A\overline{B}\overline{D}$ (P_2)		○	
$A\overline{C}D$ (P_3)	○		
$AC\overline{D}$ (P_4)		○	○
ABC (P_5)			○

◆ 主項の選択

以下では，表 3.11 に示すように，残った最小項を $M_1 \sim M_3$，残った主項を $P_1 \sim P_5$ と表しておく．表 3.11 を見ればわかるように，この例の場合，$\{P_1, P_4\}$ と $\{P_3, P_4\}$ が，最小項 $M_1 \sim M_3$ をすべて含む必要最少限の組み合わせである．

この例のように変数が少ない場合は，表からすぐに主項の組み合わせを求めることができる．しかし変数が多い場合には，以下のようにして，機械的に組み合わせを求める．

もとの論理関数 f を表すためには，残った最小項，

- M_1 かつ M_2 かつ M_3

が必要である．また表 3.11 から，各最小項を表すためには，

- 最小項 M_1 は，主項 P_1 または P_3

- 最小項 M_2 は，主項 P_2 または P_4

- 最小項 M_3 は，主項 P_4 または P_5

が，それぞれ必要であることがわかる．

ここで，$M_1 \sim M_3$ および $P_1 \sim P_5$ を論理変数，上記の「かつ」を論理積 (AND)，「または」を論理和 (OR) とみなすと，

$$M_1 \cdot M_2 \cdot M_3 = (P_1 + P_3)(P_2 + P_4)(P_4 + P_5) \tag{3.51}$$

なる論理式が得られる．この式の右辺を展開することにより，

$$\begin{aligned}M_1 \cdot M_2 \cdot M_3 &= P_1 P_2 P_4 + P_1 P_4 + P_2 P_3 P_4 + P_3 P_4 \\ &\quad + P_1 P_2 P_5 + P_1 P_4 P_5 + P_2 P_3 P_5 + P_3 P_4 P_5\end{aligned} \tag{3.52}$$

が得られる．

この式の各積項は，M_1, M_2, M_3 をすべて含む主項の組み合わせになっている．そこで，最も短い積項を探すと $\{P_1 P_4, P_3 P_4\}$ が得られる．この結果は，先に述べた結果と同じである．すなわち，先に除いた必須項と P_1, P_4 の論理和をとった関数，

$$f = BD + \overline{B}\overline{C}\overline{D} + A\overline{B}\overline{C} + AC\overline{D} \tag{3.53}$$

または，先に除いた必須項と P_3, P_4 の論理和をとった関数，

$$f = BD + \overline{B}\overline{C}\overline{D} + A\overline{C}D + AC\overline{D} \tag{3.54}$$

によって，もとの論理関数 f を表すことができる．この論理関数 f がクワイン・マクラスキー法で得られる簡単化された論理関数である．

なおこの例のように，クワイン・マクラスキー法で得られる簡単化された論理関数は，一意に決まるとは限らないので，状況に応じて都合の良いものを選べばよい．

ここまでに述べた主項の選択手順を手順 3.3 および図 3.18 にまとめておく．

手順 3.3（クワイン・マクラスキー法における主項の選択手順）

Step 1. 主加法標準形の n 変数論理関数 f の各最小項を横（列）方向に，論理関数 f に手順 3.2 を適用して得られた各主項を縦（行）方向に並べた主項–最小項表を作成し，各主項が含んでいる最小項の欄に ◯ 印を付ける（図 3.18 の表）．

Step 2. 主項–最小項表において，◯ 印が一つしか付いていない列の主項（必須項）とその主項が含むすべての最小項を除いた表を作成する（図 3.18 の表の白い部分）．

Step 3. 残った各主項に新たにそれぞれ異なる論理変数を割当てる（図 3.18 の新しい論理変数）．

Step 4. 残った表の各列について，その列の ◯ 印が付いている各主項を表す論理変数を論理和で結合した和項を作る（図 3.18 の OR の部分）．

Step 5. Step 4. で得られた各和項を論理積で結合し，分配則を用いて展開する（図 3.18 の AND の部分と展開の部分）．

Step 6. 展開された論理式の積項の中から最も短い積項を選択する（図 3.18 の積項の選択の部分）．

Step 7. Step 6. で選択した積項に含まれる論理変数が表す各主項と，Step 2. で除いた各必須項を論理和で結合すると，圧縮された論理関数が得られる． □

例題 3.14（クワイン・マクラスキー法による論理圧縮）

クワイン・マクラスキー法を用いて，以下に示す 3 変数論理関数を簡単化しなさい．

$$f = \overline{A}\,\overline{B}\,\overline{C} + \overline{A}\,B\,\overline{C} + A\,B\,\overline{C} + A\,B\,\overline{C} + \overline{A}\,\overline{B}\,C + A\,\overline{B}\,C \tag{3.55}$$

[解]

式 (3.55) の各最小項をハミング重みで分類し，1 次圧縮および 2 次圧縮を行うと，以下の主項が得られる．

$$\overline{B},\ \overline{C} \tag{3.56}$$

これらの主項を用いて主項–最小項表を作成すると，表 3.12 が得られる．

表 3.12 関数 f（式 (3.55)）の主項–最小項表

主項	最小項					
	$\overline{A}\,\overline{B}\,\overline{C}$	$\overline{A}\,B\,\overline{C}$	$A\,B\,\overline{C}$	$A\,B\,\overline{C}$	$\overline{A}\,\overline{B}\,C$	$A\,\overline{B}\,C$
$\overline{B}$	◯		◯		◯	◯
$\overline{C}$	◯	◯	◯	◯		

図 3.18 クワイン・マクラスキー法における主項の選択手順

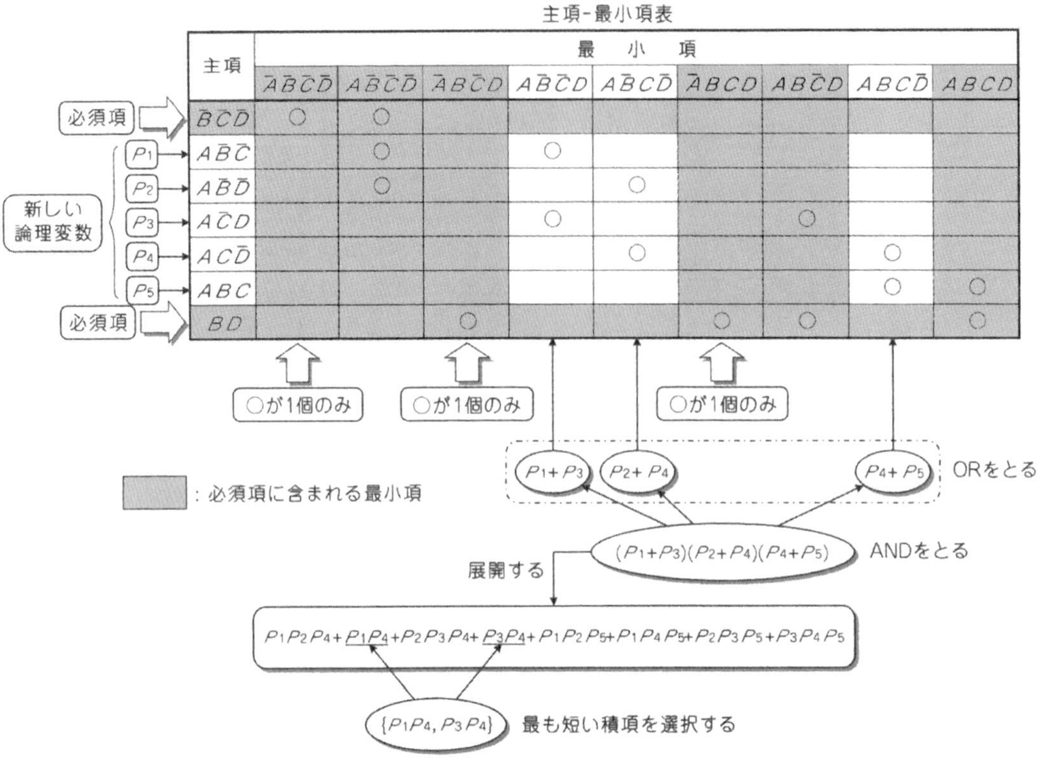

表 3.12 からわかるように，いずれの主項も必須項になるので，結局，

$$f = \overline{B} + \overline{C} \tag{3.57}$$

が簡単化された論理関数として得られる．　　□

章末問題

問題 3.1　表 3.13 の多数決回路 (voter) の真理値表を満足する論理式を，加法標準形により求めなさい．

問題 3.2　問題 3.1 について，乗法標準形を用いて論理式を求めなさい．

問題 3.3　問題 3.1 の真理値表で表される回路を VHDL により記述し，論理合成結果を示しなさい．

問題 3.4　式 (3.21) と式 (3.23) が等価であることをブール代数の公理と定理を用いて示せ．

問題 3.5　論理関数

$$f = A\overline{B} + \overline{A}(B + \overline{C}) \tag{3.58}$$

を NAND 形式に変換しなさい．

表 3.13　多数決回路の真理値表

A	B	C	$f(A,B,C)$
0	0	0	0
0	0	1	0
0	1	0	0
0	1	1	1
1	0	0	0
1	0	1	1
1	1	0	1
1	1	1	1

問題 3.6[*]　問題 3.5 の論理関数を NOR 形式に変換しなさい．

問題 3.7[*]　例題 3.8 の図 3.4 (p.38) を NOR 形式に変換しなさい．

問題 3.8　次のカルノー図で表された論理関数を論理圧縮しなさい．また，論理圧縮の論理関数を論理回路で実現しなさい．

図 3.19　問題 3.8 のカルノー図

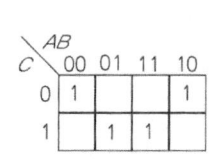

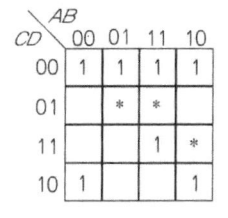

(a) 3 変数のカルノー図　　　(b) ドントケアを含む 4 変数のカルノー図

問題 3.9　問題 3.8 のカルノー図 (図 3.19) で表された論理関数を VHDL で記述し，論理合成結果を問題 3.8 の結果と比較しなさい．

問題 3.10[*]　以下の論理関数をクワイン・マクラスキー法を用いて論理圧縮しなさい．

$$f = \overline{A}\,\overline{B}\,\overline{C}\,\overline{D} + \overline{A}\,\overline{B}\,\overline{C}\,D + \overline{A}\,B\,\overline{C}\,\overline{D} + A\,B\,\overline{C}\,D \\ + \overline{A}\,\overline{B}\,C\,D + \overline{A}\,B\,C\,D + \overline{A}\,B\,C\,\overline{D} + A\,B\,C\,\overline{D} \qquad (3.59)$$

第4章
組み合わせ回路とそのVHDL記述

これまでに扱ってきたディジタル回路は，すべて組み合わせ回路であった．第1章で述べたように，組み合わせ回路とは，その出力が過去の入力には依存せず，現在の入力のみによって一意に定まるようなディジタル回路である．本章では，実際のコンピュータなどで使用されている実用的で重要な組み合わせ回路を紹介していこう．

また，これまで学んできたディジタル回路の設計手法を使って，それらの組み合わせ回路を実際にVHDLで記述し設計してみることにしよう．

4.1 実用的な組み合わせ回路

4.1.1 加算器

コンピュータ内部のCPUには，必ずと言ってよいほど加算器が組み込まれており，ディジタル回路設計では最も基本的でかつ重要な回路である．導入演習1.1で検討したように，例えば4ビット加算器はキャリ入力無しの1ビット加算器(**半加算器**(HA))とキャリ入力有りの1ビット加算器(**全加算器**(FA))の縦続接続で構成できる(**図4.1**)．ここで，A_i, B_iは入力，C_iはキャリである．

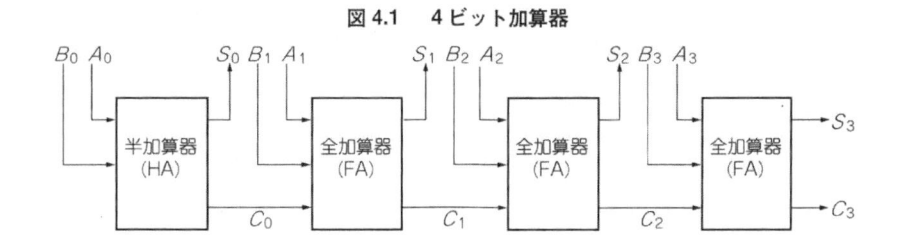

図 4.1　4ビット加算器

半加算器は既に例題1.3で設計している．そこで，以下で全加算器を設計してみよう．

例題4.1 (全加算器の設計)
全加算器の真理値表を作成し，カルノー図を利用して回路設計しなさい．

表 4.1　全加算器の真理値表

A_i	B_i	C_{i-1}	S_i	C_i
0	0	0	0	0
0	0	1	1	0
0	1	0	1	0
0	1	1	0	1
1	0	0	1	0
1	0	1	0	1
1	1	0	0	1
1	1	1	1	1

図 4.2　全加算器のカルノー図

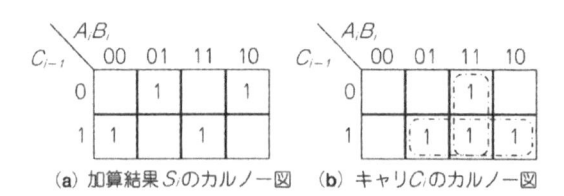

(a) 加算結果 S_i のカルノー図　　(b) キャリ C_i のカルノー図

[解]

全加算器の真理値表は，**表 4.1** に示す通りである．

加算結果 S_i に関してカルノー図を描くと**図 4.2 (a)** となる．図よりこれ以上の圧縮はできないことがわかる．したがって，S_i の論理関数は以下のようになる．

$$S_i = \overline{A_i} \cdot \overline{B_i} \cdot C_{i-1} + \overline{A_i} \cdot B_i \cdot \overline{C_{i-1}} + A_i \cdot \overline{B_i} \cdot \overline{C_{i-1}} + A_i \cdot B_i \cdot C_{i-1} \tag{4.1}$$

また，キャリ C_i に関しては，例題 3.12 で設計したように，カルノー図 (**図 4.2 (b)**) により圧縮が可能である．そこで得られた C_i は，以下の通りであった．

$$C_i = A_i \cdot B_i + B_i \cdot C_{i-1} + C_{i-1} \cdot A_i \tag{4.2}$$

以上より，1 ビット全加算器の回路は，**図 4.3** となる．

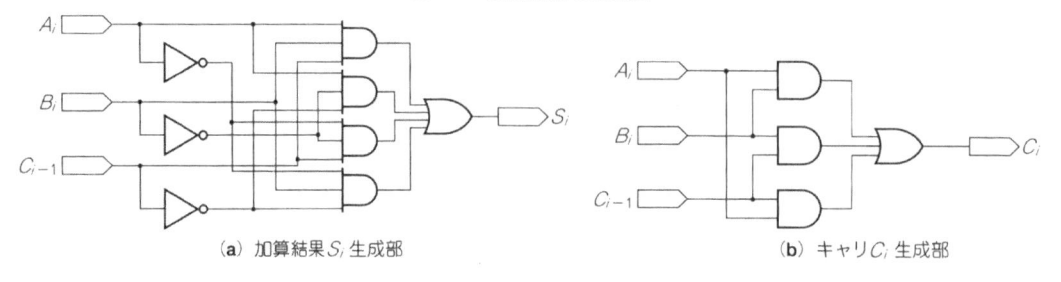

図 4.3　全加算器の回路図

(a) 加算結果 S_i 生成部　　　　　　　　　　　　(b) キャリ C_i 生成部

なお，全加算器は，**図 4.4** のように，半加算器を二つ用いて構成することもできる．このように，すでに設

計された回路ブロック (コンポーネント (component) という) を用いて，新しい回路を設計する方法を**階層設計 (hierarchical design)** という．

図 4.4 半加算器による全加算器の構成

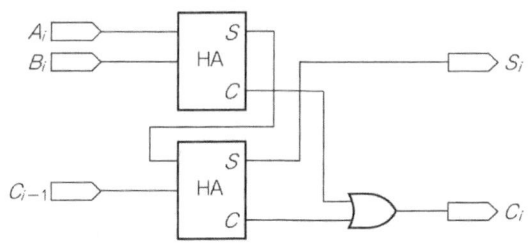

以下では，全加算器を VHDL で階層設計してみよう．そのために，コンポーネントとして用いる半加算器を設計しておく．

VHDL 演習 4.1 (半加算器)

半加算器を VHDL により設計しなさい．

[解]

リスト 4.1 に示す通りである．

リスト 4.1 半加算器の VHDL 記述 (std_logic 型使用)

```
-- std_logic 型を使用するための
-- ライブラリ宣言とパッケージ呼び出し
library IEEE;
use IEEE.std_logic_1164.all;

entity HALF_ADDER is
    port ( A, B : in  std_logic;
           S, C : out std_logic );
end HALF_ADDER;

architecture STRUCTURE of HALF_ADDER is
begin
    S <= A xor B;
    C <= A and B;
end STRUCTURE;
```

なお，リスト 4.1 は，bit 型の代わりに std_logic 型を用いている点を除けば，リスト 2.1 (p.24) と同じである．また，リスト 4.1 を論理合成した結果は，リスト 2.1 を論理合成した結果と同じであり，図 2.5 (p.24) のようになる．

□

VHDL 演習 4.2（全加算器）

全加算器を VHDL により設計しなさい．その際，VHDL 演習 4.1 で設計した半加算器をコンポーネントとして階層設計すること．

[解]
リスト 4.2 および図 4.5 に示す通りである．

リスト 4.2　全加算器の VHDL 記述

```
library IEEE;
use IEEE.std_logic_1164.all;

entity FULL_ADDER is
    port ( A, B, CIN : in  std_logic;
           SUM, COUT : out std_logic );
end FULL_ADDER;

architecture STRUCTURE of FULL_ADDER is

-- HALF_ADDERのコンポーネント宣言
component HALF_ADDER
    port ( A, B : in  std_logic;
           S, C : out std_logic );
end component;

signal C1_C, C1_S, C2_C : std_logic;

begin
    -- コンポーネント・インスタンス文
    COMP1 : HALF_ADDER port map ( A, B, C1_S, C1_C );
    COMP2 : HALF_ADDER port map ( C1_S, CIN, SUM, C2_C );
    COUT <= C1_C or C2_C;
end STRUCTURE;
```

図 4.5　全加算器の合成結果

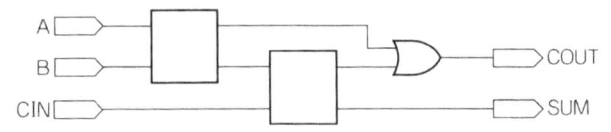

リスト 4.2 に示すように，コンポーネントを使用するためには，あらかじめ**コンポーネント宣言**を記述する必要がある．コンポーネント宣言には，使用するコンポーネントの名前 (エンティティ名) およびそのコンポーネントが持つ入出力ポートなどのインターフェース情報すなわちエンティティ情報を記述する．さらに，コンポーネントを使用する場所で**コンポーネント・インスタンス文**を記述する．コンポーネント・インスタンス文には，使用するコンポーネントの名前と各ポートの接続関係を記述する．

なお図 4.5 の四角い箱が，コンポーネント化された半加算器である．参考のために，この四角い箱の中身を表示させた回路図を図 4.6 に示す．また，論理合成ツールを使用して，論理圧縮 (最適化) を行った結果を図 4.7 に示す．

図 4.6　図 4.5 のコンポーネントの中身

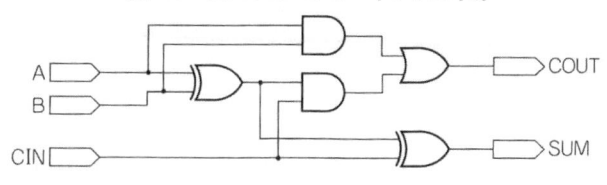

図 4.7　図 4.5 を最適化した結果

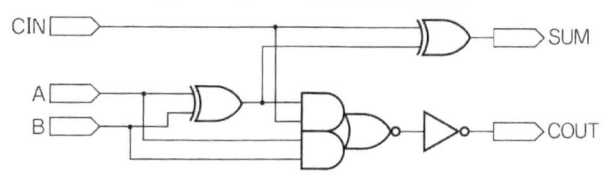

コラム3　階層設計

　図 4.8 に示すように，回路全体をいくつかのブロックに分割し，各ブロックごとに設計を行うような設計方法を階層設計という．このとき各ブロックは，必要に応じてさらに細かいブロックに分割され，階層設計される．階層設計は，大規模な回路を設計する際に用いられる手法である．

図 4.8　階層設計の概念

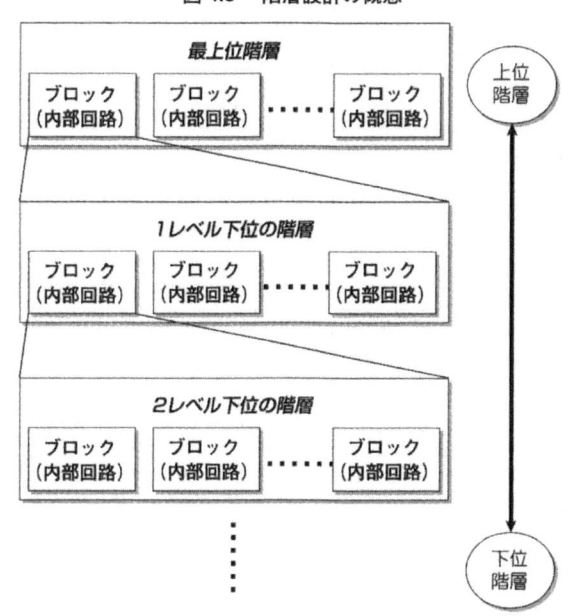

VHDLでは，各ブロックのことを**コンポーネント**と呼んでいる．VHDLを用いて階層設計を行う場合，最上位階層のVHDL記述には，分割されたコンポーネント間の接続関係が記述される．また，各コンポーネントの記述には，さらに下位階層のコンポーネント間の接続関係が記述される．

VHDL演習4.3（4ビット加算器）
以下の二通りの場合について，**図4.1**(p.57)の4ビット加算器をVHDLにより設計しなさい．

(1) VHDL演習4.1で設計した半加算器およびVHDL演習4.2で設計した全加算器をコンポーネントとして階層設計せよ．

(2) 算術演算子'+'を用いて設計せよ．

[解]
リスト4.3，リスト4.4に示す通りである．

リスト4.3　コンポーネントを用いた4ビット加算器のVHDL記述

```vhdl
library IEEE;
use IEEE.std_logic_1164.all;

entity ADDER4 is
    port ( A, B : in  std_logic_vector(3 downto 0);
           S    : out std_logic_vector(4 downto 0));
end ADDER4;

architecture STRUCTURE of ADDER4 is

-- HALF_ADDERのコンポーネント宣言
component HALF_ADDER
    port ( A, B : in  std_logic;
           S, C : out std_logic );
end component;

-- FULL_ADDERのコンポーネント宣言
component FULL_ADDER
    port ( A, B, CIN : in  std_logic;
           SUM, COUT : out std_logic );
end component;

signal C1_C, C2_C, C3_C : std_logic;

begin
    -- コンポーネント・インスタンス文
    COMP1 : HALF_ADDER port map ( A(0), B(0), S(0), C1_C );
    COMP2 : FULL_ADDER port map ( A(1), B(1), C1_C, S(1), C2_C );
    COMP3 : FULL_ADDER port map ( A(2), B(2), C2_C, S(2), C3_C );
    COMP4 : FULL_ADDER port map ( A(3), B(3), C3_C, S(3), S(4) );
end STRUCTURE;
```

4.1 実用的な組み合わせ回路

リスト 4.4　算術演算子を用いた 4 ビット加算器の VHDL 記述

```
library IEEE;
use IEEE.std_logic_1164.all;
-- std_logic_vector 型どうしの演算を行うために使用
use IEEE.std_logic_unsigned.all;

entity ADDER4 is
    port ( A, B : in  std_logic_vector(3 downto 0);
           S    : out std_logic_vector(4 downto 0));
end ADDER4;

architecture BEHAVIOR of ADDER4 is
begin
    S  <= ('0' & A) + ('0' & B);
end BEHAVIOR;
```

リスト 4.4 では，その冒頭に，

```
library IEEE;
use IEEE.std_logic_1164.all;
use IEEE.std_logic_unsigned.all;
```

という記述がある．この最後の行のパッケージ std_logic_unsigned は，std_logic_vector 型で符号ビットなしの演算を行うためのパッケージである (コラム 4 参照)．

算術演算子 '+' を用いて，Z <= X + Y という演算を行う場合，左辺の Z のビット長は，右辺の X と Y の長いほうのビット長と一致している必要がある．4 ビットどうしの和は 5 ビットになる可能性があるため，リスト 4.4 では，算術演算子 '+' の右辺の A, B の MSB に '0' を連接することによりビット長を調整している．

この他，算術演算子 '-' を用いる場合も，左辺のビット長は，右辺の長い方のビット長と一致している必要がある．さらに，算術演算子 '*' を用いる場合，左辺のビット長は，右辺の二数のビット長の和と一致している必要がある．

なお，リスト 4.3，リスト 4.4 の論理合成結果は省略するので，読者自身で確認されたい．　　□

コラム 4　算術演算用パッケージ

std_logic_vector 型で算術演算や大小比較などを行う場合には，算術演算用のパッケージを使用する必要がある．算術演算用の主なパッケージを以下に示す．

- IEEE ライブラリ：**numeric_std** パッケージ
  符号ビットなし演算と符号ビットあり演算を混在させるためのパッケージ

- IEEE ライブラリ：**std_logic_unsigned** パッケージ
  符号ビットなしの演算を行うためのパッケージ

- IEEEライブラリ：**std_logic_signed**パッケージ
  符号ビットありの演算を行うためのパッケージ

- IEEEライブラリ：**std_logic_arith**パッケージ
  符号ビットなし演算と符号ビットあり演算を混在させるためのパッケージ

標準パッケージnumeric_stdを用いる場合，

```
A, B : in  std_logic;
C, D : in  unsigned(7 downto 0);
E, F : out signed(3 downto 0);
```

のように，unsigned型，signed型として，あらかじめ宣言しておく必要がある．なお，unsigned型およびsigned型のベースはstd_logic型なので，1ビット幅の信号は上記のようにstd_logic型と宣言する．

また，パッケージstd_logic_unsigned, std_logic_signedを用いる場合，std_logic_vector型として定義した信号をそのまま使用すれば，それぞれ符号ビットなし演算，符号ビットあり演算になる．なお，std_logic_unsignedとstd_logic_signedのパッケージを同時に使用することはできない．

さらに，パッケージstd_logic_arithを用いて，符号ビットなし演算と符号ビットあり演算を混在させる場合，

```
D1 <= unsigned(A) + unsigned(B);
D2 <= signed(A) + signed(B);
```

のように，unsigned型またはsigned型に変換してから演算を行う．

なお，std_logic_unsigned, std_logic_signed, std_logic_arithの三つのパッケージは，IEEEライブラリに格納されているが，これはIEEEで承認されたパッケージではなく，米国Synopsys Inc.が提供しているパッケージである．

4.1.2 マルチプレクサ/デマルチプレクサ

◆ マルチプレクサ

マルチプレクサ (multiplexer) は，データセレクタ (data selector) あるいは単にセレクタ (selector) とも呼ばれ，バス (bus) などの複数の入力線から制御信号によって一つの入力線を選択し，その信号を出力線に伝える組み合わせ回路である．

例として，4入力のマルチプレクサの回路図を図4.9に，真理値表を表4.2に，VHDL記述の記述例をリスト4.5にそれぞれ示しておく．

リスト4.5では，信号Sの値によってセレクタの出力を選択するために，**if文**を用いている．if文を使用する場合，**process文**内に記述する必要がある (コラム5参照)．process文は，順次処理文を記述するための構文であり，"process"と"begin"の間に記述された**センシティビティ・リスト**によって，その起動を制御できる (コラム6参照)．

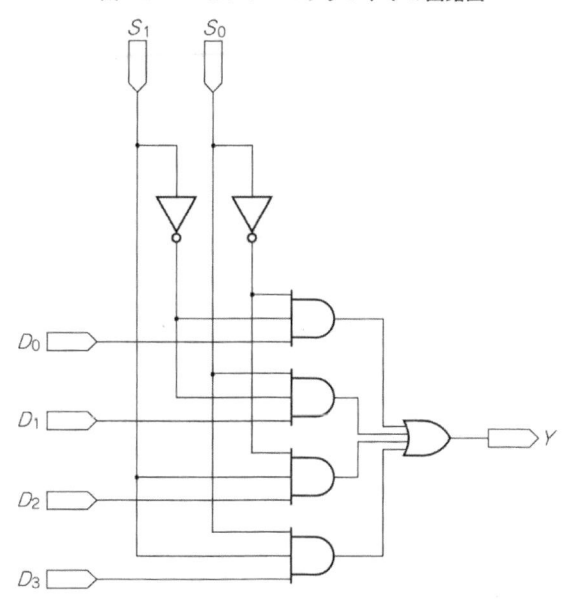

図 4.9　4 ビットマルチプレクサの回路図

表 4.2　4 ビットマルチプレクサの真理値表

制御入力		出力
S_1	S_0	Y
0	0	D_0
0	1	D_1
1	0	D_2
1	1	D_3

コラム5　同時処理文と順次処理文

ディジタル回路を構成する個々のゲート回路は，それぞれ並列に動作している．VHDL では，このような並列動作を表現するために，**architecture** 本体に記述された信号代入文などは，すべて並列に処理される．このように並列に処理される文を **同時処理文** (concurrent statement) という．

一方，C などのプログラミング言語では，各文は順番に処理される．このように順番に処理される文を **順次処理文** (sequential statement) という．順次処理文は，ディジタル回路の動作を表すために不可欠であり，VHDL では **process** 文によって，順次処理を表現する．順序処理文には，**if 文**，**case 文**，**for-loop 文** などがあり，これらを記述する場合，**process** 文内に記述する必要がある．

なお，architecture 本体に process 文をいくつか記述した場合，process 文内の各文は順番に処理されるが，各 process 文は並列に処理される．

コラム6　process文を用いた組み合わせ回路の記述

process文の"process"と"begin"の間の括弧内に列挙された信号線名を**センシティビティ・リスト (sensitivity list)** という．process 文は，センシティビティ・リスト内に記述されたいずれかの信号の値が変化したときのみ起動する．

組み合わせ回路の出力信号の値は，いずれか一つの入力信号の値が変化しただけで，変化する可能性がある．このため，process 文を用いて組み合わせ回路を記述する場合，その組み合わせ回路の全ての入力信号をセンシティビティ・リストに記述する必要がある．

たとえば**リスト 4.5** では，入力信号としてデータ入力 D と制御信号 S をもつマルチプレクサ (組み合わせ回路) を，process 文を用いて記述している．この process 文のセンシティビティ・リストには，マルチプレクサの全ての入力信号 (D，S) が記述されている．

なお，順序回路 (フリップフロップ) の記述については，コラム 9 (p.111) を参照されたい．

リスト 4.5　4 ビットマルチプレクサ (セレクタ) の VHDL 記述

```
library IEEE;
use IEEE.std_logic_1164.all;

entity MULTIPLEXER4 is
    port ( D : in  std_logic_vector(3 downto 0);
           S : in  std_logic_vector(1 downto 0);
           Y : out std_logic );
end MULTIPLEXER4;

architecture DATAFLOW of MULTIPLEXER4 is
begin
    -- process 文 (順次処理文の記述)
    process ( D, S )
    begin
        -- if 文による出力の場合分け
        if ( S = "00" ) then
            Y <= D(0);
        elsif ( S = "01" ) then
            Y <= D(1);
        elsif ( S = "10" ) then
            Y <= D(2);
        else
            Y <= D(3);
        end if;
    end process;
end DATAFLOW;
```

◆ デマルチプレクサ

マルチプレクサとは逆に，複数の出力線の中から一つの出力線を選択し，入力線の信号を選択された出力線に伝える組み合わせ回路を**デマルチプレクサ (demultiplexer)** と呼ぶ．

例として，4出力のデマルチプレクサの回路図を図4.10に，真理値表を表4.3に，VHDL記述の記述例をリスト4.6(次頁)にそれぞれ示しておく．

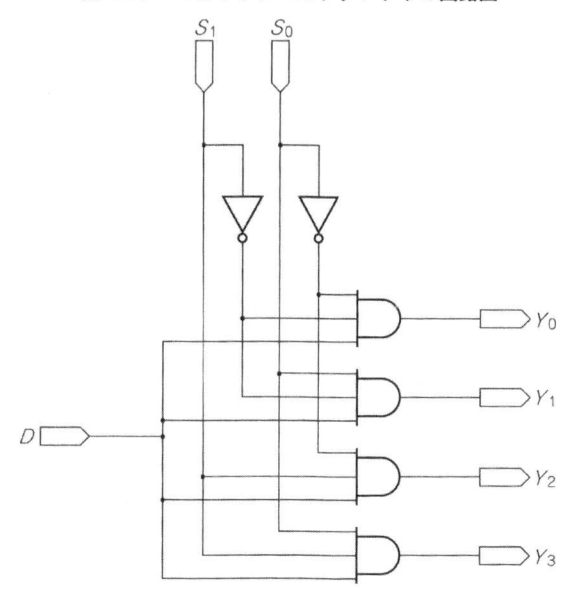

図4.10　4ビットデマルチプレクサの回路図

表4.3　4ビットデマルチプレクサの真理値表

制御入力		出力			
S_1	S_0	Y_0	Y_1	Y_2	Y_3
0	0	D	0	0	0
0	1	0	D	0	0
1	0	0	0	D	0
1	1	0	0	0	D

リスト4.6では，リスト4.5と同様に，信号Sの値によって出力線を選択するために，**if文**を用いている．なお，リスト4.6において，たとえばY <= (2 => D, others => '0')という記述は，4ビット幅の信号Y = (Y(3) Y(2) Y(1) Y(0))の中のY(2)にDを代入し，残り(**others**)を '0' にすることを表している．この記法は覚えておくと便利である．

◆ **マルチプレクサ/デマルチプレクサの応用**

コンピュータなどのディジタル回路の内部では，主に**パラレルデータ(parallel data：並列データ)** が扱われる．一方，コンピュータ間などでデータを送受信する際には，コスト面などの制約により，共通の伝送路を介して**シリアルデータ(serial data：直列データ)** として送受信するのが一般的である．このシリアル伝送を実現するために，マルチプレクサとデマルチプレクサが用いられる．

図4.11に示すように，マルチプレクサとデマルチプレクサの制御信号を共通にして用いることにより，一つの伝送路を使って等価的に八つの信号伝送が実現できる．このような技術は，コンピュータ通信などでデー

リスト 4.6　4 ビットデマルチプレクサの VHDL 記述

```vhdl
library IEEE;
use IEEE.std_logic_1164.all;

entity DEMULTIPLEXER4 is
    port ( D : in  std_logic;
           S : in  std_logic_vector(1 downto 0);
           Y : out std_logic_vector(3 downto 0));
end DEMULTIPLEXER4;

architecture DATAFLOW of DEMULTIPLEXER4 is
begin
    process ( D, S )
    begin
        -- if 文による出力の場合分け
        if ( S = "00" ) then
            Y <= ( 0 => D, others => '0' );
        elsif ( S = "01" ) then
            Y <= ( 1 => D, others => '0' );
        elsif ( S = "10" ) then
            Y <= ( 2 => D, others => '0' );
        else
            Y <= ( 3 => D, others => '0' );
        end if;
    end process;
end DATAFLOW;
```

タを送受信する技術として広く用いられている．

図 4.11　データ伝送回路 (マルチプレクサ/デマルチプレクサの応用)

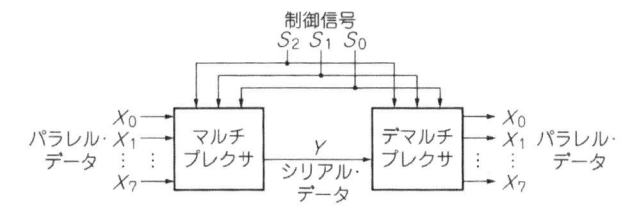

4.1.3　デコーダ/エンコーダ

◆ デコーダ

n ビットの信号が入力されると，その n ビット 2 進数に対応する番号の出力線のみを '1' にし，残りの出力線を '0' にする組み合わせ回路を**デコーダ (decoder)** と呼ぶ．一般に，符号化された信号を元に戻す回路を総称してデコーダと呼ぶ．

例として 2 入力 4 出力デコーダの回路図を**図 4.12** に，真理値表を**表 4.4** に，VHDL 記述の記述例を**リスト 4.7** (p.70) にそれぞれ示しておく．

リスト 4.5 のように，if 文を用いて記述することも可能であるが，**リスト 4.7** では，出力線を選択するた

図 4.12 2 入力 4 出力デコーダの回路図

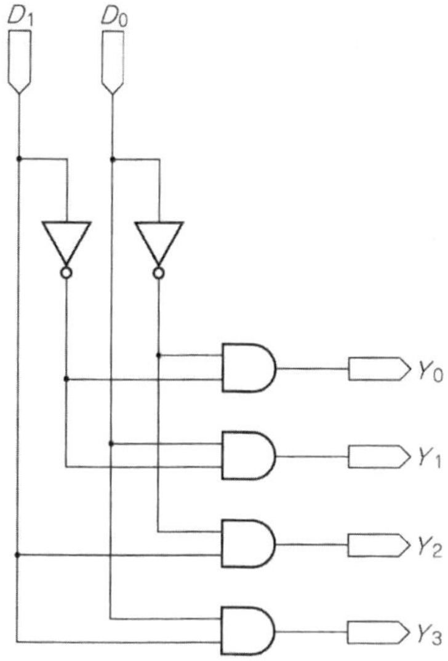

表 4.4 2 入力 4 出力デコーダの真理値表

入力 D		入力 D の 10 進数の値	出力 Y			
D_1	D_0		Y_3	Y_2	Y_1	Y_0
0	0	0	0	0	0	1
0	1	1	0	0	1	0
1	0	2	0	1	0	0
1	1	3	1	0	0	0

めに case 文を用いている．

また，BCD 符号を 10 進数に戻すデコーダを **BCD 符号-10 進デコーダ (BCD to decimal decoder)** という．ここでは，BCD 符号-10 進数デコーダの真理値表のみを**表 4.5** に示しておこう．

表 4.5 BCD 符号-10 進デコーダの真理値表

入力 D				入力 D の 10 進数の値	出力 Y									
D_3	D_2	D_1	D_0		Y_9	Y_8	Y_7	Y_6	Y_5	Y_4	Y_3	Y_2	Y_1	Y_0
0	0	0	0	0	0	0	0	0	0	0	0	0	0	1
0	0	0	1	1	0	0	0	0	0	0	0	0	1	0
0	0	1	0	2	0	0	0	0	0	0	0	1	0	0
0	0	1	1	3	0	0	0	0	0	0	1	0	0	0
0	1	0	0	4	0	0	0	0	0	1	0	0	0	0
0	1	0	1	5	0	0	0	0	1	0	0	0	0	0
0	1	1	0	6	0	0	0	1	0	0	0	0	0	0
0	1	1	1	7	0	0	1	0	0	0	0	0	0	0
1	0	0	0	8	0	1	0	0	0	0	0	0	0	0
1	0	0	1	9	1	0	0	0	0	0	0	0	0	0

リスト 4.7　2 入力 4 出力デコーダの VHDL 記述

```vhdl
library IEEE;
use IEEE.std_logic_1164.all;

entity DECODER_2_4 is
    port ( D : in  std_logic_vector(1 downto 0);
           Y : out std_logic_vector(3 downto 0));
end DECODER_2_4;

architecture DATAFLOW of DECODER_2_4 is
begin
    process ( D )
    begin
        -- case 文による出力の場合分け
        case D is
            when "00" => Y <= "0001";
            when "01" => Y <= "0010";
            when "10" => Y <= "0100";
            when "11" => Y <= "1000";
            when others => Y <= "XXXX";
        end case;
    end process;
end DATAFLOW;
```

VHDL 演習 4.4 (7 セグメント LED 用デコーダ)

7 セグメント LED とは，図 4.13 のように数字表示用の発光ダイオードである．信号線 $Y_0 \sim Y_6$ に電圧 (論理値 1) を加えると，対応したダイオードが発光し，その組み合わせで数字を表示する．

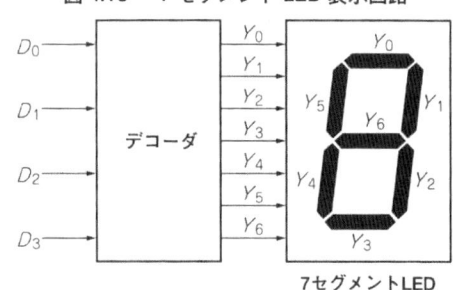

図 4.13　7 セグメント LED 表示回路

一般に 7 セグメント LED の入力信号として BCD 符号が使用されるので，BCD 符号から信号 $Y_0 \sim Y_6$ に変換するデコーダが必要となる．VHDL を用いてデコーダを記述し，論理合成結果を示せ．

[解]
本例題では，BCD 符号で使用しない 1010 ～ 1111 に対して A ～ F を割り当て，16 進数の表示が可能なデコーダ，すなわち表 4.6 の真理値表に示すデコーダを設計することにしよう．

表 4.6 の真理値表で表される 7 セグメント LED 用デコーダの VHDL 記述をリスト 4.8 (p.72) に示す．また，その論理合成結果を図 4.14 (p.73) に示す．　　　　　　　　　　　　　　　　　　　　　　　　　□

4.1 実用的な組み合わせ回路   71

表 4.6　7 セグメント LED 用デコーダの真理値表

入力 D				LED の表示		出力 Y						
D_3	D_2	D_1	D_0			Y_6	Y_5	Y_4	Y_3	Y_2	Y_1	Y_0
0	0	0	0	0	0	0	1	1	1	1	1	1
0	0	0	1	1	1	0	0	0	0	1	1	0
0	0	1	0	2	2	1	0	1	1	0	1	1
0	0	1	1	3	3	1	0	0	1	1	1	1
0	1	0	0	4	4	1	1	0	0	1	1	0
0	1	0	1	5	5	1	1	0	1	1	0	1
0	1	1	0	6	6	1	1	1	1	1	0	1
0	1	1	1	7	7	0	0	0	0	1	1	1
1	0	0	0	8	8	1	1	1	1	1	1	1
1	0	0	1	9	9	1	1	0	1	1	1	1
1	0	1	0	A	A	1	1	1	0	1	1	1
1	0	1	1	B (b)	b	1	1	1	1	1	0	0
1	1	0	0	C	C	0	1	1	1	0	0	1
1	1	0	1	D (d)	d	1	0	1	1	1	1	0
1	1	1	0	E	E	1	1	1	1	0	0	1
1	1	1	1	F	F	1	1	1	0	0	0	1

◆ エンコーダ

エンコーダ (encoder) はデコーダと逆の機能を有しており，何番目の入力線に信号が入ったかを 2 進数で出力する組み合わせ回路である．デコーダの場合と同様に，入力信号を何らかの符号に変換する回路を総称してエンコーダと呼ぶ．

例として 4 入力 2 出力エンコーダの回路図を**図 4.15** (p.73) に，真理値表を**表 4.7** に，VHDL 記述の記述例を**リスト 4.9** (p.74) にそれぞれ示しておく．

表 4.7　4 入力 2 出力エンコーダの真理値表

入力 D				入力 D の 10 進数の値	出力 Y	
D_3	D_2	D_1	D_0		Y_1	Y_0
0	0	0	1	0	0	0
0	0	1	0	1	0	1
0	1	0	0	2	1	0
1	0	0	0	3	1	1

先に，BCD 符号-10 進デコーダの真理値表を示した．ここでは 10 進数を BCD 符号にする **10 進-BCD 符号エンコーダ (decimal to BCD encoder)** の真理値表を**表 4.8** に示しておこう．

4.1.4　その他の実用回路

◆ コンパレータ

二つの 2 進数 A, B の 10 進数としての値の大きさを比較する組み合わせ回路を**コンパレータ (comparator)** または**比較器**と呼ぶ．

4 ビットコンパレータの記述例を**リスト 4.10** (p.75) に，その論理合成結果を**図 4.16** (p.75) に示す．

リスト 4.8　7 セグメント LED 用デコーダの VHDL 記述

```vhdl
library IEEE;
use IEEE.std_logic_1164.all;

entity DECODER_7SEG is
    port ( D : in  std_logic_vector(3 downto 0);
           Y : out std_logic_vector(6 downto 0));
end DECODER_7SEG;

architecture DATAFLOW of DECODER_7SEG is
begin
    process ( D )
    begin
        -- case文
        case D is
            when "0000" => Y <= "0111111";   -- 0
            when "0001" => Y <= "0000110";   -- 1
            when "0010" => Y <= "1011011";   -- 2
            when "0011" => Y <= "1001111";   -- 3
            when "0100" => Y <= "1100110";   -- 4
            when "0101" => Y <= "1101101";   -- 5
            when "0110" => Y <= "1111101";   -- 6
            when "0111" => Y <= "0000111";   -- 7
            when "1000" => Y <= "1111111";   -- 8
            when "1001" => Y <= "1101111";   -- 9
            when "1010" => Y <= "1110111";   -- A
            when "1011" => Y <= "1111100";   -- B
            when "1100" => Y <= "0111001";   -- C
            when "1101" => Y <= "1011110";   -- D
            when "1110" => Y <= "1111001";   -- E
            when "1111" => Y <= "1110001";   -- F
            when others => Y <= "XXXXXXX";
        end case;
    end process;
end DATAFLOW;
```

◆ パリティチェッカ

決まった長さの 2 進数列において，その中に現れる '1' の数が奇数または偶数になるように，あらかじめ定めておく．このとき，そのような 2 進数列の 1 ビットに何らかの原因で誤りが生じた場合，'1' の数の偶奇を調べることによって，誤りの有無を検査できる．このような検査を**パリティチェック (parity check)** という．

パリティチェックを行うためには，元の 2 進数列に対して，'1' の数が奇数 (偶数) となるように，新たな 1 ビットを付加すればよい．このとき付加した 1 ビットを**奇数 (偶数) パリティビット (odd (even) parity bit)** といい，パリティビットを生成する回路を**パリティジェネレータ (parity generator)** という．また，パリティチェックを行う回路を**パリティチェッカ (parity checker)** という．

ここでは，8 ビットのパリティチェッカの VHDL 記述例をリスト 4.11 (p.76) に，その論理合成結果を図 4.17 (p.76) に示しておく．

パリティジェネレータとパリティチェッカは，2 進数の各桁の XOR をとることにより実現できる．すなわち，8 ビットのパリティチェッカの場合，7 個の XOR ゲートを用いて実現できる．これは，信号代入文を七つ書くことによって，VHDL で記述できる．しかし，同じような文が多数ある場合には，リスト 4.11 のように，**for-loop 文**を用いることによって，記述を簡略化できる．

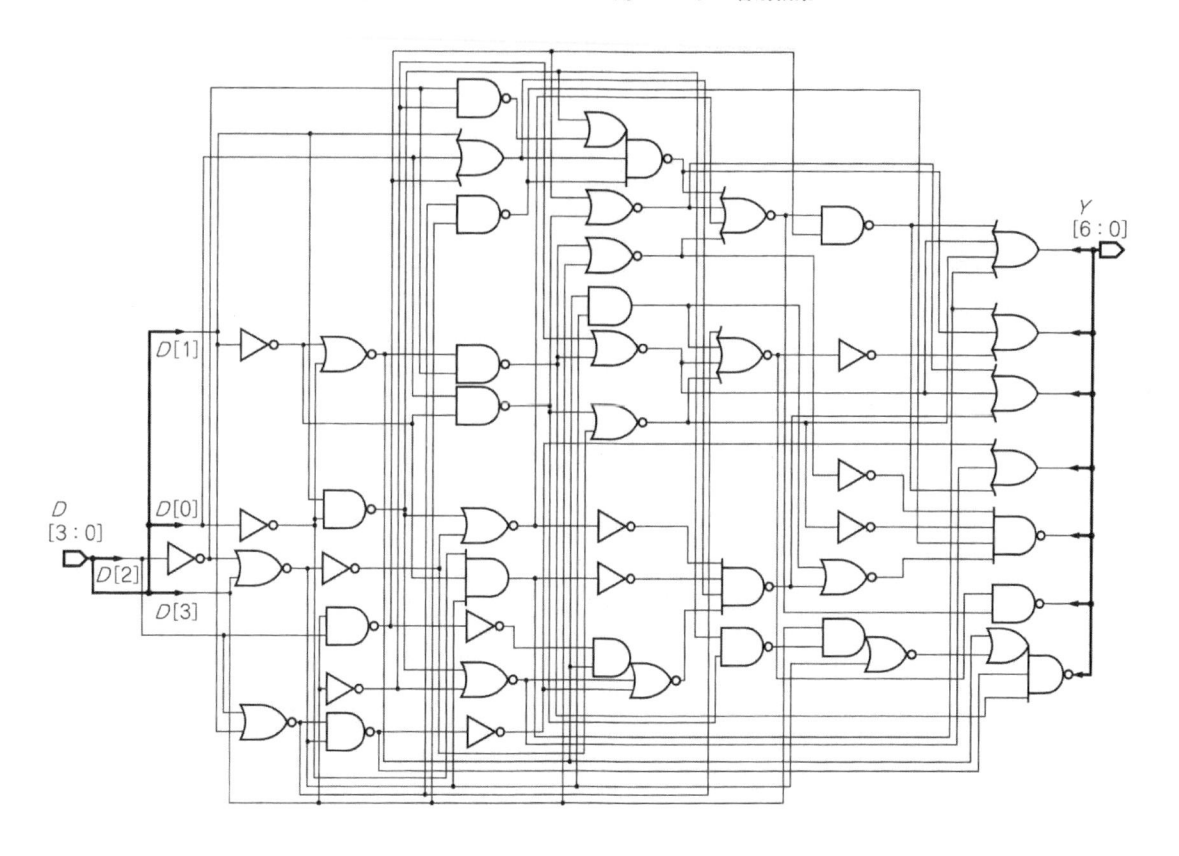

図 4.14　7 セグメント LED 用デコーダの合成結果

図 4.15　4 入力 2 出力エンコーダの回路図

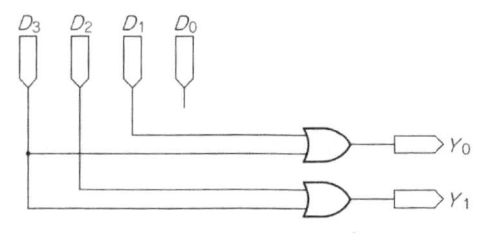

4.2^(*) 組み合わせ回路におけるハザードとその対策

　これまで，入力信号を加えたとき時間的な遅れがなく即座に出力信号が出るものとして，種々の組み合わせ回路を扱ってきた．しかし，ディジタル回路を構成する各ゲート回路には，配線やトランジスタ素子による**遅延 (delay)** が存在する．すなわち，ゲート回路に信号を加えたとき，ある時間を経てから出力信号が出てくる．しかも遅延は，通常，ゲート回路ごとにバラツキがあり，これが原因でディジタル回路が理想的な動作をしなくなる場合がある．

　ここでは，ゲート回路の遅延がもたらす影響とその対策について述べよう．

リスト 4.9　4 入力 2 出力エンコーダの VHDL 記述

```
library IEEE;
use IEEE.std_logic_1164.all;

entity ENCODER_4_2 is
    port ( D : in  std_logic_vector(3 downto 0);
           Y : out std_logic_vector(1 downto 0));
end ENCODER_4_2;

architecture DATAFLOW of ENCODER_4_2 is
begin
    process ( D )
    begin
        -- case 文による出力の場合分け
        case D is
            when "0001" => Y <= "00";
            when "0010" => Y <= "01";
            when "0100" => Y <= "10";
            when "1000" => Y <= "11";
            when others => Y <= "XX";
        end case;
    end process;
end DATAFLOW;
```

表 4.8　10 進-BCD 符号エンコーダの真理値表

入力 D										入力 D の	出力 Y			
D_9	D_8	D_7	D_6	D_5	D_4	D_3	D_2	D_1	D_0	10 進数の値	Y_3	Y_2	Y_1	Y_0
0	0	0	0	0	0	0	0	0	1	0	0	0	0	0
0	0	0	0	0	0	0	0	1	0	1	0	0	0	1
0	0	0	0	0	0	0	1	0	0	2	0	0	1	0
0	0	0	0	0	0	1	0	0	0	3	0	0	1	1
0	0	0	0	0	1	0	0	0	0	4	0	1	0	0
0	0	0	0	1	0	0	0	0	0	5	0	1	0	1
0	0	0	1	0	0	0	0	0	0	6	0	1	1	0
0	0	1	0	0	0	0	0	0	0	7	0	1	1	1
0	1	0	0	0	0	0	0	0	0	8	1	0	0	0
1	0	0	0	0	0	0	0	0	0	9	1	0	0	1

4.2.1　ハザード

ゲート回路の遅延のばらつきによって，組み合わせ回路の入力信号の変化時に出力信号に瞬間的に生じる不正なパルス (pulse) を**ハザード** (hazard) という．ハザードは，図 4.18 (p.77) に示すように，**静的ハザード** (static hazard) と**動的ハザード** (dynamic hazard) とに大別できる．

◆ 静的ハザード

静的ハザードとは，図 4.18 (p.77) に示すように，入力信号が変化しても出力信号が変化してはいけない場合に瞬間的に生じる不正パルスのことをいう．図 4.19 (p.77) に静的ハザードの例を示す．

図 4.19 (a) の回路において，入力 (A, B, C) に $(1, 1, 1)$ が加えられており，出力 Y の値が '1' になっている場合を考える．このとき，入力 B の値を '1' から '0' に変化させても出力 Y の値は '1' のままで変化しないはず

リスト 4.10　コンパレータの VHDL 記述

```
library IEEE;
use IEEE.std_logic_1164.all;

entity COMPARATOR is
    port ( A, B : in  std_logic_vector(3 downto 0);
           Y    : out std_logic );
end COMPARATOR;

architecture DATAFLOW of COMPARATOR is
begin
    process ( A, B )
    begin
        if ( A > B ) then
            Y <= '1';
        else
            Y <= '0';
        end if;
    end process;
end DATAFLOW;
```

図 4.16　コンパレータの合成結果

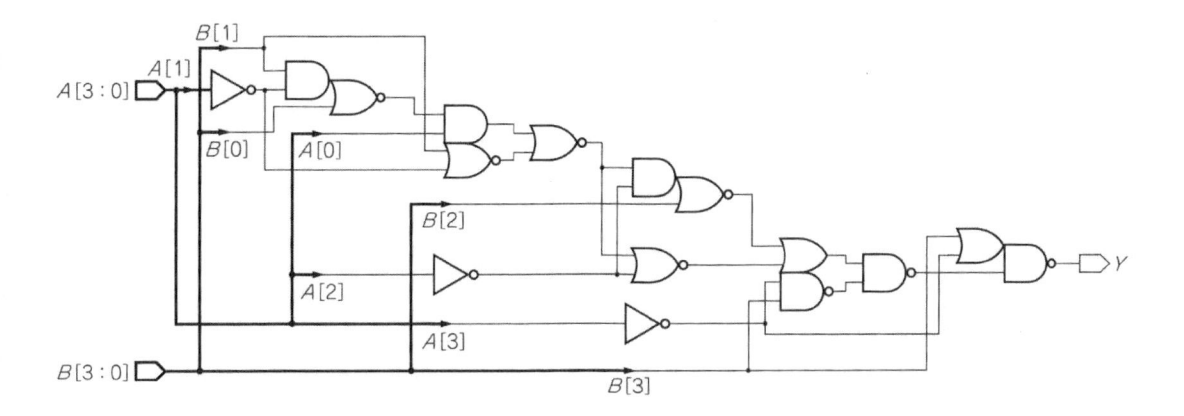

である．

しかし，図 4.19 (a) の NOT ゲートの遅延により，内部信号線 g_2 の値が内部信号線 g_1 の値より先に変化したとする．この場合，先に変化した g_2 の値の影響により，図 4.19 (b) に示すように，出力 Y の値が一瞬 '0' になる．この後，g_1 の値が遅れて変化するので，正しい出力値 '1' に戻る．この出力値を一瞬 '0' にした不正パルスが静的ハザードである．

◆ 動的ハザード

　動的ハザードとは，図 4.18 に示すように，入力信号の変化によって出力信号が変化する場合に，瞬間的に生じる不正パルスのことをいう．図 4.20 (p.77) に動的ハザードの例を示す．

リスト 4.11　パリティチェッカの VHDL 記述

```
library IEEE;
use IEEE.std_logic_1164.all;

entity PARITY_CHECKER is
    port ( A : in std_logic_vector(7 downto 0);
           Y : out std_logic );
end PARITY_CHECKER;

architecture DATAFLOW of PARITY_CHECKER is
begin
    process ( A )

    variable TMP : std_logic;

    begin
        TMP := '0';
        -- for-loop 文による繰り返し処理
        for I in 0 to 7 loop
            TMP := TMP xor A(I);
        end loop;
        Y <= TMP;
    end process;
end DATAFLOW;
```

図 4.17　パリティチェッカの合成結果

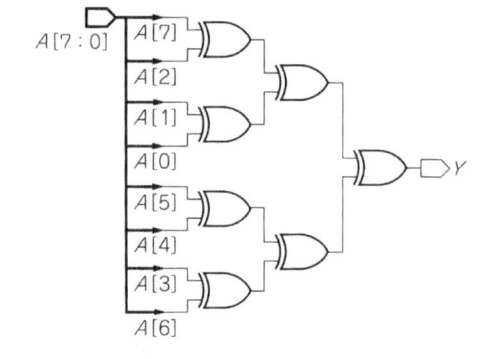

　図 4.20 (a) の回路において，入力 (A, B, C) に $(1, 1, 1)$ が加えられており，出力 Y の値が '1' になっている場合を考える．このとき，入力 A の値を '1' から '0' に変化させると，出力 Y の値は '1' から '0' に変化するはずである．

　しかし，図 4.20 (a) の NOT ゲートの遅延により，内部信号線 g_2 の値が内部信号線 g_1, g_3 の値より先に変化したとする．この場合，まず g_2 の値が '1' から '0' に変化することによって，出力 Y の値が一瞬 '0' になる．さらに，図 4.20 (a) の NAND ゲートの遅延により，g_1 の値が g_3 の値より先に変化したとする．すると次に，g_1 の値が '0' から '1' に変化することによって，図 4.19 (b) に示すように，出力 Y の値が一瞬 '1' になる．その後，g_3 の値が遅れて変化するので，正しい出力値 '0' に戻る．この出力値を一瞬 '1' にした不正パルスが動的ハザードである．

図 4.18　ハザードの種類

静的ハザード（出力が変化しない）
　一瞬0から1に誤る
　一瞬1から0に誤る

動的ハザード（出力が変化する）
　一瞬1から0に誤る
　一瞬0から1に誤る

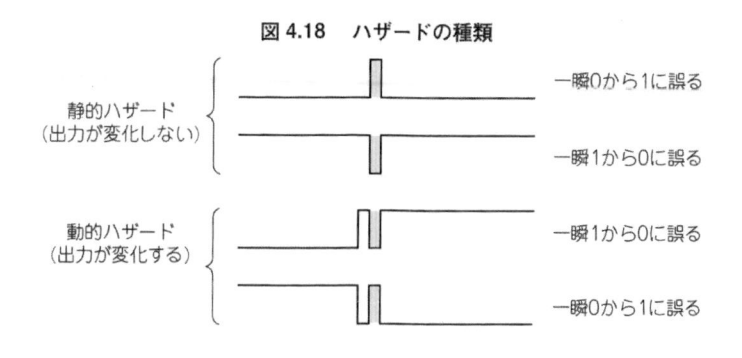

図 4.19　静的ハザードの例

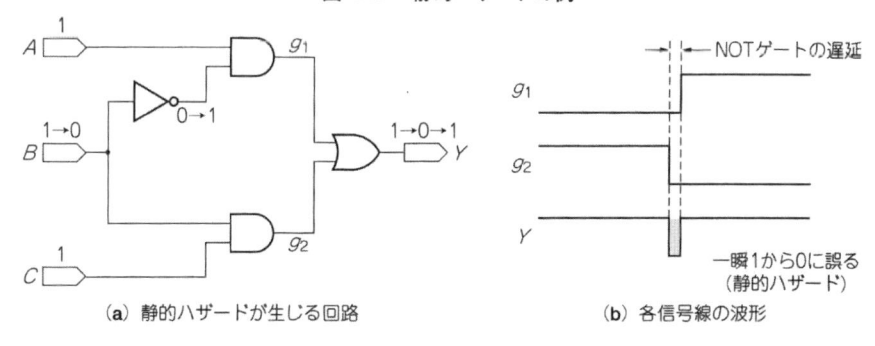

(a) 静的ハザードが生じる回路　　(b) 各信号線の波形

図 4.20　動的ハザードの例

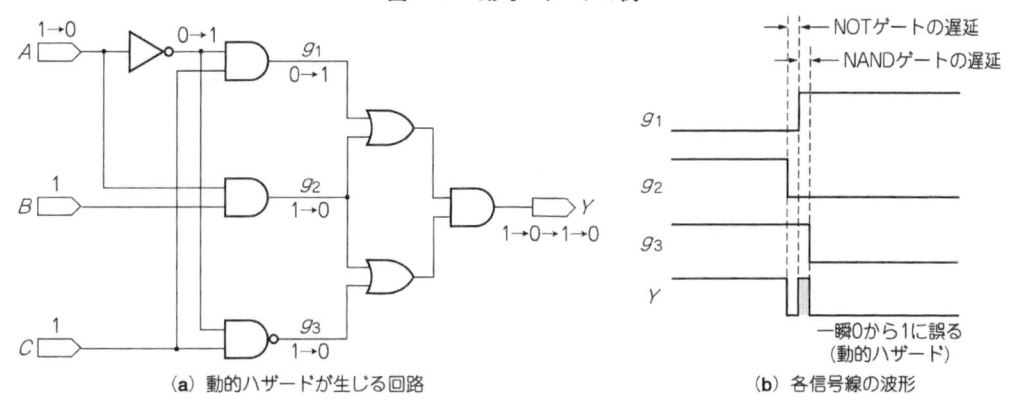

(a) 動的ハザードが生じる回路　　(b) 各信号線の波形

4.2.2　ハザードフリーな回路の構成

ハザードが生じないような回路を**ハザードフリー (hazard-free)** な回路という．加法標準形の論理関数を実現する組み合わせ回路において，一つの入力信号の値の変化によって生じるハザードは，その回路の構成を工夫することによって回避できることが知られている．

ここで，加法標準形の論理関数をそのまま組み合わせ回路として実現した場合，入力側から (NOT ゲート段)，AND ゲート段，OR ゲート段の順に接続された組み合わせ回路になる．このような組み合わせ回路を，

AND-OR 二段回路 (AND-OR circuit)[注1]という．

以下では，AND-OR 二段回路において一つの入力信号の値が変化するときに生じ得るハザードとハザードフリーな組み合わせ回路の構成方法について説明していこう．

◆ ハザードが生じる原因とハザードの回避

ハザードは，入力信号の値の変化によって，複数の内部信号線の値が変化し，かつ，それらの変化が出力値に影響を及ぼすような場合に生じ得る．その様子を，次の例題で確認してみよう．

例題 4.2 (ハザードが生じる原因 (1))

図 4.19 (a) の回路において，どのような場合にハザードが生じるのか述べよ．また，そのハザードを回避するような回路構成を示せ．

[解]

図 4.19 (a) の回路では，入力信号 B の変化によって，内部信号線 g_1, g_2 の値が変化し，さらにそれらの変化が出力値に影響を及ぼすためにハザードが生じる．他の入力信号 A および C は，それぞれ一つの内部信号線にしか影響を及ぼさないため，これらの入力信号の値が変化してもハザードは生じない．また，入力信号 B の変化によってハザードが生じる場合は，$A = C = 1$ の場合のみである．入力信号 A または C の少なくともいずれか一方の値が '0' であった場合，B の値の変化はたかだか一つの内部信号線にしか影響を及ぼさないので，ハザードは生じ得ない．

以上をまとめると，図 4.19 (a) の回路では，$A = C = 1$ で，かつ，B の値が変化した場合のみハザードが生じる可能性があることがわかる．$A = C = 1$ の場合は，B の値に関わらず出力 Y の値は '1' になるので，図 4.19 (a) の回路に対して，$A = C = 1$ の場合，出力値を '1' に固定するようなゲート回路を付加することによって，ハザードの発生を回避できる．すなわち，図 4.19 (a) の回路を，図 4.21 (a) のような回路に変更することによって，ハザードフリーな回路を構成できる．なお，ハザード回避の様子は，図 4.21 (b) の各信号の波形の通りである．

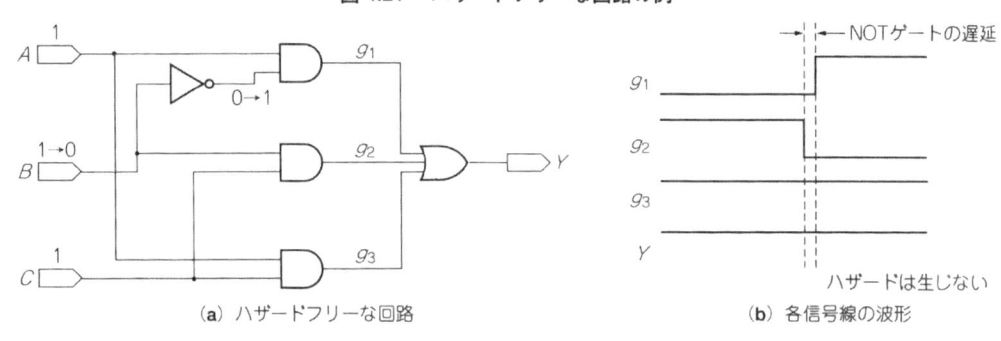

図 4.21 ハザードフリーな回路の例

(a) ハザードフリーな回路 　　(b) 各信号線の波形

□

上記の例題のように，与えられた回路がハザードフリーな回路であるかどうかを解析したり，与えられた回路をハザードフリーな回路に直すことは，実際には困難である．そこで上記の例題を，論理関数を用いて

注1：NOT ゲート段がある場合は三段になるが，通常，NOT ゲート段の有無は区別せず，単に二段回路と呼ぶ．

表現してみよう．

例題 4.3 (ハザードが生じる原因 (2))
図 4.19 (a) の回路において，どのような場合にハザードが生じるのか，論理関数を用いて示せ．また，そのハザードを回避するような回路を表す論理関数を示せ．

[解]
図 4.19 (a) の回路が実現している加法標準形の論理関数は，

$$f = A\overline{B} + BC \tag{4.3}$$

である．ハザードは，一つの論理変数の値が変化したときに，複数の積項 (主項) の値が変化する場合に生じ得ると言い換えることができる．

式 (4.3) には二つの積項があり，$A = C = 1$ で B の値が変化した場合のみ，これらの積項の値が変化する．例題 4.2 で見たように，$A = C = 1$ の場合に関数値を '1' に固定するような積項を付加することにより，この影響を回避できる．すなわち，式 (4.3) に積項 AC を付加した，

$$f' = A\overline{B} + BC + AC \tag{4.4}$$

なる論理関数によって，ハザードを回避できる．この論理関数を回路実現すると，図 4.21 (a) の回路になる．
□

なお一般に，$AX + B\overline{X}$ という形をした論理関数の場合，積項 AB を付加することによって，ハザードを回避できる．ここで，

$$\begin{aligned}
AX + B\overline{X} + AB &= AX + B\overline{X} + AB(X + \overline{X}) \\
&= AX + B\overline{X} + ABX + AB\overline{X} \\
&= AX(1 + B) + B\overline{X}(1 + A) \\
&= AX + B\overline{X}
\end{aligned} \tag{4.5}$$

となるので，積項 AB を付加しても，もとの論理関数と等価になる．

◆ カルノー図を用いたハザードフリーな回路の構成

それでは，$AX + B\overline{X}$ という形以外の論理関数の場合はどのように対処したらよいであろうか？ここでは，より一般的に**ハザードフリー**な回路を構成する方法について検討しよう．

まず，式 (4.3) のカルノー図を図 4.22 (次頁) に示す．式 (4.3) の各積項は，図 4.22 のカルノー図上の主項 a, b で表されている．

先程までの説明を，今度はカルノー図を用いて言い換えると，一つの論理変数の値が変化したとき，カルノー図上の複数の主項の値が変化する場合にハザードが生じ得る，となる．さらに図 4.22 より，□で囲まれた主項が隣接している場合にハザードが生じ得ることもわかる．すなわち，この隣接している部分に，図 4.22 の c のような橋渡しをする主項を加えることによって，ハザードを回避できることになる．

以上のことから，カルノー図上で隣接する主項があった場合，その隣接部分の橋渡しになるような主項 (冗長項) を新たに加え，これにより得られた論理関数を AND-OR 二段回路として構成すると，その回路はハザードフリーな回路になっていると言える．

図 4.22　式 (4.3) のカルノー図

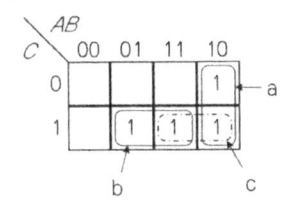

例題 4.4（ハザードフリーな回路の構成）

図 4.23 に示すカルノー図を用いて，ハザードフリーな回路を設計せよ．

図 4.23　例題 4.4 のカルノー図

[解]

ハザードフリーな回路を構成するために，図 4.24 の実線で示した冗長項を付加すると，

$$f = AD + A\overline{B}\overline{C} + BC\overline{D} + ABC \tag{4.6}$$

なる論理関数が得られる．さらに，式 (4.6) を AND-OR 二段回路として構成すると，図 4.25 のようになる．
□

図 4.24　ハザードを回避するために冗長項を加えたカルノー図

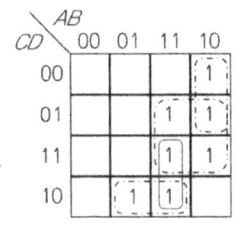

◆ 論理ハザードと関数ハザード

以上では，一つの入力信号 (論理変数) の値が変化した場合の**ハザード**について検討してきた．このようなハザードは，回路構成の工夫によって回避できる．この回路構成の工夫によって回避できるハザードを**論理ハザード (logic hazard)** という．

当然のことであるが，複数の入力信号 (論理変数) の値が変化した場合にもハザードは起こり得る．この場

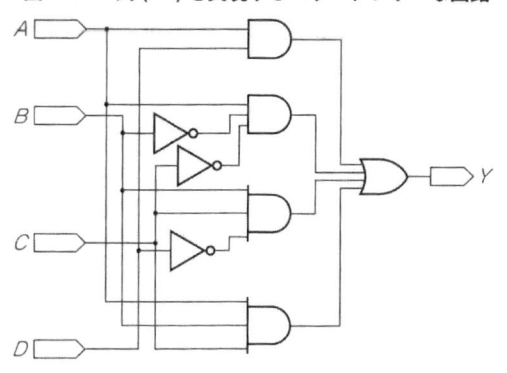

図 4.25 式 (4.6) を実現するハザードフリーな回路

合，先述のような工夫ではハザードを回避できないことがある．回路構成の工夫によって回避できないハザードを**関数ハザード (function hazard)** という．関数ハザードは，論理関数そのものに依存するハザードであり，入力信号の変化に対して制限を設けなければ，回避することはできない．

複数の入力信号が変化した場合のハザードについての詳細は割愛するが，一つの入力信号 (論理変数) の値の変化に対しては，論理ハザードしか起こり得ないことが知られている．

4.3(*) VHDL によるディジタル回路の検証

これまでにいくつかの VHDL 記述を示してきたが，各記述が本当に所望の回路を表しているかどうかを吟味してこなかった．設計した回路が所望の動作をするかどうかを確認することを，第 0 章で述べたように，**設計検証**または単に**検証**という．ここでは，VHDL 記述が所望の回路を表しているかどうかを検証する方法について述べよう．

4.3.1 ディジタル回路の検証方法

ディジタル回路の検証方法は，**シミュレーション (simulation)** と**形式的検証 (formal verification)** に大別される．

◆ シミュレーション

シミュレーションは，ディジタル回路を検証する最も一般的な方法である．ディジタル回路の動作を調べるには，実際に回路を作り，その回路に対してあらゆる可能な入力信号を加え，そのときの出力信号を調べればよい．しかし，この方法ではコストが掛かりすぎる．シミュレーションは，この問題点を解決するための検証手法である．

シミュレーションでは，実際の回路を作る代わりに，コンピュータに回路の動作を模擬 (シミュレート) させる．このコンピュータ上の模擬回路に対して，あらゆる可能な入力信号を加え，そのときの出力信号を調べる方法がシミュレーションである．

◆ 形式的検証

形式的検証とは，一言でいえば，論理関数の等価性判定に基づいた検証手法である．論理関数の等価性判定とは，与えられた二つの論理関数が，同一の真理値表を持つか否かを判定することである．

検証するディジタル回路が n 本の入力信号線を持っている組み合わせ回路である場合，シミュレーションでは，2^n 種類の入力信号を模擬回路に対して加え，そのときの出力信号を調べる必要がある．しかし，この 2^n の値は，n の値が少し増加しただけでも，爆発的に増えてしまう．形式的検証は，この問題点を解決するための検証手法である．

ディジタル回路は，何らかの論理関数を表している．形式的検証では，検証するディジタル回路を論理関数に変換し，この論理関数が所望の論理関数と等価であるかどうかを調べることによって，ディジタル回路の検証を行う．

形式的検証は，シミュレーションの問題点を解決する画期的な検証方法として，近年研究者の間で注目されるようになってきた．しかし，まだ多くの問題点を抱えており，広く普及するまでに至っていない．そのため，一般にはシミュレーションに基づく検証が行われているのが実情である．

4.3.2　テストベンチによる検証

VHDL を使用している場合に限らず，HDL を用いた設計にいおてシミュレーションを行うには，**テストベンチ (test bench)** を記述すればよい．テストベンチとは，検証対象となる回路に対して，検証用の入力信号（これを**テストベクトル (test vector)** という）を加えたり，そのときの出力信号を観測するための HDL 記述である．テストベンチの記述といっても，何か特別な構文を用いるわけではない．これまでに使用した構文と **configuration** 宣言を用いるだけである．

◆ テストベンチの概要

テストベンチは，図 4.26 に示すように，

(1) 入出力ポートをもたない最上位階層の記述であり，

(2) 検証対象回路をコンポーネントとして呼び出し，

(3) 検証対象回路にテストベクトルを加え，

(4) 必要に応じて，そのときの出力信号を観測する

ような HDL 記述である．

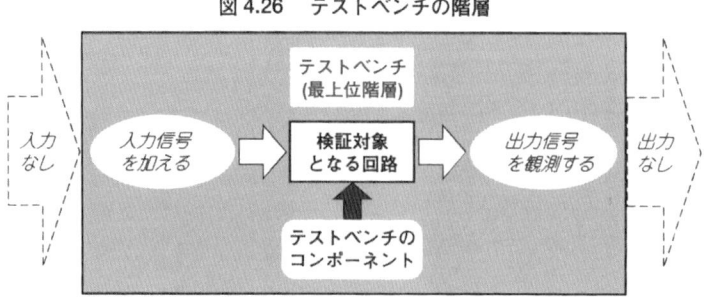

図 4.26　テストベンチの階層

さて，最上位階層の VHDL 記述に対して一つ注意点がある．VHDL では，一つのエンティティに対して，複数のアーキテクチャをもたせることができる．そのため一つのエンティティに対して，どのアーキテクチャ

を割り当てるのかを指定する必要がある．この指定を行うための構文が，configuration 宣言である．VHDL では，この configuration 宣言を，必ず最上位階層に記述しておかなければならない．

テストベンチの記述は，最上位階層の記述となるので，configuration 宣言が必要となる．また，リスト 4.2 の全加算器の記述のように，コンポーネントを使用している記述を最上位階層とする場合は，その記述内に configuration 宣言を含ませる必要がある．

◆ テストベンチの記述例

テストベンチの記述例をリスト 4.12 (次頁) に示す．このテストベンチは，リスト 4.1 に示した半加算器用のテストベンチである．

リスト 4.12 に示したテストベンチの構造を順を追って見てみよう．先に述べたように，テストベンチは，入出力ポートを持たない記述であるため，エンティティの中身は空になっている．また，検証対象回路をコンポーネントとして呼び出すために，component 宣言を記述し，アーキテクチャ本体内でインスタンス化を行っている．この次にテストベクトルが記述されている．この詳細については後述する．そしてテストベンチ記述の最後には，configuration 宣言が記述されている．以上がテストベンチの構造である．

まず，リスト 4.12 のプロセス P1 を見てみよう．このプロセス P1 では，信号 SA に対して，'1' を加え，その後 50 [ns] の間待機する．次に，信号 SA に対して，'0' を加え，その後 50 [ns] の間待機する．プロセス P1 は，この処理を永久に繰り返す．すなわち，100 [ns] 周期の矩形波が SA に加えられていることになる．同様に SB には，200 [ns] 周期の矩形波が加えられていることになる．

このように記述することによって，半加算器に対して，"00"，"01"，"10"，"11" の 4 種類全てのテストベクトルが 200 [ns] 周期で加えられる．

リスト 4.12 を用いた場合のシミュレーション結果を図 4.27 に示す．図 4.27 より，リスト 2.1 で設計した半加算器が所望の動作をしていることが確認できるであろう．

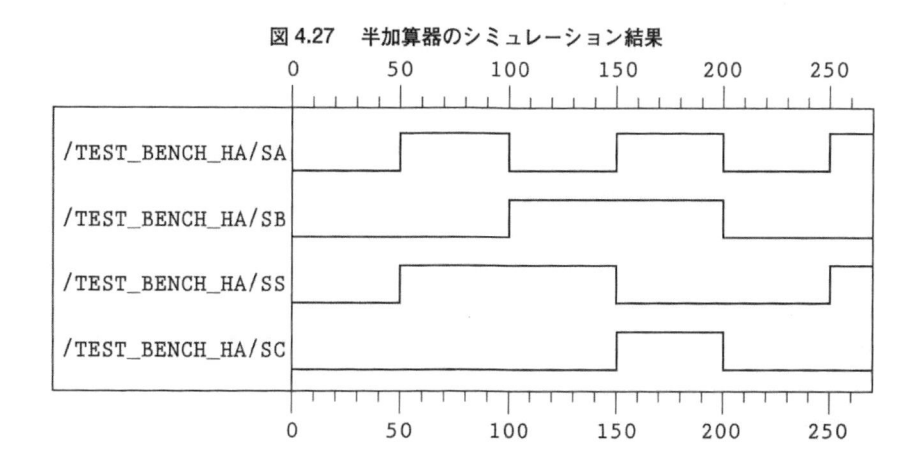

図 4.27 半加算器のシミュレーション結果

4.3.3 VHDL によるテストベンチの記述方法

テストベンチには，いくつかの記述方法がある．ここでは，図 4.11 に示したデータ伝送回路 (リスト 4.5，リスト 4.6) を例として用い，VHDL によるテストベンチの記述方法について説明していく．

リスト 4.12　半加算器用のテストベンチの記述

```vhdl
library IEEE;
use IEEE.std_logic_1164.all;

-- テストベンチのエンティティは空
entity TEST_BENCH_HA is
end TEST_BENCH_HA;

architecture SIM_DATA of TEST_BENCH_HA is

-- 検証対象回路（コンポーネント）の宣言
component HALF_ADDER
    port ( A, B : in    std_logic;
           S, C : out   std_logic );
end component;

signal SA, SB, SS, SC : std_logic;

begin
    -- 検証対象回路のインスタンス化
    M1 : HALF_ADDER port map (SA, SB, SS, SC);
    -- テストベクトル
    P1 : process
    begin
        SA <= '0'; wait for 50 ns;
        SA <= '1'; wait for 50 ns;
    end process;
    P2 : process
    begin
        SB <= '0'; wait for 100 ns;
        SB <= '1'; wait for 100 ns;
    end process;
end SIM_DATA;

-- configuration宣言（最上位階層では必須）
configuration CFG_HA of TEST_BENCH_HA is
    for SIM_DATA
    end for;
end CFG_HA;
```

なお，以下で示すテストベンチ記述ではテストベクトルの一部だけを記述し，各テストベンチを用いた場合のシミュレーション結果も省略する．全てのテストベクトルを記述したテストベンチや，それを用いた場合のシミュレーション結果の確認については，読者への宿題とする．

◆ 信号値と時間の指定による記述

テストベンチを記述する最も直接的な方法は，信号値と時間を指定する方法である．この方法では，リスト 4.12 に示したように，検証対象回路に印加する信号の値と時間を信号線毎に指定する．

VHDL 演習 4.5 (テストベンチの記述 (1))

信号値と時間を指定する方法で，データ伝送回路のテストベンチを記述せよ．

[解]
　リスト 4.13 (p.86) に示す通り．
　リスト 4.12 と同様に，リスト 4.13 (次頁) では，まず空のエンティティを記述している．次に，リスト 4.5 に示したマルチプレクサとリスト 4.6 に示したデマルチプレクサをコンポーネントとして用いて，テストベンチ内部で検証対象となるデータ伝送回路を構成している．このように，複数の回路をコンポーネントとして呼び出し，テストベンチ内部で検証対象回路を構成することも可能である．なお，テストベクトルの記述に関する説明は，リスト 4.12 と同様であるので省略する．　　　　　　　　　　　　　　　□

◆ データファイルを用いた記述

　検証対象回路の規模が大きくなると，信号値と時間の指定による記述方法では，テストベンチを記述するためのコストが掛かりすぎてしまう．このような場合，たとえば C 言語などのプログラミング言語を用いて，テストベクトルを生成するプログラムを作成したり，表計算ソフトを利用するなどして，テストベクトルが書き込まれたデータファイルをあらかじめ用意しておく．VHDL では，このようなデータファイル (テキストファイル) にアクセスするための TEXTIO パッケージが用意されている．

VHDL 演習 4.6 (テストベンチの記述 (2))
　データファイルを用いる方法で，データ伝送回路のテストベンチを記述せよ．

[解]
　リスト 4.14 (p.87) に示す通り．なお，使用したデータファイルをリスト 4.15 (p.88) に，出力結果のファイルをリスト 4.16 (p.88) に示す．
　TEXTIO パッケージの使用方法について，以下で簡単に説明しておく．
　TEXTIO パッケージを使用するためには，リスト 4.14 に示すように，ライブラリ STD を指定し，パッケージ TEXTIO を呼び出す必要がある．なお，TEXTIO パッケージでは，std_logic 型を使用できない．TEXTIO パッケージで std_logic 型を使用する場合は，リスト 4.14 に示すように，さらにライブラリ IEEE の中のパッケージ std_logic_textio を呼び出す必要がある．
　ファイルにアクセスするためには，ファイル変数を宣言しておく必要がある．ファイル変数の宣言には，file 宣言を用いる．リスト 4.14 では，ファイル変数 TEST_IN が，入力用のテキストファイルとして宣言されており，このファイルの実体として，カレントディレクトリ上のファイル test_in.dat を指定している．同様に，出力用のファイル変数として TEST_OUT が宣言され，ファイル test_out.dat が指定されている．
　ファイルに対するアクセスは，1 行単位で行われる．この 1 行を保持するための変数を line 型で宣言しておくことにより，定義済み関数 readline, writeline を用いて，ファイルに対する読み/書きを行える．また，各行に対する読み/書きは，変数を介して行う必要がある．このための変数を宣言しておけば，定義済み関数 read, write を用いて，各行に対する読み/書きを行える．なお，関数 write では，行に書き込む文字数と右詰め (right) か左詰め (left) かを指定する必要がある．
　この他，ファイルの終端を判定する関数 endfile も使用できる．また，リスト 4.14 の now は，シミュレーションの現時刻を表す定義済みの標準関数である．
　なお，各関数の詳細な説明は巻末の Appendix B (p.241～) で述べることにする．　　　□

リスト 4.13　信号値と時間の指定によるテストベンチの記述

```vhdl
library IEEE;
use IEEE.std_logic_1164.all;

entity TEST_BENCH_DT_1 is
end TEST_BENCH_DT_1;

architecture SIM_DATA of TEST_BENCH_DT_1 is

component MULTIPLEXER4
    port ( D : in  std_logic_vector(3 downto 0);
           S : in  std_logic_vector(1 downto 0);
           Y : out std_logic );
end component;

component DEMULTIPLEXER4
    port ( D : in  std_logic;
           S : in  std_logic_vector(1 downto 0);
           Y : out std_logic_vector(3 downto 0));
end component;

signal S_Y       : std_logic;
signal S_S       : std_logic_vector(1 downto 0);
signal S_A, S_B  : std_logic_vector(3 downto 0);

begin
    M1 : MULTIPLEXER4   port map (S_A, S_S, S_Y);
    M2 : DEMULTIPLEXER4 port map (S_Y, S_S, S_B);

    -- テストベクトル (信号値と時間の指定による記述)
    P1 : process
    begin
        S_S <= "00"; wait for 10 ns;
        S_S <= "01"; wait for 10 ns;
        S_S <= "10"; wait for 10 ns;
        S_S <= "11"; wait for 10 ns;
    end process;
    P2 : process
    begin
        S_A <= "0000"; wait for 40 ns;
        S_A <= "0010"; wait for 40 ns;
        S_A <= "0100"; wait for 40 ns;
        S_A <= "0110"; wait for 40 ns;
        S_A <= "1000"; wait for 40 ns;
        S_A <= "1001"; wait for 40 ns;
    end process;
end SIM_DATA;

configuration CFG_DT_1 of TEST_BENCH_DT_1 is
    for SIM_DATA
    end for;
end CFG_DT_1;
```

リスト 4.14 データファイルを用いたテストベンチの記述

```
library STD, IEEE;
use STD.TEXTIO.all;
use IEEE.std_logic_1164.all;
use IEEE.std_logic_textio.all;

entity TEST_BENCH_DT_2 is
end TEST_BENCH_DT_2;

architecture SIM_DATA of TEST_BENCH_DT_2 is

component MULTIPLEXER4
    port ( D : in  std_logic_vector(3 downto 0);
           S : in  std_logic_vector(1 downto 0);
           Y : out std_logic );
end component;

component DEMULTIPLEXER4
    port ( D : in  std_logic;
           S : in  std_logic_vector(1 downto 0);
           Y : out std_logic_vector(3 downto 0));
end component;

signal S_Y       : std_logic;
signal S_S       : std_logic_vector(1 downto 0);
signal S_A, S_B  : std_logic_vector(3 downto 0);

begin
    M1 : MULTIPLEXER4   port map (S_A, S_S, S_Y);
    M2 : DEMULTIPLEXER4 port map (S_Y, S_S, S_B);

    -- テストベクトル (データファイルを用いた記述)
    P1 : process
        file TEST_IN  : text is in  "test_in.dat";
        file TEST_OUT : text is out "test_out.dat";
        variable LINE_IN, LINE_OUT : line;
        variable V_S : std_logic_vector(1 downto 0);
        variable V_A : std_logic_vector(3 downto 0);
    begin
        readline(TEST_IN, LINE_IN);
        read(LINE_IN, V_S);
        read(LINE_IN, V_A);
        S_S <= V_S;
        S_A <= V_A;
        wait for 10 ns;
        write(LINE_OUT, now, right, 6);
        write(LINE_OUT, S_A, right, 5);
        write(LINE_OUT, S_S, right, 3);
        write(LINE_OUT, S_B, right, 5);
        writeline(TEST_OUT, LINE_OUT);
        if endfile(TEST_IN) then
            wait;
        end if;
    end process;
end SIM_DATA;

configuration CFG_DT_2 of TEST_BENCH_DT_2 is
    for SIM_DATA
    end for;
end CFG_DT_2;
```

リスト 4.15 データファイル test_in.dat の内容

```
00 0000
01 0000
10 0000
11 0000
00 0001
01 0001
10 0001
11 0001
00 0100
01 0100
10 0100
11 0100
00 1001
01 1001
10 1001
11 1001
.. ....
```

リスト 4.16 データファイル test_out.dat の内容

```
 10 NS 0000 00 0000
 20 NS 0000 01 0000
 30 NS 0000 10 0000
 40 NS 0000 11 0000
 50 NS 0001 00 0001
 60 NS 0001 01 0000
 70 NS 0001 10 0000
 80 NS 0001 11 0000
 90 NS 0100 00 0000
100 NS 0100 01 0000
110 NS 0100 10 0100
120 NS 0100 11 0000
130 NS 1001 00 0001
140 NS 1001 01 0000
150 NS 1001 10 0000
160 NS 1001 11 1000
...... .... .. ....
```

◆ プログラム的な記述

先に紹介した TEXTIO パッケージよりも，VHDL の構文を利用したほうが便利な場合も多い．VHDL の **if 文**，**case 文**，**loop 文**などの動作記述用の構文を用いて，プログラム的な記述をすることによって，シミュレーションを行うことも可能である．

VHDL 演習 4.7 (テストベンチの記述 (3))

プログラム的な記述方法で，データ伝送回路のテストベンチを記述せよ．

[解]

リスト 4.17 に示す通り．

リスト 4.17 では，for-loop 文を用いて，全てのテストベクトルを生成している．なお，リスト 4.17 中の conv_std_logic_vector(I, 4) は，型変換を行う定義済み関数であり，変数 I を 4 ビット幅の std_logic_vector 型に変換することを表している． □

リスト 4.17　プログラム的なテストベンチの記述

```vhdl
library IEEE;
use IEEE.std_logic_1164.all;
use IEEE.std_logic_arith.all;

entity TEST_BENCH_DT_3 is
end TEST_BENCH_DT_3;

architecture SIM_DATA of TEST_BENCH_DT_3 is

component MULTIPLEXER4
    port ( D : in  std_logic_vector(3 downto 0);
           S : in  std_logic_vector(1 downto 0);
           Y : out std_logic );
end component;

component DEMULTIPLEXER4
    port ( D : in  std_logic;
           S : in  std_logic_vector(1 downto 0);
           Y : out std_logic_vector(3 downto 0));
end component;

signal S_Y       : std_logic;
signal S_S       : std_logic_vector(1 downto 0);
signal S_A, S_B  : std_logic_vector(3 downto 0);

begin
    M1 : MULTIPLEXER4   port map (S_A, S_S, S_Y);
    M2 : DEMULTIPLEXER4 port map (S_Y, S_S, S_B);

    -- テストベクトル（プログラム的な記述）
    P1 : process
    begin
        for I in 0 to 15 loop
            S_A <= conv_std_logic_vector(I, 4);
            for J in 0 to 3 loop
                S_S <= conv_std_logic_vector(J, 2);
                wait for 10 ns;
            end loop;
        end loop;
    end process;
end SIM_DATA;

configuration CFG_DT_3 of TEST_BENCH_DT_3 is
    for SIM_DATA
    end for;
end CFG_DT_3;
```

章末問題

問題 4.1(*) 図 4.28 のカルノー図で表された論理関数を論理圧縮し,ハザードフリーな回路を設計しなさい.

図 4.28 問題 4.1 のカルノー図

CD\AB	00	01	11	10
00				
01		1	1	
11	1	1	1	
10	1			

問題 4.2 4 ビット減算器を,半加算器および全加算器をコンポーネントとして階層設計しなさい.また,この減算器を VHDL を用いて記述しなさい.ただし,負数表現は 2 の補数とする.

問題 4.3 BCD 符号-10 進デコーダおよび 10 進-BCD 符号エンコーダを VHDL を用いて記述しなさい.

問題 4.4(*) VHDL 演習 4.3 で設計した 4 ビット加算器のテストベンチを VHDL を用いて記述し,シミュレーション結果を示しなさい.

問題 4.5(*) 問題 4.3 で設計した BCD 符号-10 進デコーダおよび 10 進-BCD 符号エンコーダのテストベンチを VHDL を用いて記述し,シミュレーション結果を示しなさい.

第5章
フリップフロップとそのVHDL記述

　前章まで検討してきた組み合わせ回路は，その出力が現在の入力によって一意に定まる回路，すなわち記憶機能をもたない回路であった．しかしながら，実際のコンピュータやそれを構成するディジタル回路では，レジスタやメモリなどの記憶装置が必要であることは周知の通りである．

　そこで本章では，入力の値が変化しても出力の値が変化せず保持される，すなわち記憶機能を有するフリップフロップと呼ばれる論理回路について検討していく．また，組み合わせ回路では扱わなかったクロックをフリップフロップで初めて扱うようになる．

5.1　記憶機能を有する回路

5.1.1　導入

導入演習 5.1（AND-OR ループによる記憶回路）

　図 5.1 に示す回路において，

(1) まず $A = 0$ として，B を $0 \to 1 \to 0 \to 1 \to 0$ と変化させた場合，出力 Y の値はどのように変化するか？

(2) 次に，まず $A = 1$，$B = 0$ として，続いて A を $1 \to 0 \to 1 \to 0 \to 1$ と変化させた場合，出力 Y の値はどのように変化するか？

(3) 今度は $A = 1$ として，B を $0 \to 1 \to 0 \to 1 \to 0$ と変化させた場合，出力 Y の値はどのように変化するか？

図 5.1　AND-OR ループによる記憶回路

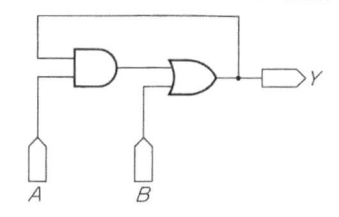

[解]

(1) $B: 0 \to 1 \to 0 \to 1 \to 0$
   $Y: 0 \to 1 \to 0 \to 1 \to 0$ となり，B と同じように変化する．

(2) $A: 1 \to 0 \to 1 \to 0 \to 1$
   $Y:$ 不定 $\to 0 \to 0 \to 0 \to 0$ と，'0' が保持される．

(3) $B: 0 \to 1 \to 0 \to 1 \to 0$
   $Y:$ 不定 $\to 1 \to 1 \to 1 \to 1$ と，'1' が保持される． □

図 5.1 のような出力側から入力側に戻るような線を**フィードバック (feedback)** という．この演習より，フィードバックを有する回路は，入力の値が変化すれば出力の値が変わる場合と，値が変化せず保持される記憶機能を有する場合の二つの出力状態があることがわかる．この記憶機能は，前章まで説明してきた組み合わせ回路が有していない機能であり，大変興味深い．

5.1.2 フィードバックのある回路

導入演習 5.1 で見たように，フィードバックを利用することによって，記憶機能を有するディジタル回路を実現することができる．このような記憶回路には，**フリップフロップ (flip flop : FF)** と**ラッチ (latch)** がある．

FF とラッチの基本的な構造は同じであり，図 5.2 に示すように，NAND や NOR などの否定型のゲートを 2 個用い，それぞれのゲートの出力をもう一方のゲートの入力とすることによって構成される．このとき，二つあるフィードバックの一方の値が '0' になると，もう一方の値が '1' になるため，二つのゲート回路の出力が保持される．

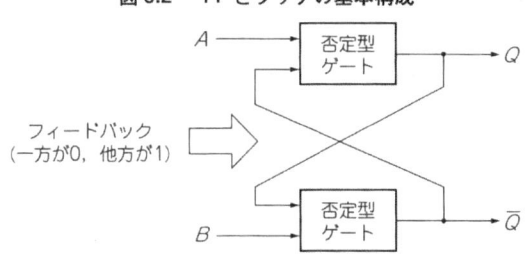

図 5.2　FF とラッチの基本構成

FF やラッチにはいくつかの種類があるので，以下では，それぞれの構成や特性を詳しく見てみることにしよう．

5.2　フリップフロップおよびラッチの回路構成と特性表

5.2.1　RS フリップフロップ

まず，もっとも基本的な **RS-FF (reset-set FF)**[注1] について検討していくことにしよう．

注 1：文献によっては SR-FF (set-reset FF) と表記されている場合もある．

◆ RS-FF の回路構成

RS-FF は，図 5.3 (a) に示す記号で表され，図 5.3 (b) のように NOR ゲートを用いて構成される．RS-FF では，**セット** (set) 入力端子 S と**リセット** (reset) 入力端子 R および出力端子 Q とその反転出力端子 $\overline{Q}$ を有している．$R = S = 0$ の場合に，本回路は記憶素子として機能する．

図 5.3　RS-FF の記号と回路構成

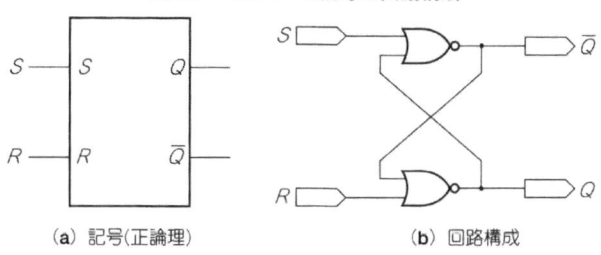

(a) 記号 (正論理)　　　(b) 回路構成

◆ RS-FF の特性表

ここで，現時刻 t の出力を $Q^t, \overline{Q^t}$ とし，入力 R, S の値が変化する時刻 $t+1$ における出力を $Q^{t+1}, \overline{Q^{t+1}}$ と表記すると，RS-FF の入出力関係は表 5.1 のようになる．このような FF の入出力関係を表した表を**特性表** (characteristic table) と呼ぶ．以下に，その特性表の確認を行う．

表 5.1　RS-FF の特性表

入力		出力	
S	R	Q^{t+1}	$\overline{Q^{t+1}}$
0	0	Q^t	$\overline{Q^t}$
0	1	0	1
1	0	1	0
1	1	禁止	禁止

例題 5.1 (RS-FF の特性表の確認)

図 5.3 (b) の RS-FF の特性表が表 5.1 となることを示せ．

[解]
(1) $R = 1, S = 0$ の場合：出力 Q の値は，

$$Q^{t+1} = \overline{Q^t + R} \tag{5.1}$$

であるので，Q^t の値とは無関係に $Q^{t+1} = 0$ となる．またこれより，$\overline{Q^{t+1}} = 1$ となる．なお $Q^{t+1} = 0$ とすることを，FF をリセットするという．

(2) $R = 0, S = 1$ の場合：出力 $\overline{Q}$ の値は，

$$\overline{Q^{t+1}} = \overline{Q^t + S} \tag{5.2}$$

であるので，Q^t の値とは無関係に $\overline{Q^{t+1}} = 0$ となる．またこれより，$Q^{t+1} = 1$ となる．なお $Q^{t+1} = 1$ とすることを，FF をセットするという．

(3) $R = 0, S = 0$ の場合：式 (5.1)，式 (5.2) より，$Q^{t+1} = Q^t$，$\overline{Q^{t+1}} = \overline{Q^t}$ となり，前時刻の出力を保持 (記憶) する．

(4) $R = 1, S = 1$ の場合：NOR ゲートの性質より，$Q^{t+1} = \overline{Q^{t+1}} = 0$ となる．しかしこの後，$R = S = 0$ と変化すると，$Q^{t+1} = 1$ または $Q^{t+1} = 0$ のいずれの安定状態になるかは不明となる．したがって，RS-FF では，$R = S = 1$ となる入力の組み合わせは禁止されている． □

VHDL 演習 5.1 (RS-FF の設計とシミュレーション)
RS-FF を VHDL で記述し，シミュレーション結果を示せ．

[解]
リスト 5.1 および図 5.4 に示す通り．

リスト 5.1　RS-FF の VHDL 記述

```
library IEEE;
use IEEE.std_logic_1164.all;

entity RS_FF is
    port ( R, S  : in  std_logic;
           Q, Qnot : out std_logic );
end RS_FF;

architecture STRUCTURE of RS_FF is

signal S1, S2 : std_logic;

begin
    S1   <= R nor S2;
    S2   <= S nor S1;
    Q    <= S1;
    Qnot <= S2;
end STRUCTURE;
```

□

◆ **NAND ゲートによる RS-FF**

図 5.3 の RS-FF は，ド・モルガンの定理を利用すると図 5.5 のように NAND ゲートを用いて実現することもできる．ただし，表 5.2 に示す特性表のように，入力が**負論理**となっていることに注意しなければならない．なお図 5.5 (a) に示すように，負論理になっている入力線には，○印を付ける．

図 5.3 および図 5.5 の RS-FF は，入力の変化に応じて出力が直ちに変化する．このような RS-FF を**非同期型 RS-FF** (asynchronous RS-FF) と呼ぶ．

図 5.4　RS-FF のシミュレーション結果

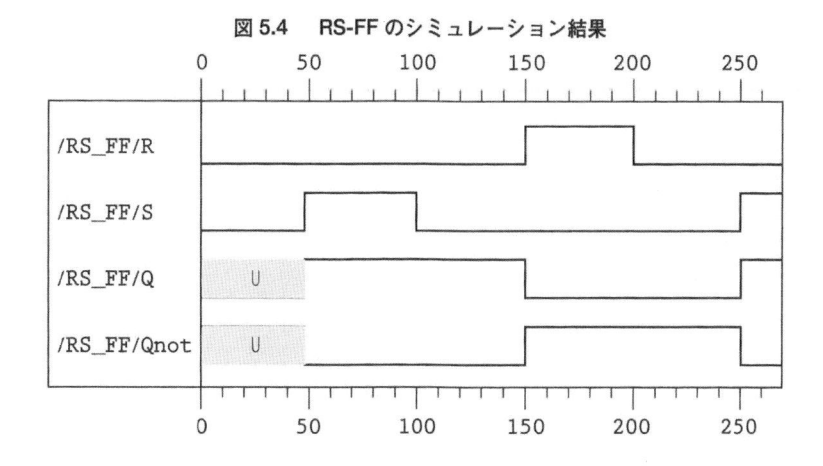

図 5.5　NAND ゲートによる RS-FF の記号と回路構成

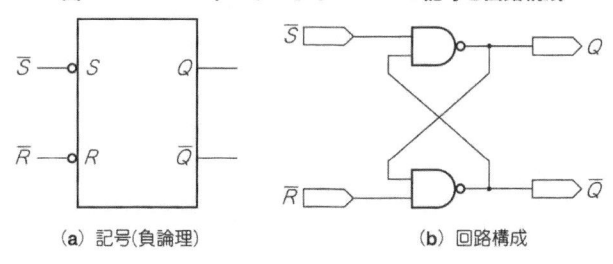

(a) 記号(負論理)　　　(b) 回路構成

表 5.2　NAND ゲートによる RS-FF の特性表

入力		出力	
$\overline{S}$	$\overline{R}$	Q^{t+1}	$\overline{Q^{t+1}}$
0	0	禁止	禁止
0	1	1	0
1	0	0	1
1	1	Q^t	$\overline{Q^t}$

5.2.2　同期型 RS フリップフロップ

　RS-FF における二つの入力は同時に変化することが理想であり，この場合は**表 5.1** や**表 5.2** の特性表に示された通りの動作を行う．しかしながら，二つの入力 R, S が同時に変化しない場合は，誤動作すなわち**ハザード**を生じる場合がある．

　たとえば，$(R, S) = (1, 0) \to (0, 1)$ と変化する場合，R の変化が S の変化より遅れると，一時的に禁止入力の $(R, S) = (1, 1)$ となり，後段に接続された論理回路の誤動作の原因となる．

　この欠点を解決するために，**図 5.6** (a) (次頁) に示す R, S 入力端子以外に**クロック (clock)** 入力端子 CK を有する**同期型 RS-FF (synchronous RS-FF)** が提案されている．回路構成は同図 (b) に示すように，**図 5.3** の非同期型 RS-FF の入力に AND ゲートを接続している．この回路からわかるように，$CK = 1$ の時だけ回路が動作するので，R と S の変化に時間的な差がある場合でもハザードが生じない．

　一方，**図 5.5** の非同期型 RS-FF は**図 5.7** に示すように NAND ゲートを用いて同期型に変形できる．

図 5.6　NOR ゲートによる同期型 RS-FF

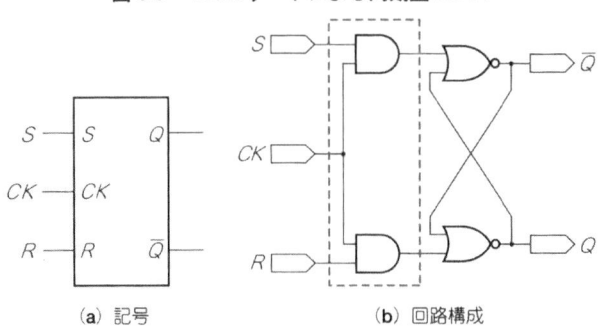

(a) 記号　　　(b) 回路構成

なお，図 5.6 および図 5.7 の同期型 RS-FF の特性表は表 5.3 に示す通りである．表 5.3 において，'*' はドントケアであり，$CK = 0$ のときは R, S の値に関わらず，出力が保持されることを表している．

図 5.7　NAND ゲートによる同期型 RS-FF

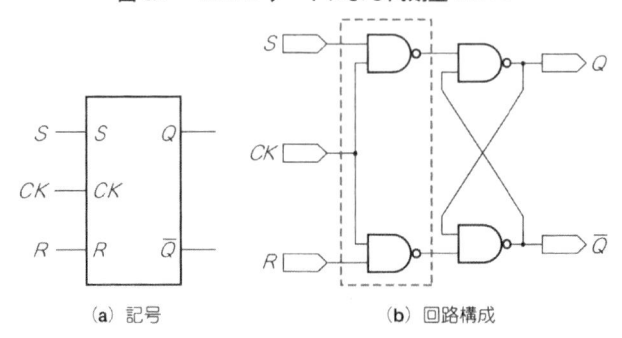

(a) 記号　　　(b) 回路構成

表 5.3　同期型 RS-FF の特性表

入力			出力	
CK	S	R	Q^{t+1}	$\overline{Q^{t+1}}$
0	*	*	Q^t	$\overline{Q^t}$
1	0	0	Q^t	$\overline{Q^t}$
1	0	1	0	1
1	1	0	1	0
1	1	1	禁止	禁止

VHDL 演習 5.2（同期型 RS-FF の設計とシミュレーション）

VHDL 演習 5.1 で設計した非同期型 RS-FF を用いて，同期型 RS-FF を階層設計し，シミュレーション結果を示しなさい．

[解]
リスト 5.2 および図 5.8 に示す通り．

リスト 5.2　同期型 RS-FF の VHDL 記述

```
library IEEE;
use IEEE.std_logic_1164.all;

entity SYNC_RS_FF is
    port( CK, R, S : in  std_logic;
          Q, Qnot  : out std_logic );
end SYNC_RS_FF;

architecture STRUCTURE of SYNC_RS_FF is

component RS_FF
    port ( R, S    : in  std_logic;
           Q, Qnot : out std_logic );
end component;

signal SR, SS : std_logic;

begin
    SR <= R and CK;
    SS <= S and CK;
    COMP : RS_FF port map ( SR, SS, Q, Qnot );
end STRUCTURE;
```

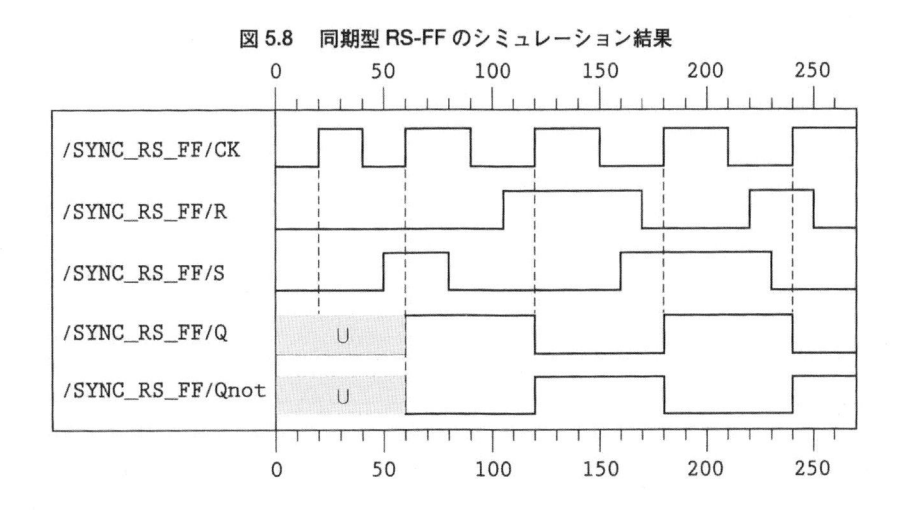

図 5.8　同期型 RS-FF のシミュレーション結果

5.2.3　ラッチ

　ラッチとは，その本来の意味はドアや門の掛け金であるが，このラッチを掛けた瞬間の入力をそのまま保持し続ける記憶回路のことをいう．また，この瞬間を指定するための信号を**ストローブ (strobe)** 信号という．ラッチの特性表を**表 5.4**（次頁）に，タイミングチャートを**図 5.9**（次頁）に示す．

　図 5.10 (a)（次頁）に示すように，ラッチはデータ入力端子 D とストローブ入力端子 ST を有している．その動作は，**表 5.4** および**図 5.9** に示すように，$ST = 1$ の期間は D の値がそのまま出力され，$ST = 0$ の期間は，ST が '0' になった瞬間の値が保持される．

表 5.4 ラッチの特性表

入力		出力	
ST	D	Q^{t+1}	$\overline{Q^{t+1}}$
0	*	Q^t	$\overline{Q^t}$
1	0	0	1
1	1	1	0

図 5.9 ラッチのタイミングチャート

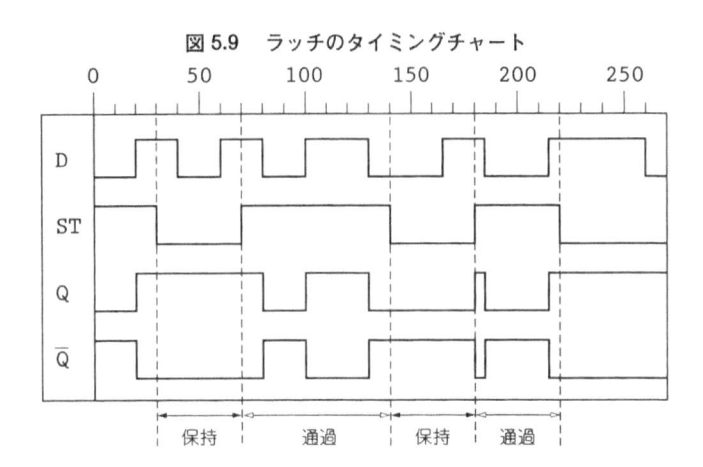

図 5.10 ラッチの記号と回路構成

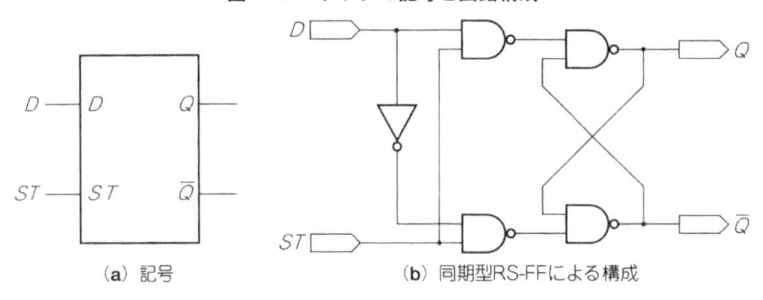

(a) 記号　　　(b) 同期型RS-FFによる構成

　ラッチは，図 5.10 (b) に示すように，図 5.7 (b) の同期型 RS-FF の入力が $R = \overline{S}$ となるように改造することによって構成することができる．図 5.10 (b) のように構成することにより，RS-FF における禁止条件 $R = S = 1$ が解消される．以上のように，図 5.10 (b) のラッチは，RS-FF を用いて構成されているので，後述する D ラッチと区別して **RS ラッチ**と呼ぶこともある．なおラッチは，図 5.11 のように改良したものが用いられることが多い．

VHDL 演習 5.3（ラッチの設計）
　ラッチを VHDL で記述しなさい．

[解]
　リスト 5.3 に示す通り．
　FF やラッチを設計する場合，リスト 5.1 やリスト 5.2 のようにゲート回路の接続関係を記述するよりも，

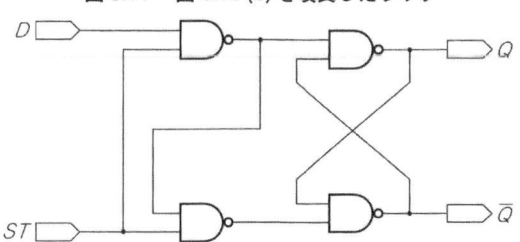

図 5.11　図 5.10 (b) を改良したラッチ

リスト 5.3　ラッチの VHDL 記述

```
library IEEE;
use IEEE.std_logic_1164.all;

entity LATCH is
    port( ST, D   : in  std_logic;
          Q, Qnot : out std_logic );
end LATCH;

architecture BEHAVIOR of LATCH is

signal TMP : std_logic;

begin
    process ( ST, D ) begin
        -- if 文には else 項を記述しない
        if ( ST = '1' ) then
            TMP <= D;
        end if;
    end process;
    Q    <= TMP;
    Qnot <= not TMP;
end BEHAVIOR;
```

if 文や case 文を用いて FF やラッチの動作を記述する方が簡潔な表現になる (コラム 7 (p.101) 参照).

リスト 5.3 では, if 文を用いており, ST の値が '1' であれば, 入力 D の値をそのまま出力 Q の値とする. 一方, この if 文には else 項が無いので, ST の値が '1' でない場合は, '1' でなくなった瞬間の値を保持する.

なお, リスト 5.3 の if 文において, 信号 TMP を用いず, 出力 Q, Qnot を直接 if 文内に記述することもできる. しかし, そのような記述を論理合成すると, Q を出力するラッチと, Qnot を出力するラッチの二つのラッチが生成されてしまうので注意が必要である.　　　　　　　　　　　　　□

5.2.4　JK フリップフロップ

さて, RS-FF では $(R, S) = (1, 1)$ の組み合わせは, 後段に接続された論理回路の誤動作の原因となるため入力禁止であった. 本節では, この RS-FF の欠点を解決する **JK-FF** について学んでいく.

◆ JK-FF の回路構成と特性表

JK-FF は，図 5.12 (a) に示す記号で表され，その回路構成は，図 5.12 (b) に示すように RS-FF の入力に AND ゲートを接続した構成になっている．

JK-FF では，$CK = 1$ のときだけ入力 J, K の変化に対応して出力が変化する．その特性表は表 5.5 に示され，$(J, K) = (1, 1)$ で出力 Q の値が反転して $Q^{t+1} = \overline{Q^t}$ となる点が RS-FF と異なる．同期型 RS-FF と同様に，クロック $CK = 0$ のときは $S = R = 0$ なので，出力 $Q, \overline{Q}$ の値は保持される．

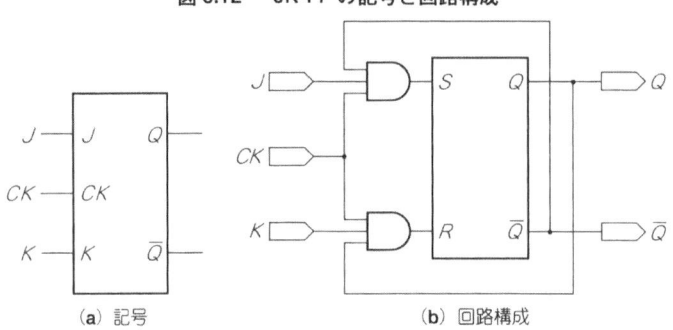

図 5.12　JK-FF の記号と回路構成

(a) 記号　　　　　(b) 回路構成

表 5.5　JK-FF の特性表

入力			出力	
CK	J	K	Q^{t+1}	$\overline{Q^{t+1}}$
0	*	*	Q^t	$\overline{Q^t}$
1	0	0	Q^t	$\overline{Q^t}$
1	0	1	0	1
1	1	0	1	0
1	1	1	$\overline{Q^t}$	Q^t

例題 5.2 (JK-FF の特性表の確認)

図 5.12 (b) の JK-FF の特性表が表 5.5 となることを示せ．ただし，$CK = 1$ とする．

[解]

(1) $J = 0, K = 0$ の場合：$S = 0, R = 0$ となるので，RS-FF の性質より，

$$Q^{t+1} = Q^t \tag{5.3}$$

となる．

(2) $J = 0, K = 1$ の場合：$S = 0, R = Q^t$ となる．この場合，$Q^t = 0, \overline{Q^t} = 1$ であれば RS-FF は前の値を保持し，$Q^t = 1, \overline{Q^t} = 0$ であれば RS-FF がリセットされるため，結局 Q^t の値に関わらず，

$$Q^{t+1} = 0 \tag{5.4}$$

となる．

(3) $J=1$, $K=0$ の場合：$S=\overline{Q^t}$, $R=0$ となるので，$J=0$, $K=1$ の場合と同様に，Q^t の値に関わらず，
$$Q^{t+1}=1 \tag{5.5}$$
となる．

(4) $J=1$, $K=1$ の場合：$S=\overline{Q^t}$, $R=Q^t$ となるので．
$$Q^{t+1}=\overline{Q^t} \tag{5.6}$$
となり，出力は反転する． □

例題 5.3 (JK-FF の構成)
図 5.3 (b)，図 5.5 (b) の非同期型 RS-FF を用いて JK-FF を構成しなさい．

[解]
図 5.13 に示す通りである．図 5.13 (b) では，RS-FF の入力に NAND ゲートが接続されている．これは，図 5.5 (b) の非同期型 RS-FF の入力が負論理になっているためである．

図 5.13　RS-FF を用いた JK-FF の回路構成

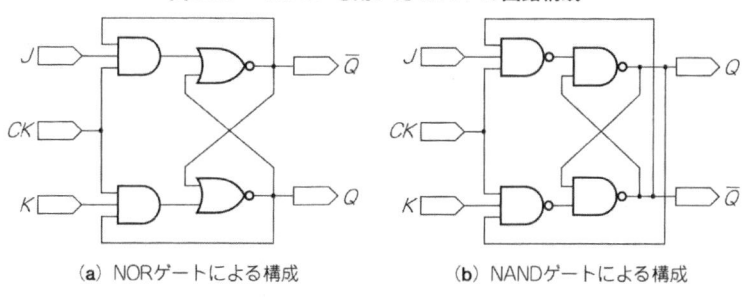

(a) NOR ゲートによる構成　　　(b) NAND ゲートによる構成

□

VHDL 演習 5.4 (JK-FF の設計とシミュレーション)
JK-FF を VHDL で記述し，シミュレーション結果を示せ．

[解]
リスト 5.4 および図 5.14 (p.103) に示す通り．
リスト 5.4 (次頁) では，`case` 文を用いており，`when others` 節で `null` 文を記述している．この `null` 文が実行される場合は，何もせずに前回の値を保持する． □

コラム7　FF やラッチの記述

FF やラッチは，リスト 5.1 やリスト 5.2 のようにゲート回路の接続関係を記述することによって設計できる．しかし，リスト 5.1 のようなフィードバックを含んだ記述の解析は難しいため，あまり使用しないほうがよい．

使用する論理合成ツールによって，若干，記述方法が異なるが，else 項のない if 文や全ての条件を明示しない case 文を用いて FF やラッチの動作を記述することによって，論理合成ツールに FF やラッチを推定させることができる．また，このように記述することにより，簡潔な表現となる．

else 項のない if 文は，その if 文の条件が成り立たない場合の処理が記述されていない．この場合，その if 文の条件が成り立たなければ，何も処理をせずに前回の状態を保持する．

全ての条件を明示しない case 文も同様である．ただし，全ての条件を明示しない case 文を用いる場合，リスト 5.4 のように，必ず when others 節を記述しなければならない．

一方逆に，論理合成ツールに FF やラッチを推定させたくない場合，すなわち，組み合わせ回路を設計したい場合は，if 文には else 項を用い，case 文には全ての条件を記述する必要がある．組み合わせ回路を記述しているつもりでも，else 項のない if 文を用いたりすると，期待しない FF やラッチが生成される場合があるので注意が必要である．

リスト 5.4　JK-FF の VHDL 記述

```vhdl
library IEEE;
use IEEE.std_logic_1164.all;

entity JK_FF is
    port( CK, J, K : in  std_logic;
          Q, Qnot  : out std_logic );
end JK_FF;

architecture BEHAVIOR of JK_FF is

signal INPUT : std_logic_vector(2 downto 0);
signal TMP   : std_logic;

begin
    INPUT <= CK & J & K;
    process ( INPUT ) begin
        case INPUT is
            when "101" => TMP <= '0';
            when "110" => TMP <= '1';
            when "111" => TMP <= not TMP;
            when others => null;
        end case;
    end process;
    Q    <= TMP;
    Qnot <= not TMP;
end BEHAVIOR;
```

5.2.5　T フリップフロップ

T-FF (toggle FF, trigger FF) とは，表 5.6 に示す特性表を有する FF で，図 5.15 (a) に示す記号で表される．T-FF は**トリガ** (trigger) 入力端子 T の値が '0' から '1' になる度に出力が反転する特徴を有しており，2^n 進カウンタなどに使用される．T-FF の構成は，図 5.15 (b) に示すように，JK-FF の入力を '1' にし，クロック

図 5.14　JK-FF のシミュレーション結果

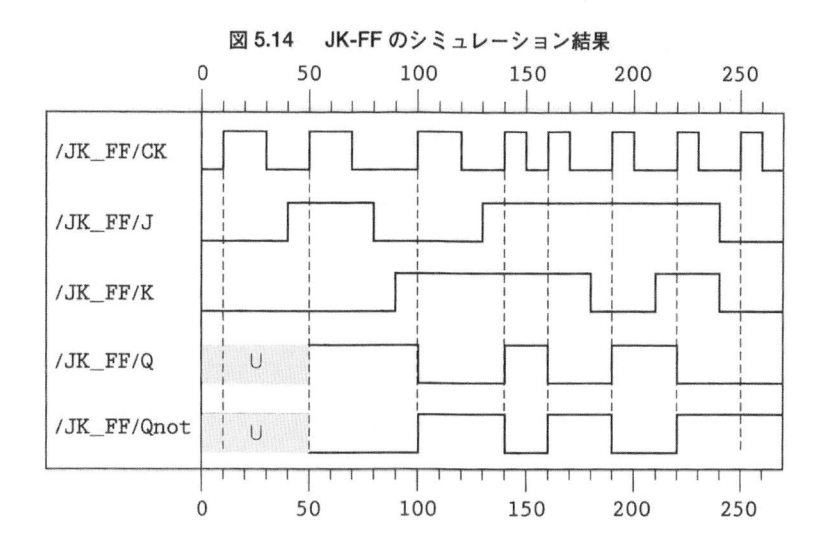

入力端子 CK をトリガ入力端子 T とすることで実現できる.

表 5.6　T-FF の特性表

入力	出力	
T	Q^{t+1}	$\overline{Q^{t+1}}$
0	Q^t	$\overline{Q^t}$
1	$\overline{Q^t}$	Q^t

図 5.15　T-FF の記号と回路構成

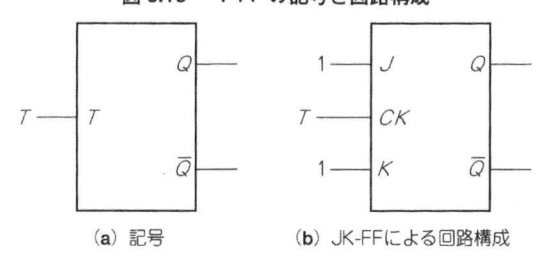

(a) 記号　　(b) JK-FF による回路構成

VHDL 演習 5.5 (T-FF の設計とシミュレーション)

T-FF を VHDL で記述し，シミュレーション結果を示しなさい.

[解]

リスト 5.5 (次頁) および図 5.16 (次頁) に示す通り.

T-FF の場合，その値を外部から強制的にセットまたはリセットすることができないので，リスト 5.5 では，信号 TMP に初期値 '0' を与えている. このように初期値を与えないと，出力 Q の値が不定のままで，正しいシミュレーションを行うことができない.

リスト 5.5　T-FF の VHDL 記述

```
library IEEE;
use IEEE.std_logic_1164.all;

entity T_FF is
    port( T : in  std_logic;
          Q : out std_logic );
end T_FF;

architecture BEHAVIOR of T_FF is

signal TMP : std_logic := '0';

begin
    process ( T ) begin
        if ( T = '1' ) then
            TMP <= not TMP;
        end if;
    end process;
    Q <= TMP;
end BEHAVIOR;
```

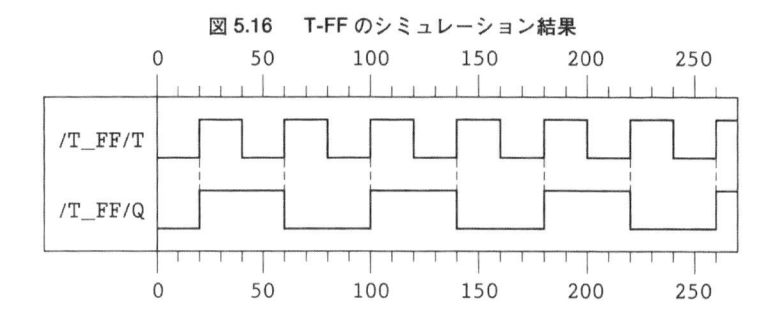

図 5.16　T-FF のシミュレーション結果

なおリスト 5.5 では，反転出力 $\overline{Q}$ の記述を省略してある．　　　　　　　　　　□

5.2.6　D フリップフロップ

D-FF (data FF) とは，表 5.7 に示す特性表を有する FF で，その記号は図 5.17 (a) で表される．

D-FF は，クロック CK が '1' の間はデータ入力端子 D の値をそのまま出力し，CK が '0' の間は前回の出力を保持する．D-FF は，入力 D の値を次にクロックが '1' になるまで保持したり，パルス幅だけ時間遅延させることができるので，**D ラッチ (D latch)** あるいは**遅延 FF (delay FF)** とも呼ばれる．D-FF の構成は，図 5.17 (b) に示すように，JK-FF において $J = D$，$K = \overline{D}$ とすることにより実現できる．

なお，D-FF は先に説明した RS ラッチと構造は異なるが，同じ動作をする FF であり，D-FF と RS ラッチを総称して単にラッチと呼ぶ．

VHDL 演習 5.6 (D-FF の設計とシミュレーション)
　　D-FF を VHDL で記述し，シミュレーション結果を示しなさい．

表 5.7　D-FF の特性表

入力		出力	
CK	D	Q^{t+1}	$\overline{Q^{t+1}}$
0	*	Q^t	$\overline{Q^t}$
1	0	0	1
1	1	1	0

図 5.17　D-FF の記号と回路構成

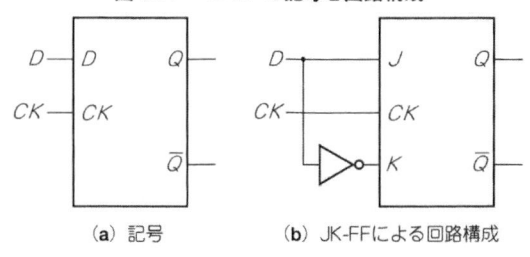

(a) 記号　　(b) JK-FF による回路構成

[解]

リスト 5.6 に示す通り．

リスト 5.6　D-FF の VHDL 記述

```
library IEEE;
use IEEE.std_logic_1164.all;

entity D_FF is
    port( CK, D : in  std_logic;
          Q     : out std_logic );
end D_FF;

architecture BEHAVIOR of D_FF is
begin
    process ( CK, D ) begin
        if ( CK = '1' ) then
            Q <= D;
        end if;
    end process;
end BEHAVIOR;
```

リスト 5.6 を見るとわかるように，この記述は，信号 TMP を使用していない点を除けば，リスト 5.3 のラッチの記述と同じである．リスト 5.3 では，二つのラッチが生成されることを防ぐために信号 TMP を使用した．リスト 5.6 では，反転出力 $\overline{Q}$ の記述を省略しているため，if 文の中に直接代入文を記述している．

なお，リスト 5.6 のシミュレーション結果は，図 5.9 と同じ波形になるので省略する．　　□

5.3 安定動作をするフリップフロップの構成

これまでに説明してきたFFやラッチは，記憶機能を有する非常に有用なディジタル回路であるが，そのまま使用すると誤動作を起こす危険性がある．ここでは，FFやラッチに起こり得る誤動作とその対策について述べる．

5.3.1 フリップフロップの発振とレーシング

まず，FFやラッチに起こり得る誤動作について説明する．

◆ 発振 (動的ハザード)

図 5.13 (a), (b) の JK-FF では，$CK = J = K = 1$ の状態が長く続くと，動的ハザードが生じ，誤動作の原因となる．例題 5.2 で検討したように，$Q = 1$ の場合で $CK = J = K = 1$ となると，$Q = 0$ とリセットされる．ここで直ちに $CK = 0$ となれば，この状態は保持されるが，$CK = J = K = 1$ が続くと，$S = 1$, $R = 0$ となり再度 $Q = 1$ とセットされて初期状態に戻る．このように，Q の値が 0 と 1 を繰り返す**動的ハザードを発振 (oscillation)** という．

発振は，JK-FF だけでなく，FF の出力を組み合わせ回路を通して，もとの FF の入力へ結線する場合などにも起こり得る．

◆ レーシング

次に，図 5.18 のように JK-FF を縦続接続し，同一クロックで駆動する回路を考えてみよう．このような回路は，レジスタなどによく使われる．この回路の理想的な動作は，$CK = 1$ となるたびに i 段目の FF の出力 $Q_i, \overline{Q}_i$ を $i + 1$ 段目の FF の出力 $Q_{i+1}, \overline{Q}_{i+1}$ に転送させるような動作である．

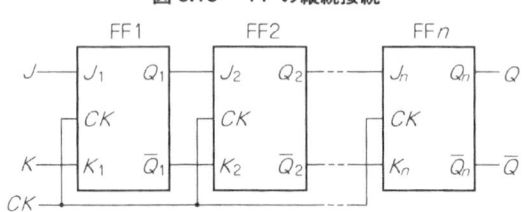

図 5.18　FF の縦続接続

しかしながら，$CK = 1$ となっている時間が長いと，$CK = 0$ とならないうちに FF1 の出力が FF2 に伝達するだけでなく FF3 以降の FF にも伝達してしまう場合がある．これを**レーシング (racing)** と呼ぶ．このレーシングも，後段に接続された論理回路の誤動作の原因となる．

◆ 誤動作の原因と対策

クロック入力が正論理である FF において $CK = 1$ である場合，およびクロック入力が負論理である FF において $CK = 0$ である場合を，クロックが**アクティブ (active)** であるという．

発振およびレーシングは，ともにクロックがアクティブである時間が長い場合に生じ得る．すなわち，これらの誤動作を防止するには，クロックがアクティブである時間を短くすればよい．そのための回路構成には，マスタ-スレーブ型 FF とエッジトリガ型 FF がある．以下では，これらの構成を見てみよう．

5.3.2 マスタ-スレーブ型フリップフロップ

図 5.19 のように FF を 2 段縦続接続し，2 段目の FF (FF2) のクロックを反転入力した FF を**マスタ-スレーブ型 FF** (master-slave FF) と呼ぶ．マスタ-スレーブ型 FF は，図 5.19 のように JK-FF に対してよく用いられる構成であるが，同期型 RS-FF や D-FF などに対しても適用できる．

マスタ-スレーブ型 FF において，1 段目の FF (FF1) を**マスタ FF** (master FF)，2 段目の FF (FF2) を**スレーブ FF** (slave FF) と呼ぶ．スレーブ FF のクロックは反転入力されるのでマスタ FF は $CK=1$ で動作し，スレーブ FF は $CK=0$ で動作する．すなわち，交互にクロックがアクティブとなる．

図 5.19 マスタ-スレーブ型 FF

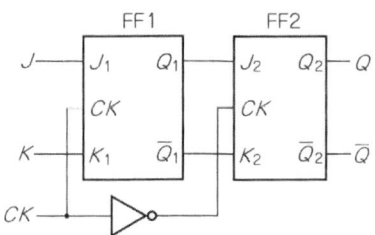

図 5.19 のマスタ-スレーブ型 JK-FF において，まず $CK=1$ となると，FF1 が動作し入力 J,K の値により出力 $Q_1, \overline{Q_1}$ の値が決定する．この時点では，$\overline{CK}=0$ であるので FF2 の出力状態は変化しない．次に $CK=0$ となると，逆に FF1 の出力は保持され，FF2 は動作状態になり，FF1 の出力が FF2 の出力に転送される．このように，クロックの '0'，'1' の状態で交互に FF1 と FF2 が動作するので，信号の不必要な伝搬が無くなり発振やレーシングを防止できる．

ところで，FF2 の出力が決定されるのはクロックパルスの立ち下がり以降であるので，マスタ-スレーブ型 FF の欠点は，出力 $Q, \overline{Q}$ が決定するのにクロックパルス幅だけ遅延が生じることである．また，発振防止のため，FF1 の入力 J,K は $CK=1$ の期間中に変化してはならない．

VHDL 演習 5.7 (マスタ-スレーブ型 FF の設計とシミュレーション)
VHDL 演習 5.4 で設計した JK-FF を用いて，マスタ-スレーブ型 JK-FF を階層設計し，シミュレーション結果を示しなさい．

[解]
リスト 5.7 (次頁) および図 5.20 (次頁) に示す通り． □

リスト 5.7　マスタ-スレーブ型 JK-FF の VHDL 記述

```vhdl
library IEEE;
use IEEE.std_logic_1164.all;

entity MS_JK_FF is
    port( CK, J, K : in  std_logic;
          Q, Qnot  : out std_logic );
end MS_JK_FF;

architecture STRUCTURE of MS_JK_FF is

component JK_FF
    port(
        CK, J, K : in  std_logic;
        Q, Qnot  : out std_logic);
end component;

signal SJ, SK, SC : std_logic;

begin
    SC <= not CK;
    COMP1 : JK_FF port map ( CK, J, K, SJ, SK );
    COMP2 : JK_FF port map ( SC, SJ, SK, Q, Qnot );
end STRUCTURE;
```

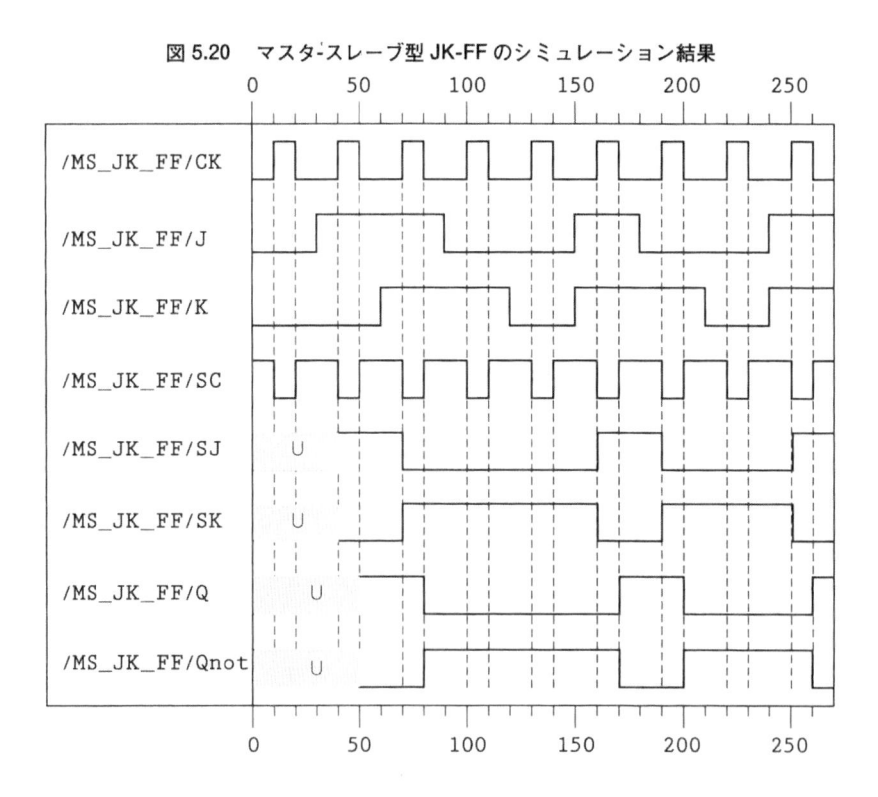

図 5.20　マスタ-スレーブ型 JK-FF のシミュレーション結果

5.3.3 エッジトリガ型フリップフロップ

一方，クロックの**エッジ (edge)**，すなわち立ち上がりまたは立ち下がりの瞬間における入力だけで出力が決定されるように回路を構成すると，クロック $CK = 1$ または $CK = 0$ の状態が長く続いても，発振やレーシングが生じない．このような形式の FF を**エッジトリガ型 FF (edge-triggered FF)** と呼び，図 5.21 に示すように > 印のついた記号で表す．

なお，これまでに学んだ $CK = 1$ または $CK = 0$ で動作する FF を，エッジトリガ型 FF に対して，**レベルトリガ型 FF (level triggered FF)** と呼ぶ．

図 5.21 エッジトリガ型 FF の記号

(a) ポジティブエッジトリガ型FF　　(b) ネガティブエッジトリガ型FF

エッジトリガ型 FF には，図 5.21 (a) に示すように，立ち上がりエッジで動作する**ポジティブエッジトリガ型 FF (positive-edge-triggered FF)** と，図 5.21 (b) に示すように，立ち下がりエッジで動作する**ネガティブエッジトリガ型 FF (negative-edge-triggered FF)** とがある．どちらのエッジトリガ型 FF も非常に重要で，よく用いられる回路である．

エッジトリガ型 FF には様々な構成方法があるので，ここでは実際の **IC (integrated circuit：集積回路)** でよく用いられている構成を図 5.22 に例として示しておく．なお図 5.22 は，ネガティブエッジトリガ型 JK-FF (74LS73) の構成例である．

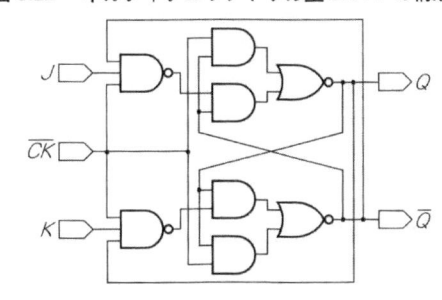

図 5.22 ネガティブエッジトリガ型 JK-FF の構成例

VHDL 演習 5.8 (ポジティブエッジトリガ型 FF の設計とシミュレーション)

ポジティブエッジトリガ型 D-FF を VHDL で記述し，シミュレーション結果を示しなさい．

[解]
リスト 5.8 および図 5.23 に示す通り．

リスト 5.8　ポジティブエッジトリガ型 D-FF の VHDL 記述

```
library IEEE;
use IEEE.std_logic_1164.all;

entity PET_D_FF is
    port( CK, D : in  std_logic;
          Q     : out std_logic );
end PET_D_FF;

architecture BEHAVIOR of PET_D_FF is
begin
    process ( CK ) begin
        if ( CK'event and CK = '1' ) then
            Q <= D;
        end if;
    end process;
end BEHAVIOR;
```

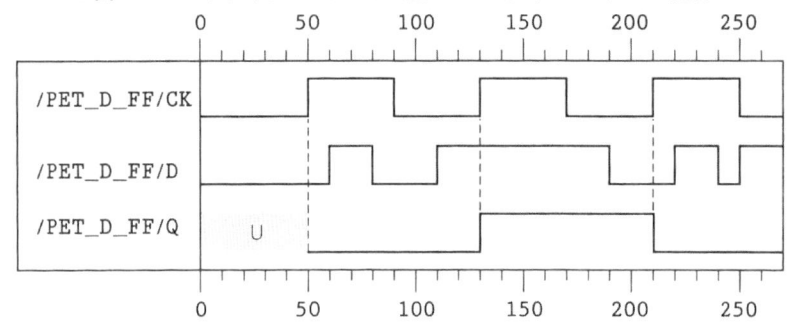

図 5.23　ポジティブエッジトリガ型 D-FF のシミュレーション結果

リスト 5.8 では，クロックの立ち上がりエッジを検出するために**アトリビュート 'event** を用いている．if 文の条件である CK'event and CK = '1' は，CK が変化し，かつ，CK = '1' であること，すなわち CK の立ち上がりエッジを表している (コラム 8 参照)．

また，ポジティブエッジトリガ型 D-FF は，クロックの立ち上がりエッジでのみ動作をするので，リスト 5.8 では，センシティビティ・リストに CK のみを記述している (コラム 9 参照)．　　□

コラム 8　エッジ検出の記述

FF やラッチは，ディジタルシステムを構成する上で非常に重要な回路である．特に，**エッジトリガ型 FF** が頻繁に用いられる．エッジトリガ型 FF を VHDL で記述する場合，リスト 5.8 のような方法でクロック信号のエッジを検出する必要がある．

このエッジの検出には，if 文や wait 文の条件に以下のような記述を使用すればよい．

- `CK'event and CK = '1'`
  アトリビュート 'event による立ち上がり (ポジティブ) エッジを検出する記述
  (なお，CK'event は，CK の値が変化したときに TRUE (真) になる)

- `CK'event and CK = '0'`
  アトリビュート 'event による立ち下がり (ネガティブ) エッジを検出する記述

- `not CK'stable and CK = '1'`
  アトリビュート 'stable による立ち上がり (ポジティブ) エッジを検出する記述
  (なお，CK'stable は，CK の値が変化しなかったときに TRUE (真) になる)

- `not CK'stable and CK = '0'`
  アトリビュート 'stable による立ち下がり (ネガティブ) エッジを検出する記述

- `rising_edge(CK)`
  定義済み関数による立ち上がり (ポジティブ) エッジを検出する記述

- `falling_edge(CK)`
  定義済み関数による立ち下がり (ネガティブ) エッジを検出する記述

本書では，アトリビュート 'event を用いた記述を使用するが，アトリビュート 'stable や定義済み関数を用いても同じ回路を記述することが可能である．

コラム 9　process 文を用いたフリップフロップの記述

　process 文を用いて組み合わせ回路を記述する場合，その組み合わせ回路の全ての入力信号をセンシティビティ・リストに記述すればよかった．一方，process 文を用いてフリップフロップや順序回路を記述する場合には，センシティビティ・リストに記述する信号を選択する必要がある．

　たとえば**リスト 5.8** では，データ入力 D が変化した場合でも，**クロック** CK が変化しなければ，出力 Q の値は変化しない．このように，フリップフロップや順序回路では，そのいくつかの入力信号の値が変化した場合でも，出力値に影響を及ぼさない場合がある．

　エッジトリガ型 FF や後述する同期式順序回路などの場合，センシティビティ・リストに，まずクロックを記述する必要がある．この他，強制リセット信号やプリセット信号などの，クロックに同期しない (クロックよりも優先される) 信号がある場合は，それらの信号もセンシティビティ・リストに記述する必要がある (**リスト 6.1** (p.135) 参照)．

　以上のように，フリップフロップや順序回路を process 文を用いて記述する場合は，どの信号が変化した場合に，出力値が変化する可能性があるのかに注意する必要がある．

5.4 フリップフロップの応用

これまで見てきたように，フリップフロップは情報の一時記憶の機能を有している．この機能を利用して種々の応用回路が考えられる．ここでは実際によく使われる順序回路であるレジスタとカウンタについて紹介する．

5.4.1 レジスタ

◆ メモリレジスタ

すでに学んだように，一つの FF で 1 ビットの情報を記憶することが可能である．この性質を利用して，図 5.24 のように n 個の FF を用いて n ビットの 2 進数データを記憶する回路を構成できる．これを**メモリレジスタ (memory register)**，あるいは単に**レジスタ (register)** と呼んでいる．

図 5.24　n ビットメモリレジスタ

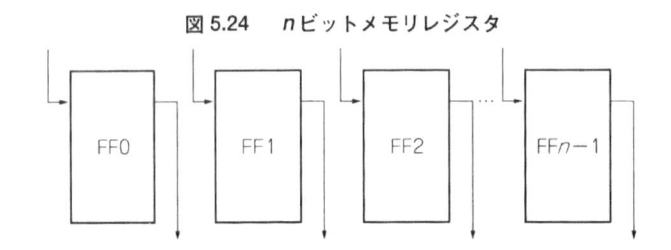

図 5.25 は，D-FF を 4 個使った 4 ビットレジスタの実際の回路である．記憶したいデータは，$D_0 \sim D_3$ に入力され，書き込み制御信号 WE (Write Enable) を '1' とすると，クロック CK の立ち上がり時に入力データが FF0 ~ FF3 の各出力に転送される．このように図 5.25 の回路はデータを並列 (パラレル) に同時に入力し，並列に同時に出力する並列入力並列出力レジスタとなっている．

図 5.25　4 ビットメモリレジスタ

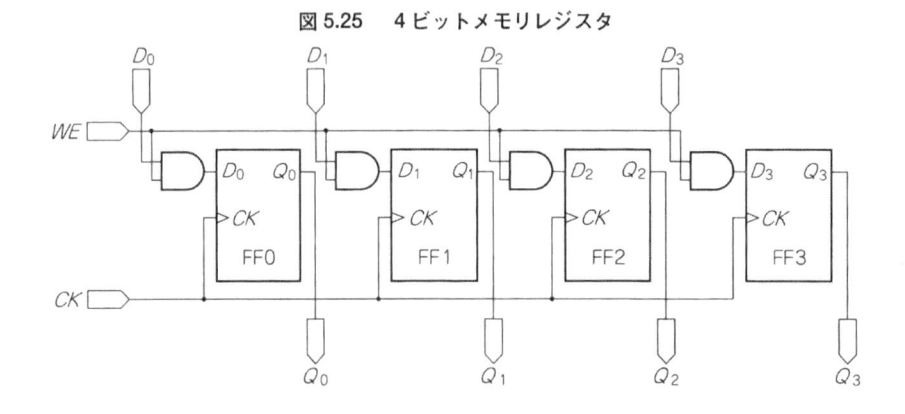

◆ シフトレジスタ

一方，シリアルデータを入力とするレジスタは**シフトレジスタ (shift register)** と呼ばれており，図 5.26 のように FF を縦続接続することにより構成される．

図 5.26　n ビットシフトレジスタ

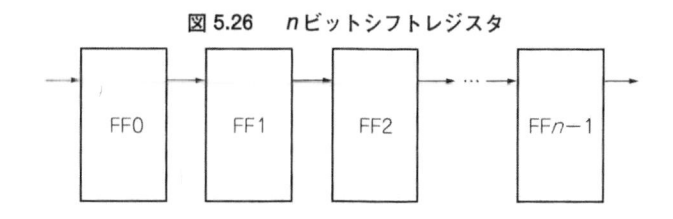

たとえば，D-FF を使うと**図 5.27** の回路構成となる．クロック (シフトパルス) が入力される度に，直列に入力されたデータは 1 ビットずつ右にシフトされる．出力は，Q_3 からシリアルデータとして 1 ビットずつ取り出すことができる．また，各 FF の出力 $Q_0 \sim Q_3$ からパラレルデータとして取り出すこともできる．このようにシフトレジスタは，直列入力直列出力あるいは直列入力並列出力レジスタとなっている．

図 5.27　4 ビットシフトレジスタ

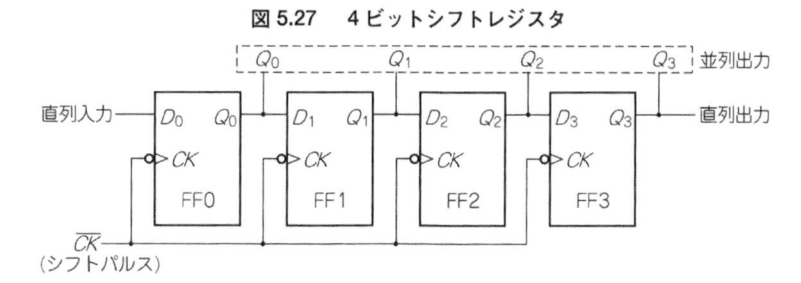

VHDL 演習 5.9（シフトレジスタの設計とシミュレーション）
　図 5.27 の 4 ビットシフトレジスタを VHDL で記述し，シミュレーション結果を示せ．

[解]
　リスト 5.9（次頁）および**図 5.28**（次頁）に示す通り．
　リスト 5.9 では，シフトレジスタの記述に `wait` 文を使用したが，**リスト 5.8** のように `if` 文を用いることも可能である．
　また，**リスト 5.9** では，入力データを右にシフトさせるために，ビット切り出しと**連接演算子 '&'** を用いている．たとえば 4 ビット長のベクトル `A(3 downto 0)` に対して，`A(3 downto 1)` と指定すると，ベクトル A の上位 3 ビットを取り出すことができる．これを**ビット切り出し**という．**リスト 5.9** では，信号 TMP の下位 3 ビットを切り出し，切り出したデータの LSB 側に入力データ 1 ビットを連接することによって，右シフトを実現している．
　逆に，信号 TMP の上位 3 ビットを切り出し，切り出したデータの MSB 側にデータを連接すると，左シフトを実現できる．
　このように，ビット切り出しと連接演算子 '&' を用いることでさまざまなシフト動作を実現できる．　□

リスト 5.9　4 ビットシフトレジスタの VHDL 記述

```
library IEEE;
use IEEE.std_logic_1164.all;

entity SHIFT_REG4 is
    port( CK, DIN : in  std_logic;
          DOUT    : out std_logic );
end SHIFT_REG4;

architecture BEHAVIOR of SHIFT_REG4 is

signal TMP : std_logic_vector(3 downto 0);

begin
    process begin
        wait until CK'event and CK = '0';
        TMP <= TMP(2 downto 0) & DIN;
    end process;
    DOUT <= TMP(3);
end BEHAVIOR;
```

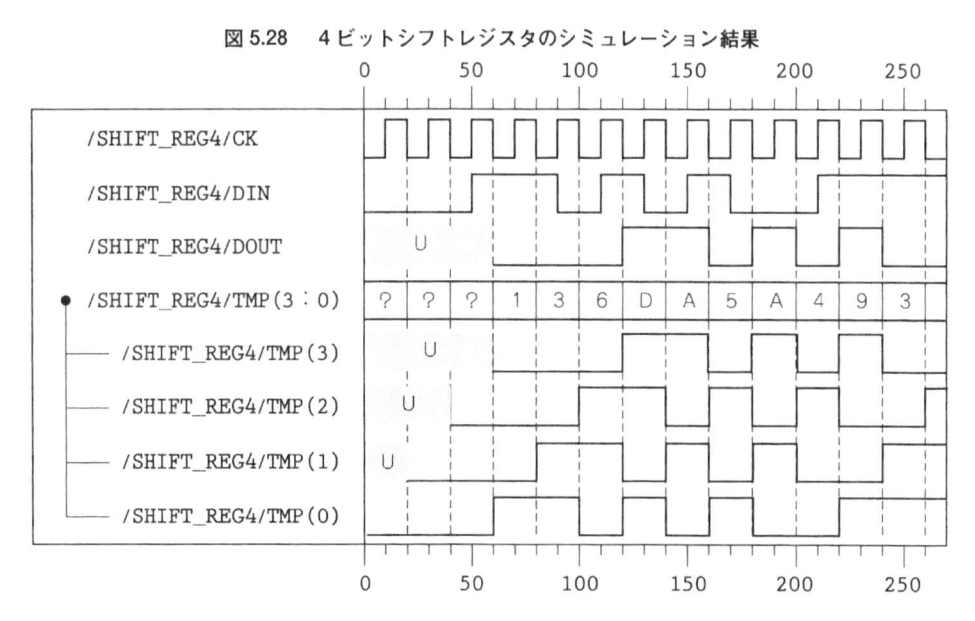

図 5.28　4 ビットシフトレジスタのシミュレーション結果

5.4.2　カウンタ

FF のもう一つの代表的な応用として**カウンタ (counter)** がある．カウンタの機能は，入力パルスの数をカウントするもので，非同期式と同期式に大別される．

◆ **非同期式カウンタ**

まず T-FF を使ったカウンタを考えてみよう．

T-FF は，パルスが端子 T に入力される度に出力 Q が反転する．すなわち，パルスが 2 個入ると出力が元

の状態に戻るので，2進カウンタとして動作する．このことから，T-FF を n 段縦続接続すると，2^n 進カウンタを実現できる．

なお，入力信号の周波数を $1/n$ ($n:2$ 以上の整数) にして出力する回路を**分周器 (frequency divider)** と呼ぶ．T-FF は，入力信号の周波数を半分にした信号を出力する分周器と見ることもできる．

図 5.29 (a) は，ネガティブエッジトリガ型 JK-FF を T-FF として使用して構成した 16 進カウンタである．**図 5.29 (b)** のタイミングチャートが示すように，各 FF の出力 Q の周波数は，前段の出力 Q の周波数の 1/2 になっており，これより 16 進カウンタが実現されていることがわかる．

図 5.29 (a) で示すカウンタは，入力側の FF から順次パルスが伝わることから，**リプルカウンタ (ripple counter)** と呼ばれている．またリプルカウンタは，各 FF が共通のクロックに同期して動作するのではないため，**非同期式カウンタ (asynchronous counter)** とも呼ばれる．

リプルカウンタの欠点は，各段における伝搬遅延が蓄積され，後段になるほど遅延時間が大きくなり，計数可能な周波数を高くできないことである[注2]．

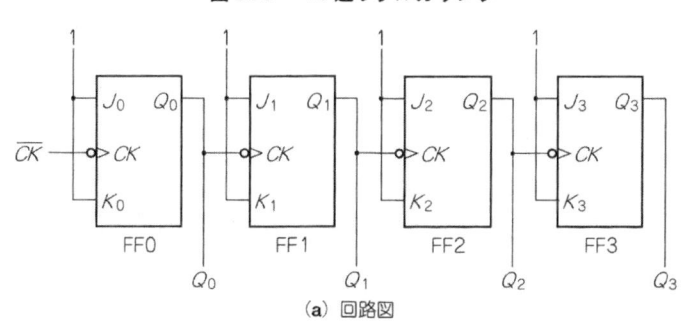

図 5.29　16進リプルカウンタ

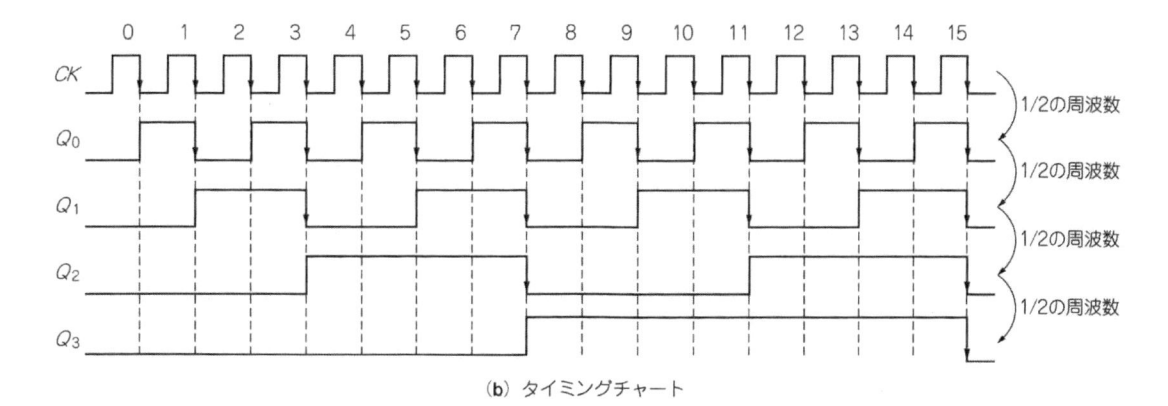

(a) 回路図

(b) タイミングチャート

例題 5.4（リプルカウンタの最高動作周波数の計算）

図 5.29 の 16 進リプルカウンタにおいて，1 段あたりの伝搬遅延時間を 10 [ns] とする．このカウンタで計数可能なパルス信号の最高周波数を求めよ．

注2：リプルカウンタは，構成が単純であり，FF の動作を理解するうえで非常に有用である．しかし，本文で挙げた欠点などの理由のため，実際の設計で用いられることはほとんどない．

[解]
4段目の最終段では,

$$t = 4 \times 10 = 40 \text{ [ns]} \tag{5.7}$$

の遅延が生じる.Q_3 の信号変化は図 5.30 に示すように,次の入力パルス (0 から数えて 17 個目のパルス) の立ち下がりより早く完了しなければならないので,入力パルスの周期を T とすると

$$t < T \tag{5.8}$$

でなければならない.

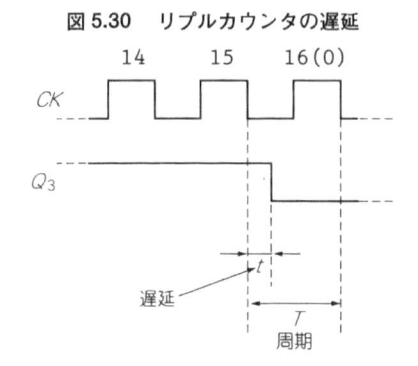

図 5.30　リプルカウンタの遅延

すなわち,計数可能なパルス信号の最高周波数 f は,

$$f = \frac{1}{T} < \frac{1}{t} = 25 \text{ [MHz]} \tag{5.9}$$

となる.　　□

◆ 同期式カウンタ

一方,各 FF が同一のクロックで動作するカウンタを構成することもできる.このようなカウンタを**同期式カウンタ (synchronous counter)** と呼ぶ.

同期式 2^n 進カウンタは,比較的容易に構成できる.たとえば,同期式 16 進カウンタを図 5.31 に示す.このカウンタのタイミングチャートは,図 5.29 (b) と同じである.

いま,すべての FF の出力 Q は 0 にリセットされているとする.このときカウンタの i 段目の FF (FFi) が '1' にセットされるのは,0 ~ $i-1$ 段目の FF がすべて 1 にセットされている状態で,次のクロックが入力されたとき (クロックの立ち下がり時) である.これを利用すると,図 5.31 のように n 個の JK-FF といくつかの AND ゲートを用いて同期式 2^n 進カウンタを実現できる.

同期式カウンタの利点は,非同期式カウンタより高速なカウントが可能な点である.理由は,すべての FF が同一のクロックに同期して動作しているため,伝搬遅延時間は,FF1 段分の遅延と組み合わせ回路の遅延のみとなるからである.

以上では,カウンタの設計法については述べなかった.ここで紹介したカウンタを含め,N 進カウンタ (N は任意の正整数) などの,より一般的なディジタル回路の設計方法を次章で詳しく検討する.

図 5.31　同期式 16 進カウンタ

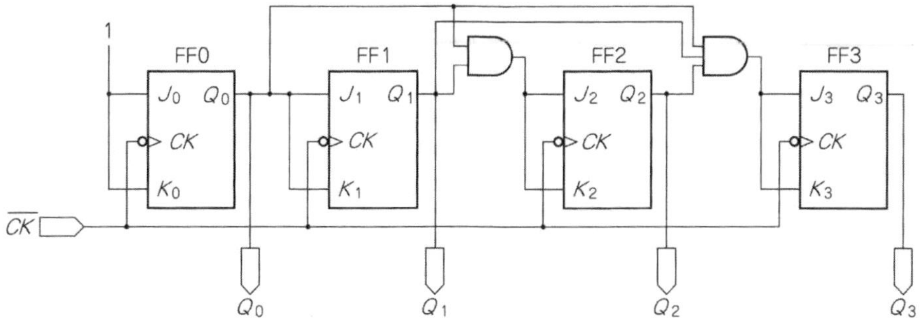

章末問題

問題 5.1　ド・モルガンの定理を用いて，図 5.3 の回路から図 5.5 の回路を求めよ．

問題 5.2　マスタ-スレーブ型 JK-FF を NOR ゲートあるいは NAND ゲートのみを使って構成せよ．

問題 5.3　ポジティブエッジトリガ型 JK-FF を用いたマスタ-スレーブ型 FF を構成し，図 5.32 の波形を加えたときの出力波形を描け．ただし，各 FF の初期値は '0' にリセットされているものとする．また，ネガティブエッジトリガ型 JK-FF を用いた場合についても同様に出力波形を描け．

図 5.32　問 5.3 の入力波形

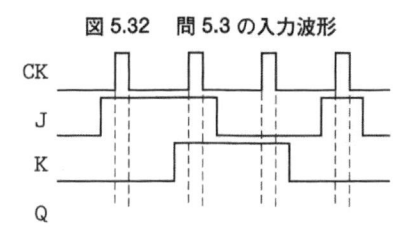

問題 5.4　ポジティブエッジトリガ型 JK-FF で構成されたクロック入力付き T-FF (図 5.33) に対して，図 5.34 (次頁) の波形を加えた場合の出力 Q の波形を描け．ただし，FF の初期値は '0' にリセットされているものとする．

図 5.33　クロック入力付き T-FF

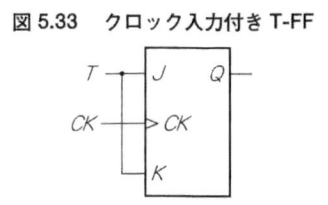

問題 5.5　図 5.35 (次頁) に示すような D-FF で構成された回路を**位相比較 (弁別) 器**という．位相比較器に，図 5.36 (次頁) の波形を加えた場合の出力 Q_1, Q_2 の波形を描け．ただし，各 FF の初期値は '0' にリセットされているものとする．また，位相比較器とはどのような回路であるか説明せよ．

図 5.34　問 5.4 の入力波形

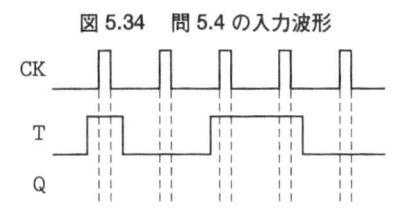

CK
T
Q

図 5.35　位相比較 (弁別) 器

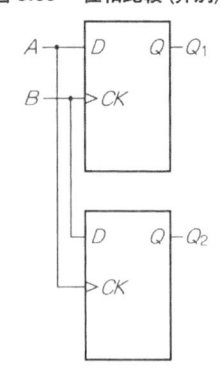

図 5.36　問 5.5 の入力波形

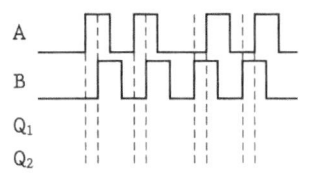

A
B
Q_1
Q_2

問題 5.6　図 5.37 に示すような D-FF で構成された回路を**同期微分器**という．同期微分器に，図 5.38 の波形を加えた場合の出力 Q_0, Q_1, Q_2 の波形を描け．ただし，各 FF の初期値は '0' にリセットされているものとする．また，同期微分器とはどのような回路であるか説明せよ．

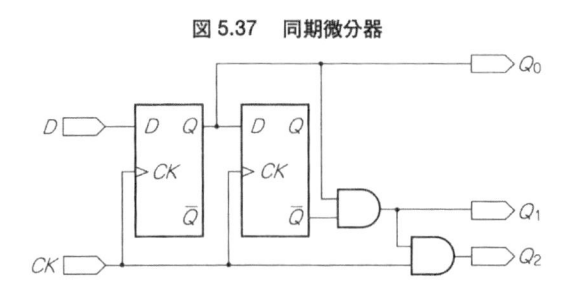

図 5.37　同期微分器

問題 5.7　各 FF の特性表から出力 Q^{t+1} を表す論理式 (これを**特性方程式** (characteristic equation) と呼ぶ) を求めよ．

図 5.38　問 5.6 の入力波形

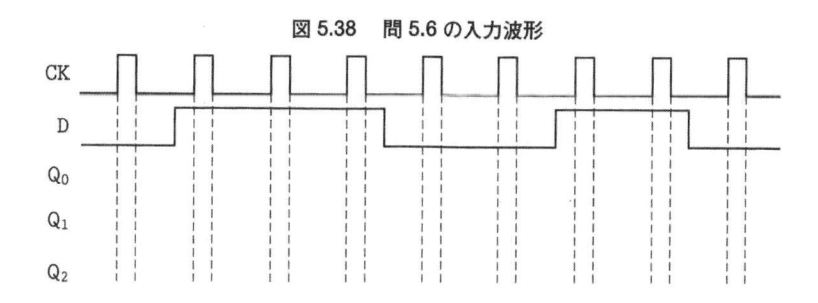

問題 5.8　RS-FF に基本論理ゲートをいくつか付加すると，JK-FF，T-FF，D-FF の各 FF を構成できる．それぞれの回路図を描け．

問題 5.9　ネガティブエッジトリガ型 JK-FF を VHDL で記述し，シミュレーション結果を示せ．

問題 5.10　問題 5.3 から問題 5.6 に示した各回路を VHDL で記述しなさい．また，それぞれのシミュレーション結果を問題 5.3 から問題 5.6 の解答と比較しなさい．

問題 5.11　RS-FF を用いて，4 ビットシフトレジスタを構成せよ．

問題 5.12　図 5.39 は，クリア (clear) 端子 CLR 付き T-FF (リセット機能付き T-FF) を用いた 16 進カウンタである．CLR が '0' になると入力 T と無関係に各 FF の出力 Q はリセットされる．この性質を利用して，10 進，12 進カウンタを構成したい．それぞれどのような論理回路を接続すればよいか検討せよ．

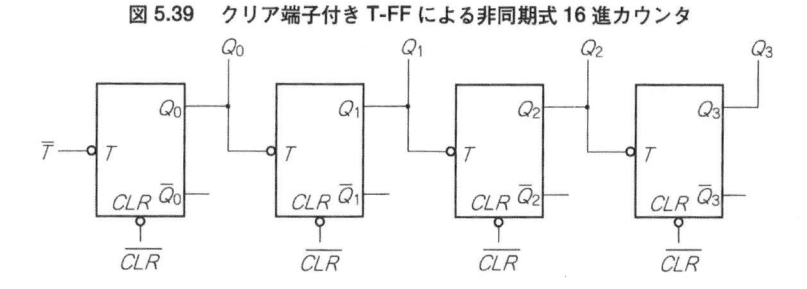

図 5.39　クリア端子付き T-FF による非同期式 16 進カウンタ

問題 5.13　図 5.40 (次頁) は，同期式カウンタである．図 5.40 の回路のタイミングチャートを描き，何進カウンタとなっているか答えなさい．

問題 5.14　図 5.40 の同期式カウンタで計数可能なパルス信号の最高周波数を求めなさい．ただし，1 段分の FF の遅延を 10 [ns]，1 段分の AND ゲートの遅延を 2.5 [ns] とする．

図 5.40 問 5.13 の同期式カウンタ

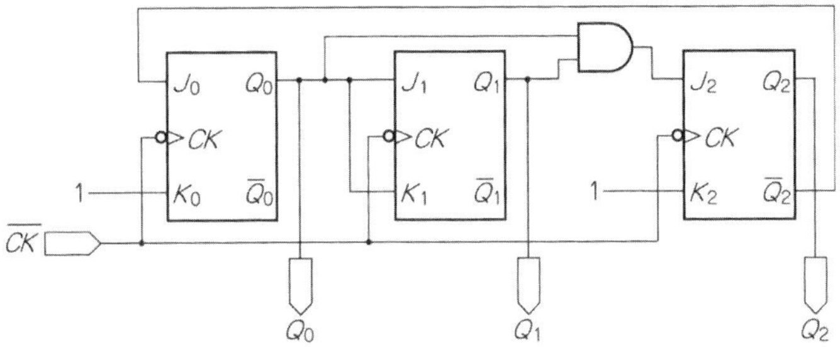

第6章

順序回路とそのVHDL記述

　組み合わせ回路の出力値は，現時刻の入力のみから決定される．一方，前章で考察したフリップフロップ (FF) の出力は，現時刻の入力だけでなく過去の入力にも依存した．こうした記憶機能を有する FF と組み合わせ回路で構成されたディジタル回路 (論理回路) を順序回路と呼ぶ．本章では，このような順序回路の設計手法について学んでいく．

6.1　順序回路の定義

6.1.1　導入

導入演習 6.1 (順序回路の解析)
　図 6.1 (a), (b) の各回路が何進カウンタになっているか，タイミングチャートを描いて確認しなさい．ただし，各 FF の初期値は '0' にリセットされているものとする．

図 6.1　何進カウンタかわからない回路

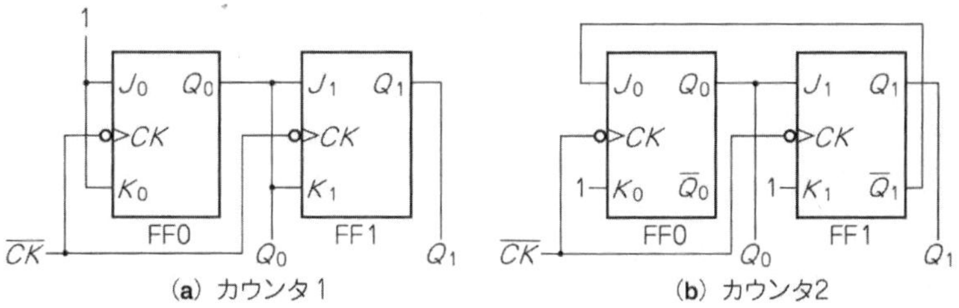

(a) カウンタ1　　　(b) カウンタ2

[解]
　図 6.1 (a), (b) のタイミングチャートは，それぞれ，図 6.2 (a), (b) (次頁) に示す通りである．
　図 6.2 より，図 6.1 (a) は同期式 4 進カウンタ，図 6.1 (b) は同期式 3 進カウンタであることがわかる．　□

　この演習からわかるように，同じように FF を二つ使っても回路によっては 3 進カウンタになったり，4 進カウンタになったりする．それでは，どのように構成すれば，N 進カウンタ (N は任意の正整数) を実現できるのであろうか？

図 6.2　図 6.1 (a), (b) のタイミングチャート

(a) カウンタ1のタイミングチャート
(b) カウンタ2のタイミングチャート

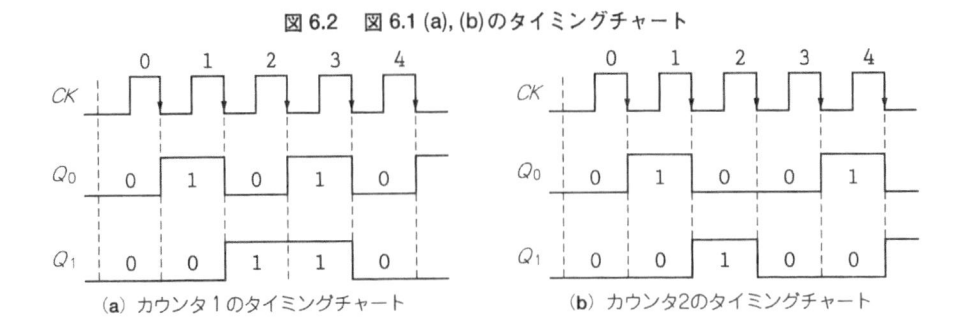

本章では，カウンタなどのクロックをともなう任意の順序回路の設計方法について学んでいこう．

6.1.2　順序回路の基本構成

まず，順序回路の定義を示し，その基本構成を見てみよう．

◆ 順序回路のモデル

順序回路は，組み合わせ回路と FF による記憶回路により構成されたディジタル回路であり，図 6.3 に示すモデルで表される．図 6.3 (a) のモデルを**ミーリ (Mealy) 型順序回路**，図 6.3 (b) のモデルを**ムーア (Moore) 型順序回路**という．

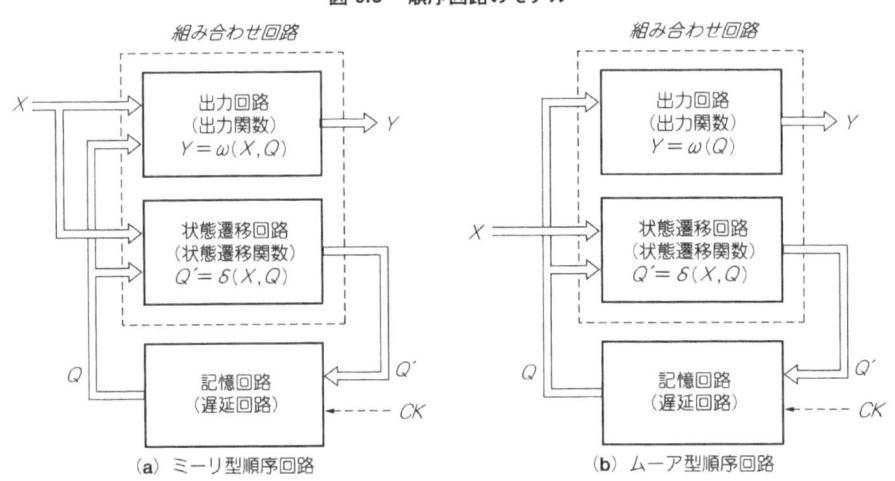

図 6.3　順序回路のモデル

(a) ミーリ型順序回路
(b) ムーア型順序回路

図 6.3 において，$X = (X_0, X_1, \cdots, X_{l-1})$ は外部入力信号，$Y = (Y_0, Y_1, \cdots, Y_{m-1})$ は外部出力信号である．また，$Q = (Q_0, Q_1, \cdots, Q_{n-1})$ は**内部状態 (internal state)** または単に**状態 (state)** と呼ばれ，**記憶回路 (storage circuit)** の出力を表す．

順序回路では，この状態と呼ばれる概念が重要である．組み合わせ回路では，現在の入力だけで出力が決定するため，どの時刻においても同一の入力に対して同一の出力が得られる．一方，順序回路では，現在の入

力と現在の状態によって，出力が決定する．状態は時刻によって変化するものであり，このため順序回路では，異なる時刻においては，同一の入力に対して同一の出力が得られるとは限らない．

　状態は記憶回路の出力であり，現時刻における入力と状態から，次の時刻の状態が決定される．この，次の状態を決定するための組み合わせ回路を**状態遷移回路 (state transition circuit)** という．また，状態遷移回路が実現している論理関数を**状態遷移関数 (state transition function)** といい，δ で表す．すなわち，順序回路の状態は，

$$Q' = \delta(X, Q) \tag{6.1}$$

によって決定される．さらに，この状態遷移回路の出力は，記憶回路あるいは**遅延回路 (delay circuit)** において次の時刻まで保持される．

　また，順序回路の出力は，ミーリ型の場合，現時刻の入力と状態によって，ムーア型の場合，現時刻の状態のみによって，それぞれ決定される．この出力を決定するための組み合わせ回路を**出力回路 (output circuit)** という．また，出力回路が実現している論理関数を**出力関数 (output function)** といい，ω で表す．すなわち順序回路の出力は，ミーリ型の場合，

$$Y = \omega(X, Q) \tag{6.2}$$

と表され，ムーア型の場合，

$$Y = \omega(Q) \tag{6.3}$$

と表される．

　本書では以下，より一般的なミーリ型順序回路を扱う．

◆ 同期式順序回路と非同期式順序回路

　図 6.3 に示したように，順序回路は，その内部に記憶回路を含んでいる．前章で検討したように，記憶回路を扱う場合には，信号変化のタイミングに気を配る必要がある．

　これを解決する方法の一つは，順序回路を外部のクロックに同期して動作させることによりタイミングをとる方法であり，この方法に基づいて構成された順序回路を**同期式順序回路 (synchronous sequential circuit)** という．

　一方，クロックに同期させず，回路の動作が終了する度 (出力の値が決定する度) に，その終了を外部に知らせることによりタイミングをとる方法もある．この方法に基づいて構成された順序回路を**非同期式順序回路 (asynchronous sequential circuit)** という．

　順序回路の設計では，非同期式の方が同期式よりも処理速度を速くできるため，非同期式順序回路が設計される場面もある．しかし，非同期式順序回路の組織的な設計方法は確立されておらず，未だ研究段階となっているため，同期式順序回路の設計が行われることのほうが多い．

　また，非同期式順序回路の設計では，全ての FF，ラッチ，レジスタなどのタイミングを検討する必要があり，設計が非常に難しい．一方，同期式順序回路の設計では，クロックのタイミングのみに気を配れば良く，設計が比較的容易である．

　本書では，設計の容易な同期式順序回路を扱うことにし，非同期式順序回路については割愛する．

6.2 順序回路の表現

順序回路は，**状態遷移関数**と**出力関数**によって特徴付けられる．この他，直観的に理解し易い図や表による表現も用いられる．以下では，これらの順序回路の表現について見ていこう．

6.2.1 状態遷移図

いま，順序回路の状態が $Q = q_i$ であるとし，$X = x_k$ が入力されたとき，$Y = y_h$ が出力され，状態が q_j に変化する様子を図 6.4 (a) のように丸と矢印で表すことにする．また，順序回路の状態が q_i であるとし，x_l が入力されたとき，y_m が出力され，状態が q_i のままである様子を図 6.4 (b) のように丸とループで表すことにする．このとき，図 6.4 のようにして状態変化の様子を表現した図を**状態遷移図** (state transition diagram) と呼ぶ．なお，状態遷移図から設計された順序回路を特に**ステートマシン** (state machine) と呼んでいる．

図 6.4　状態遷移図

(a) 状態が遷移する場合　　(b) 状態が遷移しない場合

例題 6.1 (4 進カウンタの状態遷移図)

4 進カウンタの状態遷移図を描け．

[解]

図 6.5 に示す通り．

図 6.5　4 進カウンタの状態遷移図

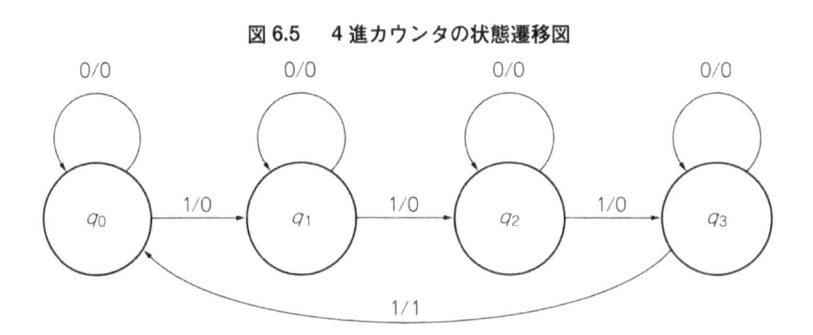

図 6.5 に示す状態遷移図では，1 が入力される度に次の状態に遷移し，1 が 4 回入力されると出力を 1 にして元の状態に復帰する．一方，入力が 0 の場合は状態は変化せず出力も 0 となっている．　□

6.2.2 状態遷移表と出力表

順序回路は，**状態遷移表** (state transition table) と**出力表** (output table) によって表現することもできる．状態遷移表は現状態における入力と次状態との対応表であり，出力表は現状態における入力と出力との対応表である．

例題 6.2 (4 進カウンタの状態遷移表と出力表)

図 6.5 の 4 進カウンタの状態遷移表および出力表を示せ．

[解]

表 6.1 に示す通り．

表 6.1　4 進カウンタの状態遷移表と出力表

現状態 q	次状態 q' 入力 X		出力 Y 入力 X	
	0	1	0	1
q_0	q_0	q_1	0	0
q_1	q_1	q_2	0	0
q_2	q_2	q_3	0	0
q_3	q_3	q_0	0	1

表 6.1 では，たとえば現状態が q_1 であるときに 0 が入力されると 0 を出力し，状態は q_1 のまま遷移しないことを表している．一方，現状態が q_1 であるときに 1 が入力されると 0 を出力し，状態は q_2 に遷移することを表している．　□

なお，本例題で示したように，状態遷移表と出力表は併記されるのが一般的であるので，以下では両者を合わせた表を単に状態遷移表と呼ぶ．

6.2.3 状態遷移関数と出力関数

状態遷移関数と**出力関数**から状態遷移表を求めることは容易である．また，状態遷移図から状態遷移表を，逆に状態遷移表から状態遷移図を得ることも比較的容易に行える．そこで，ここでは，状態遷移表から状態遷移関数および出力関数を得る方法を示そう．そのためには，以下に述べるような**状態割り当て** (state assignment) を行う必要がある．

図 6.5 の状態遷移図および表 6.1 の状態遷移表では，状態の表現に $q_0 \sim q_3$ などの記号を使用した．この状態は，記憶回路の出力であるので，本来は '0' と '1' の組み合わせとして表される．図 6.5 および表 6.1 に示した 4 進カウンタの場合，$q_0 \sim q_3$ の四つの状態があるので，通常，2 個の FF の出力 Q_0, Q_1 の組み合わせ {00, 01, 10, 11} の 4 状態のいずれかが割り当てられる．このとき，FF の出力 Q_0, Q_1 を**状態変数** (state variable) と呼び，これらの状態変数に '0' または '1' の具体的な値を割り当てることを状態割り当てという．

いま，先に示した 4 進カウンタの各状態 $q_0 \sim q_3$ に対して，$(Q_1, Q_0) = (00), (01), (10), (11)$ を順に割り当てると，状態遷移図は図 6.6 (次頁) のように，状態遷移表は表 6.2 (次頁) のようになる[注1]．

注 1：状態割り当ての順序は，必ずしも (00), (01), (10), (11) の順でなくてよい．

図 6.6　状態割り当て後の4進カウンタの状態遷移図

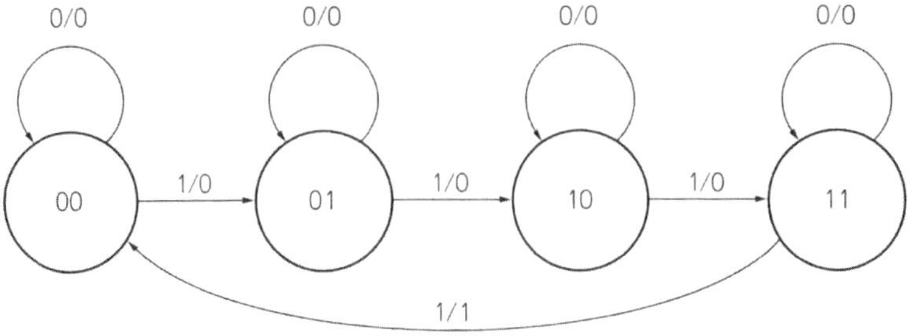

表 6.2　状態割り当て後の4進カウンタの状態遷移表

現状態		次状態 $Q_1'Q_0'$		出力 Y	
Q_1	Q_0	入力 X		入力 X	
		0	1	0	1
0	0	0　0	0　1	0	0
0	1	0　1	1　0	0	0
1	0	1　0	1　1	0	0
1	1	1　1	0　0	0	1

例題 6.3（4進カウンタの状態遷移関数と出力関数）
　表 6.2 に示した，状態割り当ての済んだ状態遷移表より，4進カウンタの状態遷移関数および出力関数を求めよ．

[解]
　表 6.2 より，次状態 Q_0', Q_1' を入力 X および現状態 Q_0, Q_1 で表すと，

$$Q_0' = \overline{X} \cdot Q_0 \cdot \overline{Q_1} + \overline{X} \cdot Q_0 \cdot Q_1 + X \cdot \overline{Q_0} \cdot \overline{Q_1} + X \cdot \overline{Q_0} \cdot Q_1 \tag{6.4}$$

$$Q_1' = \overline{X} \cdot \overline{Q_0} \cdot Q_1 + \overline{X} \cdot Q_0 \cdot Q_1 + X \cdot Q_0 \cdot \overline{Q_1} + X \cdot \overline{Q_0} \cdot Q_1 \tag{6.5}$$

となる．上式を，図 6.7 に示すようにカルノー図を用いて圧縮すると，

$$Q_0' = \overline{X} \cdot Q_0 + X \cdot \overline{Q_0} \tag{6.6}$$

$$Q_1' = \overline{X} \cdot Q_1 + \overline{Q_0} \cdot Q_1 + X \cdot Q_0 \cdot \overline{Q_1} \tag{6.7}$$

となる．
　すなわち，式 (6.6)，式 (6.7) で与えられる論理式が，4進カウンタの状態遷移関数となる．

図 6.7　状態遷移関数のカルノー図

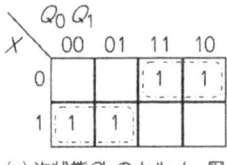

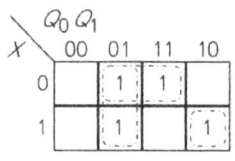

(a) 次状態 Q_0' のカルノー図　　(b) 次状態 Q_1' のカルノー図

同様に，**表 6.2** より，出力 Y を入力 X および現状態 Q_0, Q_1 で表すと以下のようになる．

$$Y = X \cdot Q_0 \cdot Q_1 \tag{6.8}$$

この式は，これ以上圧縮することができないので，式 (6.8) が，4 進カウンタの出力関数となる． □

この例題で見たように，状態割り当ての済んだ状態遷移表から状態遷移関数を得ることができる．当然，異なった状態割り当てをすると得られる状態遷移関数も異なり，結果として異なる回路が得られる．すなわち，同一の状態遷移図を有する複数の順序回路が存在することがわかる．状態割り当てを少し変更するだけで，回路の規模や構造が大幅に変化する場合もある．このように，状態割り当ては順序回路の構成を決めるという非常に重要な作業なのである．本書ではその詳細は割愛するが，状態割り当ての組織的な手法も提案されている．

なお，状態遷移関数および出力関数から，状態遷移表が得られることは，容易にわかるであろう．

6.3 順序回路の設計

ここでは，与えられた状態遷移関数および出力関数から具体的な回路を構成する方法について述べよう．

6.3.1 フリップフロップによる記憶回路の実現

式 (6.1) に示した**状態遷移関数** $Q' = \delta(X, Q)$ は，

$$Q'_i = \delta_i(X_0, X_1, \cdots, X_{l-1}, Q_0, Q_1, \cdots, Q_i, \cdots, Q_{n-1}), \; i = 0, 1, \cdots, n-1 \tag{6.9}$$

と書き直すことができ，先に述べた方法により求められる．

状態遷移関数 δ_i は，現状態 Q_i が次の時刻でどのような状態 Q'_i に遷移するかを表すものである．このため，Q'_i を保持する FF を FFi と表したとき，FFi は，状態遷移関数 δ_i で定められた動作をする必要がある．

いま，FFi の動作を，現状態 Q_i と次状態 Q'_i の組 (Q_i, Q'_i) で表すと，$(0,0), (0,1), (1,0), (1,1)$ の四つのパターンが考えられる．これらの動作パターンを実現するためには，FFi への入力が**表 6.3** に示す条件を満たす必要がある．

表 6.3　FFi への入力条件

記憶回路の動作 (Q_i, Q'_i)	RS-FF S_i	R_i	JK-FF J_i	K_i	T-FF T_i	D-FF D_i
(0, 0)	0	*	0	*	0	0
(0, 1)	1	0	1	*	1	1
(1, 0)	0	1	*	1	1	0
(1, 1)	*	0	*	0	0	1

表 6.3 は，各 FF の現状態が Q_i のとき，次状態が Q'_i になるような入力の組み合わせを表しており，各 FF の特性表から容易に導かれる．

たとえば JK-FF の出力 (現状態) が 0 であるとする．このとき，次の出力 (次状態) を 0 とするためには $J_i = 0$，次の出力 (次状態) を 1 とするためには $J_i = 1$ とすればよい．このとき，K_i の値は 0, 1 いずれでもよい．また，JK-FF の出力 (現状態) が 1 であるとする．このとき，次の出力 (次状態) を 0 とするためには $K_i = 1$，次の出力 (次状態) を 1 とするためには $K_i = 0$ とすればよい．このとき，J_i の値は 0, 1 いずれでもよい．他の FF についても，同様にして求めることができる．

以下では，求められた状態遷移関数および出力関数から順序回路を実現する方法を，それぞれの FF (エッ

6.3.2　RS フリップフロップを用いた順序回路の設計

RS-FF (FFi, $i = 0, 1, \cdots, n-1$) への入力 R_i, S_i が表 6.3 の条件を満足するためには，Q_i' のカルノー図の Q_i' と Q_i の値に着目し，以下の要領で R_i, S_i のカルノー図を作成すればよい．

- 入力 R_i のカルノー図：Q_i' のカルノー図において，
  (1) $Q_i = 1$ で $Q_i' = 0$ となっているマスを '1' とする．
  (2) $Q_i = 0$ で $Q_i' = 1$ となっているマスおよび $Q_i = 1$ で $Q_i' = 1$ となっているマスを '0' とする (何も書かない)．
  (3) $Q_i = 0$ で $Q_i' = 0$ となっているマスをドントケア '*' とする．

- 入力 S_i のカルノー図：Q_i' のカルノー図において，
  (1) $Q_i = 0$ で $Q_i' = 1$ となっているマスを '1' とする．
  (2) $Q_i = 0$ で $Q_i' = 0$ となっているマスおよび $Q_i = 1$ で $Q_i' = 0$ となっているマスを '0' とする (何も書かない)．
  (3) $Q_i = 1$ で $Q_i' = 1$ となっているマスをドントケア '*' とする．

例題 6.4 (RS-FF による 4 進カウンタの設計)
式 (6.6), (6.7) で表される 4 進カウンタを RS-FF を用いて設計せよ．

[解]
式 (6.6), (6.7) の状態遷移関数のカルノー図 (図 6.7) に対して上記の手順を適用すると，図 6.8, 図 6.9 に示すカルノー図が得られる．

図 6.8　FF0 の入力 R_0, S_0 のカルノー図

(a) 入力 R_0 のカルノー図　(b) 入力 S_0 のカルノー図

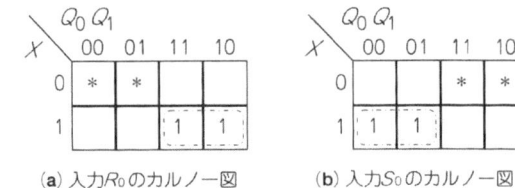

図 6.9　FF1 の入力 R_1, S_1 のカルノー図

(a) 入力 R_1 のカルノー図　(b) 入力 S_1 のカルノー図

図 6.8 および図 6.9 より,

$$R_0 = X \cdot Q_0 \tag{6.10}$$
$$S_0 = X \cdot \overline{Q_0} \tag{6.11}$$
$$R_1 = X \cdot Q_0 \cdot Q_1 \tag{6.12}$$
$$S_1 = X \cdot Q_0 \cdot \overline{Q_1} \tag{6.13}$$

が得られる.

さらに式 (6.10)〜式 (6.13) および式 (6.8) より,図 6.10 が得られる.

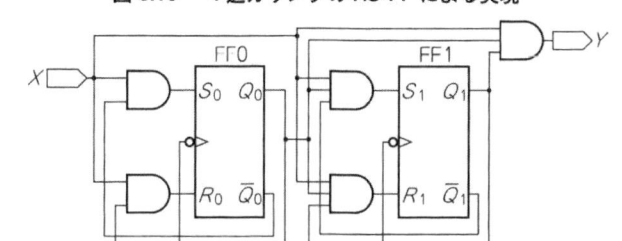

図 6.10　4 進カウンタの RS-FF による実現

□

6.3.3(*) JK フリップフロップを用いた順序回路の設計

JK-FF (FFi, $i = 0, 1, \cdots, n-1$) への入力 J_i, K_i が表 6.3 の条件を満足するためには,RS-FF の場合と同様に,Q_i' のカルノー図の Q_i' と Q_i の値に着目し,以下の要領で J_i, K_i のカルノー図を作成すればよい.

- 入力 J_i のカルノー図:Q_i' のカルノー図において,
  (1) $Q_i = 0$ で $Q_i' = 1$ となっているマスを '1' とする.
  (2) $Q_i = 0$ で $Q_i' = 0$ となっているマスを '0' とする (何も書かない).
  (3) $Q_i = 1$ で $Q_i' = 0$ となっているマスおよび $Q_i = 1$ で $Q_i' = 1$ となっているマスをドントケア '*' とする.

- 入力 K_i のカルノー図:Q_i' のカルノー図において,
  (1) $Q_i = 1$ で $Q_i' = 0$ となっているマスを '1' とする.
  (2) $Q_i = 1$ で $Q_i' = 1$ となっているマスを '0' とする (何も書かない).
  (3) $Q_i = 0$ で $Q_i' = 0$ となっているマスおよび $Q_i = 0$ で $Q_i' = 1$ となっているマスをドントケア '*' とする.

例題 6.5 (JK-FF による 4 進カウンタの設計)
式 (6.6), 式 (6.7) で表される 4 進カウンタを JK-FF を用いて設計せよ．

[解]
式 (6.6), 式 (6.7) の状態遷移関数のカルノー図 (図 6.7) に対して上記の手順を適用すると，図 6.11, 図 6.12 に示すカルノー図が得られる．

図 6.11　FF0 の入力 J_0, K_0 のカルノー図

(a) 入力 J_0 のカルノー図　(b) 入力 K_0 のカルノー図

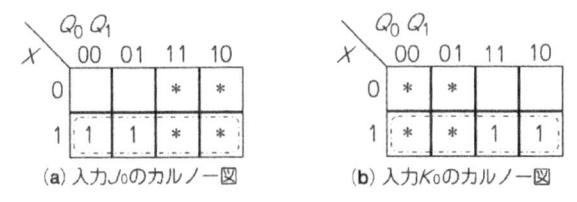

図 6.12　FF1 の入力 J_1, K_1 のカルノー図

(a) 入力 J_1 のカルノー図　(b) 入力 K_1 のカルノー図

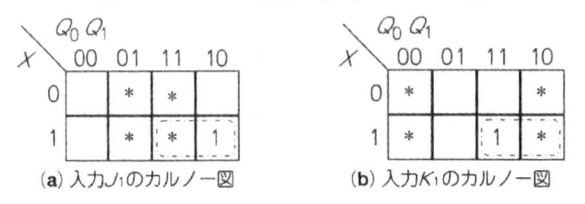

図 6.11, 図 6.12 より，

$$J_0 = X \tag{6.14}$$
$$K_0 = X \tag{6.15}$$
$$J_1 = X \cdot Q_0 \tag{6.16}$$
$$K_1 = X \cdot Q_0 \tag{6.17}$$

が得られる．
さらに式 (6.14)〜(6.17) および式 (6.8) より，図 6.13 が得られる．

図 6.13　4 進カウンタの JK-FF による実現

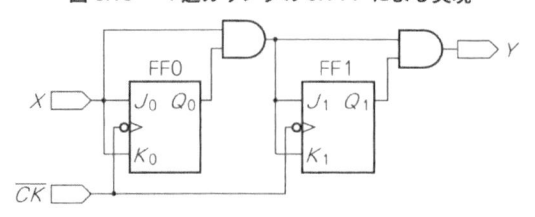

6.3.4(*) T フリップフロップを用いた順序回路の設計

T-FF (FFi, $i = 0, 1, \cdots, n-1$) への入力 T_i が**表 6.3** の条件を満足するためには, RS-FF の場合と同様に, Q'_i のカルノー図の Q'_i と Q_i の値に着目し, 以下の要領で T_i のカルノー図を作成すればよい.

- 入力 T_i のカルノー図: Q'_i のカルノー図において,
  (1) $Q_i = 0$ で $Q'_i = 1$ となっているマスおよび $Q_i = 1$ で $Q'_i = 0$ となっているマスを '1' とする.
  (2) $Q_i = 0$ で $Q'_i = 0$ となっているマスおよび $Q_i = 1$ で $Q'_i = 1$ となっているマスを '0' とする (何も書かない).
  (3) もともとドントケア '*' であるマスは '*' とする.

例題 6.6 (T-FF による 4 進カウンタの設計)
式 (6.6), 式 (6.7) で表される 4 進カウンタを T-FF を用いて設計せよ.

[解]
式 (6.6), 式 (6.7) の状態遷移関数のカルノー図 (**図 6.7**) に対して上記の手順を適用すると, **図 6.14**, **図 6.15** に示すカルノー図が得られる.

図 6.14 FF0 の入力 T_0 のカルノー図

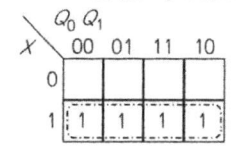

図 6.15 FF1 の入力 T_1 のカルノー図

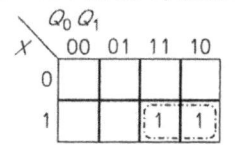

図 6.14, 図 6.15 より,

$$T_0 = X \tag{6.18}$$
$$T_1 = X \cdot Q_0 \tag{6.19}$$

が得られる.
さらに式 (6.18), (6.19) および式 (6.8) より, **図 6.16** が得られる.

図 6.16 4 進カウンタの T-FF による実現

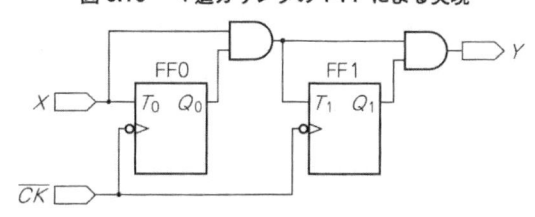

□

6.3.5 Dフリップフロップを用いた順序回路の設計

D-FF (FFi, $i = 0, 1, \cdots, n-1$) を用いて，式 (6.6)，式 (6.7) の動作を実現するためには，RS-FF の場合と同様に，表 6.3 に示す入力条件を満たす必要がある．

表 6.3 からわかるように，$D_i = Q'_i$ であるので，D-FF を使用する場合，Q'_i をそのまま FFi への入力とすればよい．

例題 6.7 (D-FF による 4 進カウンタの設計)
式 (6.6)，式 (6.7) で表される 4 進カウンタを D-FF を用いて設計せよ．

[解]
式 (6.6)，式 (6.7) より，

$$D_0 = Q'_0 = \overline{X} \cdot Q_0 + X \cdot \overline{Q_0} \tag{6.20}$$

$$D_1 = Q'_1 = \overline{X} \cdot Q_1 + \overline{Q_0} \cdot Q_1 + X \cdot Q_0 \cdot \overline{Q_1} \tag{6.21}$$

となる．

式 (6.20)，式 (6.21) および式 (6.8) より，図 6.17 が得られる．

図 6.17　4 進カウンタの D-FF による実現

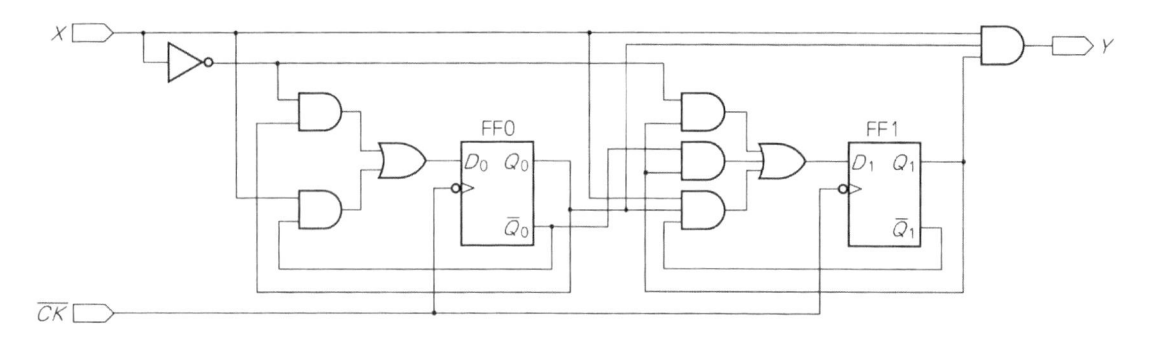

□

6.3.6 順序回路の設計手順のまとめ

ここで，**順序回路の設計手順**を手順 6.1 にまとめておこう．

手順 6.1 (順序回路の設計手順)

Step 1. 与えられた**状態遷移図**から**状態遷移表**を作成し，**状態割り当て**を行う．

Step 2. 得られた状態遷移表から**状態遷移関数**および**出力関数**を求め，それらをカルノー図を用いて圧縮する．

Step 3. 使用する FF を決め，表 6.3 の入力条件を満たすように，各 FF の入力のカルノー図を作成する．

Step 4. Step 3. で得られた論理関数をもとに，回路図を作成する．　□

6.4　VHDLによるステートマシンの記述

以上で学んできたように，状態遷移図が与えられれば，その状態遷移図をもとに**ステートマシン**（順序回路）を実現できる．ステートマシンは，**図 6.3** に示したように，記憶回路と組み合わせ回路である状態遷移回路および出力回路から構成される．このようなステートマシンを VHDL で記述する場合，通常，記憶回路部と組み合わせ回路部を別々の `process` として記述する．以下では，**図 6.5** に示した 4 進カウンタの状態遷移図をもとに，それを VHDL でステートマシンとして記述する方法について説明しよう．

6.4.1　記憶回路の記述

ステートマシンを VHDL で記述する場合，ステートすなわち**状態**をどのように表現するかが，まず問題になる．これを解決するために，通常，`type` 宣言を用いて新しいデータタイプを定義する．

先に示した**図 6.5** の状態遷移図には四つの状態 $q_0 \sim q_3$ があるので，たとえば，これをそのまま使用して新しいデータタイプ 'STATE' を宣言する．このとき，現状態を表す信号 'CURRENT_STATE' と次状態を表す信号 'NEXT_STATE' を STATE 型で定義することにより，記憶回路部の記述が可能となる．

具体的には，

```
type STATE is ( Q0, Q1, Q2, Q3 );
signal CURRENT_STATE, NEXT_STATE : STATE;
```

と記述することにより，新しいデータタイプとそのデータタイプの信号を定義できる．なお，**状態割り当て**は，論理合成ツールにより自動的に行われる．手動で状態割り当てを行う場合は，上記の記述の代わりに，たとえば，

```
constant Q0 : std_logic_vector(1 downto 0) := "00";
constant Q1 : std_logic_vector(1 downto 0) := "01";
constant Q2 : std_logic_vector(1 downto 0) := "10";
constant Q3 : std_logic_vector(1 downto 0) := "11";
signal CURRENT_STATE, NEXT_STATE : std_logic_vector(1 downto 0);
```

のように，各状態の値を具体的に記述すればよい．

以上より，記憶回路部は，クロック信号のエッジを検出するたびに，信号 'CURRENT_STATE' に信号 'NEXT_STATE' を代入するような記述にすればよい．これは，前章で述べた FF の VHDL 記述を参考にすれば，容易に記述できる．なお，4 進カウンタ全体の VHDL 記述は後で示す．

6.4.2　状態遷移回路および出力回路の記述

次に状態遷移回路と出力回路の記述方法について述べよう．

状態遷移回路と出力回路は，現状態と入力から，次状態と出力を決定するので，例えば，現状態で場合分けをすることにより記述できる．見やすい記述にするために，`case` 文がよく用いられる．

以上より，4 進カウンタのステートマシンとしての VHDL 記述は**リスト 6.1** (p.135) のように，またシミュレーション結果は**図 6.18**（次頁）のようになる．**リスト 6.1** では，`case` 文を用いており，現状態ごとに，次状態と出力を決定していることがわかるであろう．なお，**リスト 6.1** には，各 FF をリセットするための信号

RESETを設けている.

　本書では，ステートマシンの記述例として4進カウンタを用いた．しかし，カウンタをVHDLで記述する場合，ステートマシンとして記述することはほとんどなく，**リスト6.2** (p.136)のようにカウンタの動作を記述するほうが一般的であることを断っておく．なおリスト6.2のように，信号COUNTの値を増やす方法としてCOUNT <= COUNT + "01"と記述するためには，算術演算用パッケージstd_logic_unsignedを用いる必要がある.

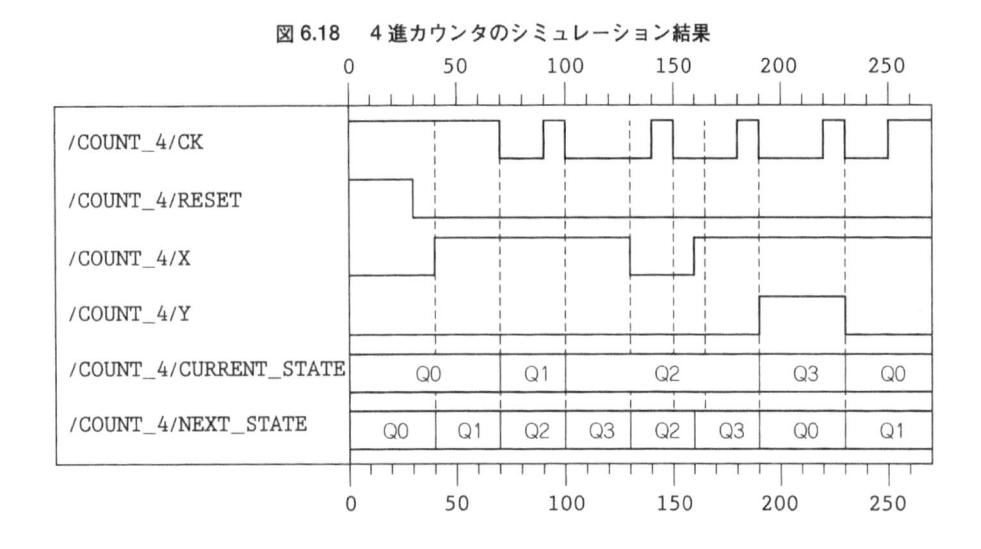

図6.18　4進カウンタのシミュレーション結果

VHDL演習 6.1 (VHDLによるステートマシンの設計)
　図6.19 (p.137)の状態遷移図をもとにステートマシンをVHDLで記述せよ．また，その記述を論理合成した結果を示せ．

[解]
　リスト6.3 (p.138)にVHDL記述を，図6.20 (p.137)にその合成結果を示す.　　　　　　　　□

6.5　実用的な順序回路

　ここでは，ディジタル回路を構成するうえで有用となる順序回路のうち，前章で紹介しなかった回路とそのVHDL記述をいくつか示しておく.

6.5.1　同期式 N 進カウンタ

　前章でも述べたように，カウンタは良く用いられる順序回路の一つである．ここでは，**同期式 N 進カウンタ**のVHDL記述例を**リスト6.4** (p.139)に示しておく.

　リスト6.4は，リスト6.2の4進カウンタのVHDL記述をパラメータ化した記述である．すなわち，FFの数Fと進数Nをgenericで指定することにより，任意の正整数Nに対してN進カウンタを実現できるように記述されている．なおリスト6.4では，F = 4, N = 10としているので，FFを4個用いた同期式10

リスト 6.1　4 進カウンタのステートマシンとしての VHDL 記述

```vhdl
library IEEE;
use IEEE.std_logic_1164.all;

entity COUNTER_4 is
    port( CK, RESET, X : in  std_logic;
          Y            : out std_logic );
end COUNTER_4;

architecture STATE_MACHINE of COUNTER_4 is

type STATE is ( Q0, Q1, Q2, Q3 );
signal CURRENT_STATE, NEXT_STATE : STATE;

begin
    STORAGE : process ( RESET, CK ) begin
        if ( RESET = '1' ) then
            CURRENT_STATE <= Q0;
        elsif ( CK'event and CK = '0' ) then
            CURRENT_STATE <= NEXT_STATE;
        end if;
    end process;

    COMB : process ( CURRENT_STATE, X ) begin
        case CURRENT_STATE is
            when Q0 => if ( X = '1' ) then
                           NEXT_STATE <= Q1; Y <= '0';
                       else
                           NEXT_STATE <= Q0; Y <= '0';
                       end if;
            when Q1 => if ( X = '1' ) then
                           NEXT_STATE <= Q2; Y <= '0';
                       else
                           NEXT_STATE <= Q1; Y <= '0';
                       end if;
            when Q2 => if ( X = '1' ) then
                           NEXT_STATE <= Q3; Y <= '0';
                       else
                           NEXT_STATE <= Q2; Y <= '0';
                       end if;
            when Q3 => if ( X = '1' ) then
                           NEXT_STATE <= Q0; Y <= '1';
                       else
                           NEXT_STATE <= Q3; Y <= '0';
                       end if;
        end case;
    end process;
end STATE_MACHINE;
```

進カウンタの記述となっている．

6.5.2　アップダウンカウンタ

　通常のカウンタは，入力されたパルス数をカウントアップしていくため，**アップカウンタ (up counter)** とも呼ばれる．これに対して，カウントダウンしていくカウンタを**ダウンカウンタ (down counter)** と呼ぶ．アッ

リスト 6.2　4 進カウンタの VHDL 記述

```
library IEEE;
use IEEE.std_logic_1164.all;
use IEEE.std_logic_unsigned.all;

entity COUNTER_4 is
    port( CK, RESET, X : in  std_logic;
          Y            : out std_logic );
end COUNTER_4;

architecture BEHAVIOR of COUNTER_4 is

signal COUNT : std_logic_vector(1 downto 0);

begin
   Y <= COUNT(0) and COUNT(1);

    process( RESET, CK ) begin
        if ( RESET = '1' ) then
           COUNT <= "00";
        elsif ( CK'event and CK = '0' ) then
           if ( X = '1' ) then
              if ( COUNT = "11" ) then
                 COUNT <= "00";
              else
                 COUNT <= COUNT + "01";
              end if;
           end if;
        end if;
    end process;
end BEHAVIOR;
```

プダウンカウンタ (up/down counter) とは，制御信号により，カウントアップとカウンタダウンを切り替え可能なカウンタである．ここでは，同期式の 2^N 進アップダウンカウンタの VHDL 記述を**リスト 6.5** (p.140) に示しておく．

リスト 6.5 は，制御信号 UD = 1 のときにカウントアップし，UD = 0 のときにカウントダウンする 2^4 進アップダウンカウンタの VHDL 記述である．FF の数 N を指定することにより，任意の正整数 N に対して 2^N 進アップダウンカウンタを実現できるように記述されている．なお，**リスト 6.4** に示した同期式 N 進カウンタの記述を参考にすれば，任意進数のアップダウンカウンタを記述することも可能である．

6.5.3　その他のカウンタ

これまでに紹介したカウンタは，カウント値を 2 進数で表現していた．このようなカウンタは，**バイナリカウンタ (binary counter)** と呼ばれる．しかし，実用上重要なカウンタには，バイナリカウンタ以外のカウンタも多い．ここでは，そのような実用上重要なカウンタのうち，リングカウンタ，ジョンソンカウンタ，グレイコードカウンタの三つを紹介しよう．

◆ リングカウンタ

リングカウンタ (ring counter) は，シフトレジスタの応用回路であり，N 個の FF を縦続接続し，最終段の

図 6.19　例題 6.1 の状態遷移図

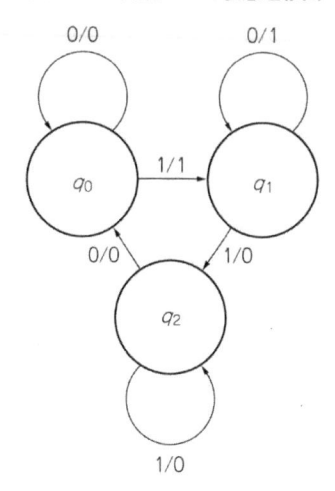

図 6.20　リスト 6.3 の合成結果

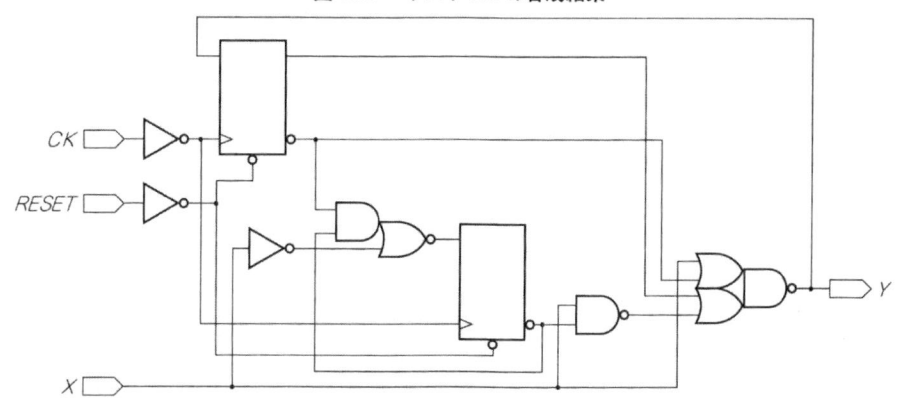

FF の出力を最初の段の FF へ入力することによって構成される．リングカウンタでは，N 個の FF のうち，1 個の FF の値のみが '1' となり，残りの FF の値は '0' となる．すなわち，リングカウンタの出力は，重みが 1 の符号になる．例えば，4 ビットリングカウンタ (4 個の FF を用いたリングカウンタ) の回路図およびタイミングチャートは図 6.21 (p.141) のようになる．なお，図 6.21 (b) に示すように，N 個の FF を用いたリングカウンタの周期は N となるため，N ビットリングカウンタは N 進カウンタとして動作する．

　リングカウンタは，回路構成が単純であり，高速動作が可能である．また，デコーダなどの回路が不要になるという利点もある．一方，N 個の FF を用いた場合，最大 2^N 進のカウンタを構成できるが，リングカウンタでは N 進カウンタしか構成できないため，FF の利用効率が良くないという欠点がある．

VHDL 演習 6.2 (リングカウンタの設計)

　N ビットリングカウンタを VHDL により設計せよ．

リスト 6.3　図 6.19 の VHDL 記述

```
    library IEEE;
    use IEEE.std_logic_1164.all;

    entity STATE_3 is
        port( CK, RESET, X : in  std_logic;
              Y            : out std_logic );
    end STATE_3;

    architecture STATE_MACHINE of STATE_3 is

    type STATE is ( Q0, Q1, Q2 );
    signal CURRENT_STATE, NEXT_STATE : STATE;

    begin
        STORAGE : process ( RESET, CK ) begin
            if ( RESET = '1' ) then
                CURRENT_STATE <= Q0;
            elsif ( CK'event and CK = '0' ) then
                CURRENT_STATE <= NEXT_STATE;
            end if;
        end process;

        COMB : process ( CURRENT_STATE, X ) begin
            case CURRENT_STATE is
                when Q0 => if ( X = '1' ) then NEXT_STATE <= Q1; Y <= '1';
                                          else NEXT_STATE <= Q0; Y <= '0';
                           end if;
                when Q1 => if ( X = '1' ) then NEXT_STATE <= Q2; Y <= '0';
                                          else NEXT_STATE <= Q1; Y <= '1';
                           end if;
                when Q2 => if ( X = '1' ) then NEXT_STATE <= Q2; Y <= '0';
                                          else NEXT_STATE <= Q0; Y <= '0';
                           end if;
            end case;
        end process;
    end STATE_MACHINE;
```

[解]

リスト 6.6 (p.142) に示す通り．

リスト 6.6 は，FF の数 N を指定することにより，任意の正整数 N に対して N ビット (N 進) リングカウンタを実現できるように記述されている．また，リングカウンタでは，必ずただ一つの FF の値が '1' となる．そのため，RESET = 1 の際にすべての FF の値を '0' とせずに，conv_std_logic_vector(1, N) により，最初の段の FF の値のみを '1' にし，残りの FF の値を '0' にしている．　　□

◆ ジョンソンカウンタ

ジョンソンカウンタ (Johnson counter) は，リングカウンタにおいて，最終段の FF の出力ではなく，最終段の FF の反転出力を最初の段の FF へ入力することによって構成される．ジョンソンカウンタでは，1 回のクロック入力で，ただ一つの FF の値しか変化しない．たとえば，4 ビットジョンソンカウンタ (4 個の FF を用いたジョンソンカウンタ) の回路図とタイミングチャートは図 6.22 (p.143) のようになる．なお，図 6.22

リスト 6.4　同期式 N 進カウンタの VHDL 記述

```
    library IEEE;
    use IEEE.std_logic_1164.all;
    use IEEE.std_logic_unsigned.all;

    entity COUNTER_N is
        generic( F : integer := 4;       -- FFの数
                 N : integer := 10 );    -- N進カウンタ (ただし, N =< 2**F )
        port( CK, RESET : in  std_logic;
              Y         : out std_logic_vector(F-1 downto 0));
    end COUNTER_N;

    architecture BEHAVIOR of COUNTER_N is

    signal COUNT : std_logic_vector(F-1 downto 0);

    begin
        process( RESET, CK ) begin
            if ( RESET = '1' ) then
                COUNT <= (others => '0');
            elsif ( CK'event and CK = '1' ) then
                if ( COUNT = N-1 ) then
                    COUNT <= (others => '0');
                else
                    COUNT <= COUNT + 1;
                end if;
            end if;
        end process;

        Y <= COUNT;

    end BEHAVIOR;
```

(b) に示すように，N 個の FF を用いたジョンソンカウンタの周期は 2N となるため，N ビットジョンソンカウンタは 2N 進カウンタとして動作する．

　ジョンソンカウンタは，リングカウンタと同様に，回路構造が単純であり，高速動作が可能である．また，同時に複数の出力が変化することがないため，ハザードが生じにくいという特徴も有している．このため，実際のディジタル回路設計において良く用いられている．一方，ジョンソンカウンタは，リングカウンタと比べた場合，半分の FF で構成できるが，偶数進数のカウンタしか構成できないという欠点がある．

VHDL 演習 6.3 (ジョンソンカウンタの設計)
　N ビットジョンソンカウンタを VHDL により設計せよ．

[解]
　リスト 6.7 (p.144) に示す通り．
　リスト 6.7 は，FF の数 N を指定することにより，任意の正整数 N に対して N ビット (2N 進) ジョンソンカウンタを実現できるように記述されている． □

リスト 6.5　2^N 進アップダウンカウンタの VHDL 記述

```
library IEEE;
use IEEE.std_logic_1164.all;
use IEEE.std_logic_unsigned.all;

entity UP_DOWN_COUNTER is
    generic( N : integer := 4 );   -- FFの数 (2**N進カウンタ)
    port(
        CLK, RESET, UD : in  std_logic;
        COUT           : out std_logic_vector(N-1 downto 0));
end UP_DOWN_COUNTER;

architecture RTL of UP_DOWN_COUNTER is

signal COUNT_TMP : std_logic_vector(N-1 downto 0);

begin
    process( CLK, RESET ) begin
        if (RESET = '1') then
            COUNT_TMP <= (others => '0');
        elsif (CLK'event and CLK = '1') then
            if (UD = '1') then
                COUNT_TMP <= COUNT_TMP + 1;
            else
                COUNT_TMP <= COUNT_TMP - 1;
            end if;
        end if;
    end process;

    COUT <= COUNT_TMP;
end RTL;
```

◆ グレイコードカウンタ

　グレイコードカウンタ (Gray code counter) は，その出力がグレイコード (Gray code：グレイ符号) になっているカウンタであるので，まずグレイコードについて説明する．

　グレイコードは，BCD 符号のように，2 進数と 1 対 1 に対応する符号であり，二つの 2 進数の値が 1 だけ異なる場合，それらの 2 進数に対応するグレイコードのハミング距離が 1 になるという特徴を有している．このためグレイコードは，**A-D 変換器 (Analog to Digital Converter：A-D Converter)**[注2]などの回路に利用されている．例として，4 ビットの 2 進数に対するグレイコードの対応表を表 6.4 (p.144) に示す．

　また，4 ビットの 2 進数 $B = (B_3 B_2 B_1 B_0)$ とグレイコード $G = (G_3 G_2 G_1 G_0)$ を変換する回路を図 6.23 (p.143) に示す．図 6.23 に示すように，2 進数からグレイコードに変換するエンコーダおよびグレイコードから 2 進数に変換するデコーダは，どちらも XOR ゲートで構成できる．

　次に，4 ビットグレイコードカウンタ (4 個の FF を用いたグレイコードカウンタ) のタイミングチャートを図 6.24 (p.145) に示す．図 6.24 (p.145) に示すように，N 個の FF を用いたグレイコードカウンタの周期は 2^N となるため，N ビットグレイコードカウンタは 2^N 進カウンタとして動作する．

　グレイコードカウンタは，ジョンソンカウンタと同様に，同時に複数の出力が変化することがないため，ハ

注2：アナログ信号をディジタル信号に変換する回路．なお，ディジタル信号をアナログ信号に変換する回路は，**D-A 変換器 (Digital to Analog Converter：D-A Converter)** という．

6.5 実用的な順序回路

図 6.21 4ビットリングカウンタ

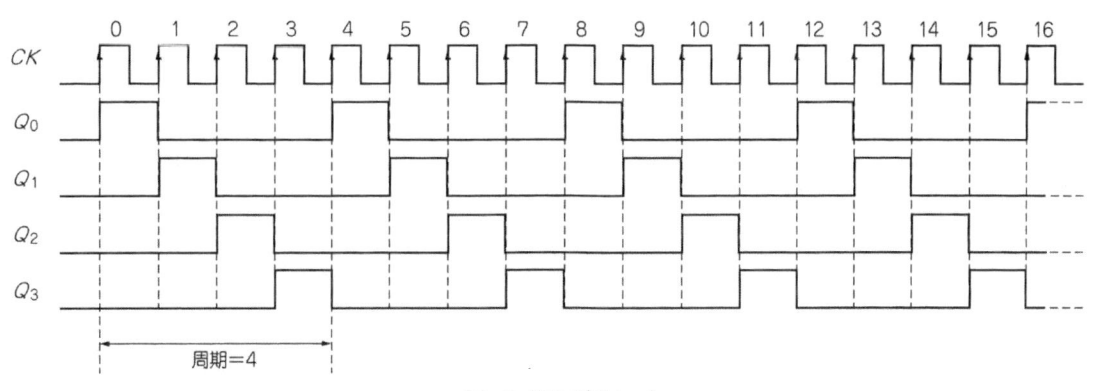

(a) 回路図

(b) タイミングチャート

ザードが生じにくいという特徴を有している．また，N 個の FF を用いて 2^N 進カウンタを構成できるので，FF の利用効率が良い．このため，実際のディジタル回路設計において良く用いられている．一方，グレイコードカウンタは，リングカウンタやジョンソンカウンタと比べた場合，回路構造が複雑であるという欠点がある．

グレイコードは，2 進数から変換することができるので，2^N 進カウンタの出力を，**図 6.23 (a)** に示した回路によって，グレイコードに変換することによって，N ビットグレイコードカウンタを構成することができると考えられる．すなわち，**リスト 6.8** (p.146) のように記述することによって，N ビットグレイコードカウンタを実現できると考えられる．

これまでに示したカウンタの記述では，FF のとる値がそのまま出力される記述になっている．これに対して，**リスト 6.8** は，2^N 進カウンタの出力を変換しているため，FF のとる値はグレイコードになっていない．すなわち，複数の FF の値が同時に変化する可能性があり，実際には，ハザードが生じにくいという特徴がなくなってしまっている．**リスト 6.8** をグレイコード生成回路としたのは，このためである．

そこで，FF のとる値がグレイコードになる正しいグレイコードカウンタを以下の演習で設計してみよう．

VHDL 演習 6.4（グレイコードカウンタの設計）

FF のとる値がグレイコードになる N ビットグレイコードカウンタを VHDL により設計せよ．

リスト 6.6　*N* ビットリングカウンタの VHDL 記述

```vhdl
library IEEE;
use IEEE.std_logic_1164.all;
use IEEE.std_logic_unsigned.all;
use IEEE.std_logic_arith.all;

entity RING_COUNTER is
    generic( N : integer := 4 );   -- FFの数 (Nビットリングカウンタ)
    port( CK, RESET : in  std_logic;
          Y         : out std_logic_vector(N-1 downto 0));
end RING_COUNTER;

architecture BEHAVIOR of RING_COUNTER is

signal COUNT : std_logic_vector(N-1 downto 0);

begin
    process( RESET, CK ) begin
        if ( RESET = '1' ) then
            COUNT <= conv_std_logic_vector(1, N);
        elsif ( CK'event and CK = '1' ) then
            COUNT <= COUNT(N-2 downto 0) & COUNT(N-1);
        end if;
    end process;

    Y <= COUNT;

end BEHAVIOR;
```

[解]

リスト 6.9 (p.147) に示す通り．

FF のとる値をグレイコードとするためには，グレイコードから次のグレイコードを求める必要がある．そこでまず，現在のグレイコード (FF の値) を 2 進数に変換し，変換後の値を 1 だけカウントアップする．この値を再度グレイコードに変換することで，次のグレイコードが得られる．

リスト 6.9 では，上記のようにして得られたグレイコードを FF に保持させるため，FF のとる値はグレイコードになる．これにより，複数の FF の値が同時に変換することがなくなり，ハザードが生じにくいという本来の利点が得られる．　　　　　　　　　　　　　　　　　　　　　　　　　　　　　　　　　　　□

6.5.4　メモリ

コンピュータ内部で用いられる**メモリ (memory：記憶回路)** には，前章で紹介したレジスタの他に，**ROM (read only memory)** や **RAM (random access memory)** などがある．

◆ データとアドレス

ROM や RAM などのメモリでは，8 ビットや 16 ビットのデータを 1 **ワード (word)** とし，ワード単位でデータを保持している．8 ビットのデータを 1 ワードとし，16 ワードのデータを保持できるメモリの例を，図 6.25 に示す．図 6.25 のメモリでは，8 ビット × 16 ワード = 128 ビットのデータを保持できる．

6.5 実用的な順序回路

図 6.22　4 ビットジョンソンカウンタ

(a) 回路図

(b) タイミングチャート

周期 = 2×4 = 8

図 6.23　2 進数とグレイコードを変換する回路

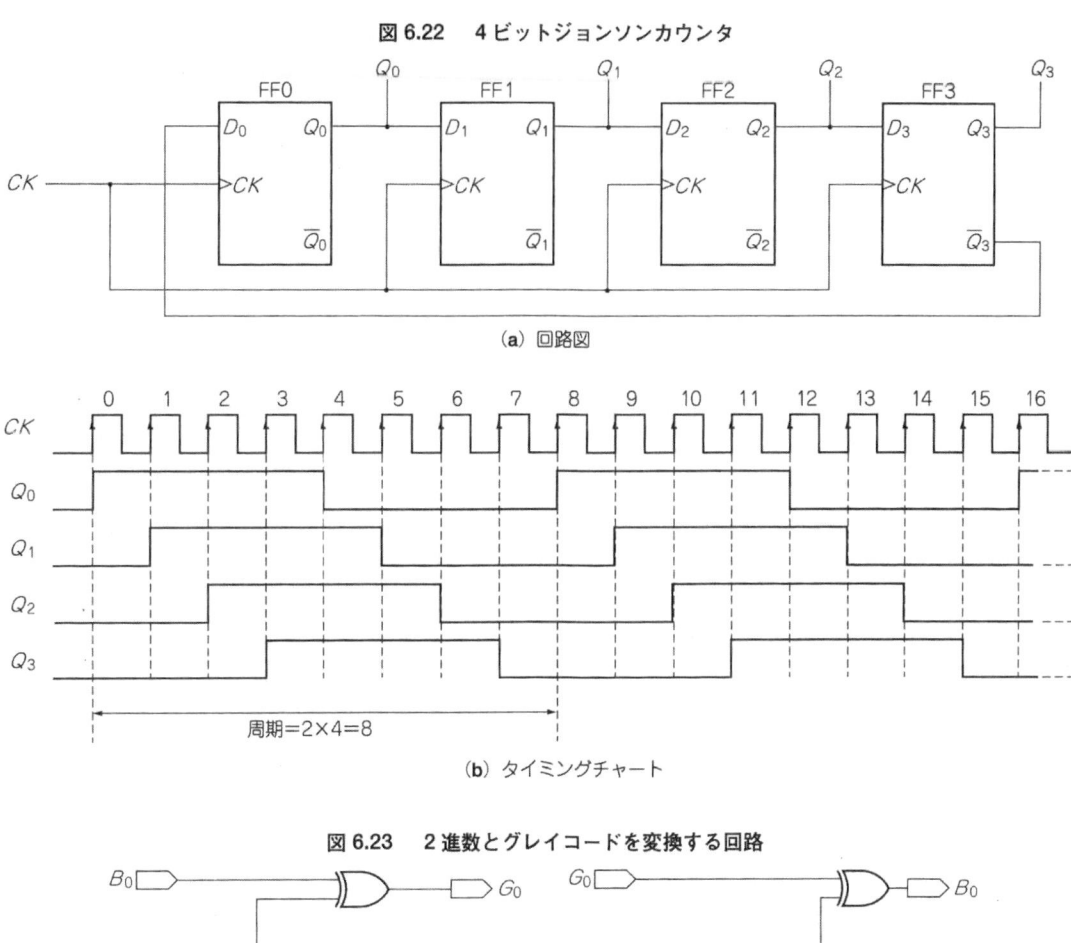

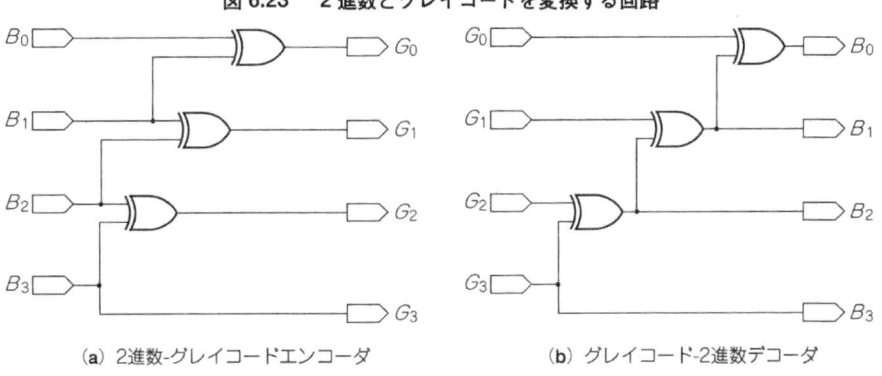

(a) 2進数-グレイコードエンコーダ　　　(b) グレイコード-2進数デコーダ

　図 6.25 (p.145) に示すように，メモリに格納されている各データは，それらが格納されている場所，すなわち**アドレス (address)** によって区別される．たとえば図 6.25 において，11(0BH) 番地に格納されているデータは，00001111(0FH) である．ここで，0BH，0FH は，それぞれ 0B，0F が **16 進数** (hexadecimal number) であることを表している．データやアドレスは，本来 2 進数で表されるが，桁数が多くなってしまうため，16 進数で表現されることが多い．

リスト 6.7　**N ビットジョンソンカウンタの VHDL 記述**

```
library IEEE;
use IEEE.std_logic_1164.all;
use IEEE.std_logic_unsigned.all;

entity JOHNSON_COUNTER is
    generic( N : integer := 4 );   -- FFの数（Nビットジョンソンカウンタ）
    port( CK, RESET  : in  std_logic;
          Y          : out std_logic_vector(N-1 downto 0));
end JOHNSON_COUNTER;

architecture BEHAVIOR of JOHNSON_COUNTER is

signal COUNT : std_logic_vector(N-1 downto 0);

begin
    process( RESET, CK ) begin
        if ( RESET = '1' ) then
            COUNT <= (others => '0');
        elsif ( CK'event and CK = '1' ) then
            COUNT <= COUNT(N-2 downto 0) & (not COUNT(N-1));
        end if;
    end process;

    Y <= COUNT;

end BEHAVIOR;
```

表 6.4　4 ビットの 2 進数とグレイコードの対応

10 進数	2 進数	グレイコード
0	0000	0000
1	0001	0001
2	0010	0011
3	0011	0010
4	0100	0110
5	0101	0111
6	0110	0101
7	0111	0100
8	1000	1100
9	1001	1101
10	1010	1111
11	1011	1110
12	1100	1010
13	1101	1011
14	1110	1001
15	1111	1000

◆ ROM の分類

　ROM は，読み出し専用の記憶素子であり，電源供給がなくてもその内容が消去されない**不揮発性メモリ** (nonvolatile memory) である．ROM の分類を**表 6.5** (p.146) に示す．

図 6.24　4 ビットグレイコードカウンタのタイミングチャート

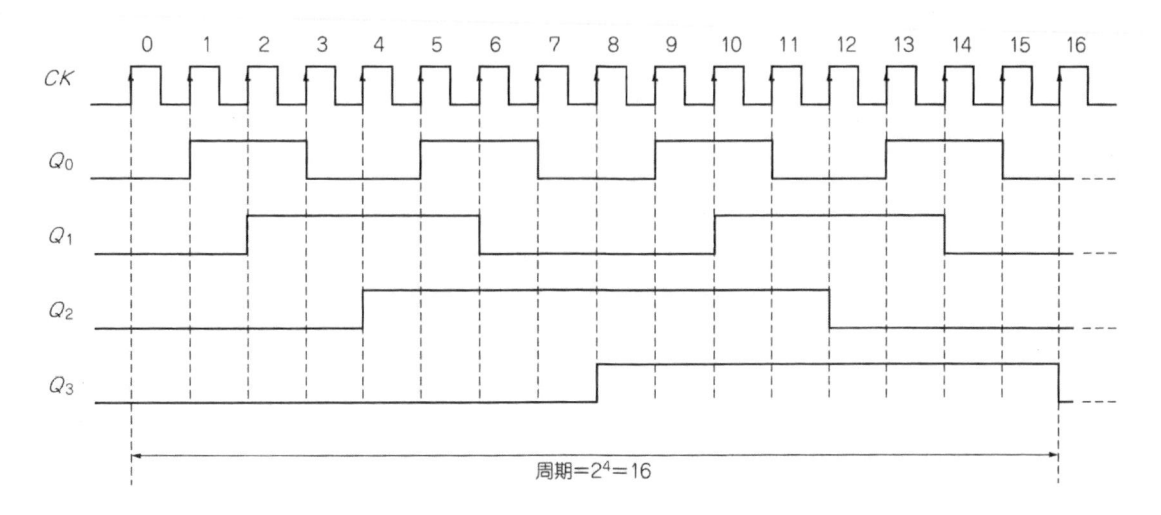

周期 = 2^4 = 16

図 6.25　メモリにおけるデータとアドレス

アドレス （番地）	データ （8 ビット）
0 = 00H	01101100
1 = 01H	10000000
2 = 02H	01100010
3 = 03H	00000000
4 = 04H	10110001
5 = 05H	10101010
6 = 06H	00000001
7 = 07H	00110011
8 = 08H	00000100
9 = 09H	01110100
10 = 0AH	10000001
11 = 0BH	00001111
12 = 0CH	00000000
13 = 0DH	00000000
14 = 0EH	00000000
15 = 0FH	00000000

　表 6.5 に示すように，ROM は，その製造段階でメモリ内容を書き込み，内容を消去できない**マスク ROM** (mask ROM)，ROM 書き込み装置 (**ROM ライタ**という) によりメモリ内容をユーザが一度だけ自由に書き込める **PROM** (programmable ROM)，および内容消去および再書き込みが可能な **EPROM** (erasable PROM) に分類される．
　さらに EPROM は，メモリ本体に直接紫外線を照射することによって内容を消去する **UVEPROM** (ultraviolet EPROM) と電気的に内容の消去を行う **EEPROM** (electrical EPROM) とに分類される．

リスト 6.8 グレイコード生成回路の VHDL 記述

```
library IEEE;
use IEEE.std_logic_1164.all;
use IEEE.std_logic_unsigned.all;

entity GRAY_CODE_COUNTER is
    generic( N : integer := 4 );     -- FFの数 (Nビットグレイコードカウンタ)
    port( CK, RESET : in  std_logic;
          Y         : out std_logic_vector(N-1 downto 0));
end GRAY_CODE_COUNTER;

architecture BEHAVIOR of GRAY_CODE_COUNTER is

signal COUNT : std_logic_vector(N-1 downto 0);

begin
    process( RESET, CK ) begin
        if ( RESET = '1' ) then
            COUNT <= (others => '0');
        elsif ( CK'event and CK = '1' ) then
            COUNT <= COUNT + 1;
        end if;
    end process;

    process (COUNT) begin
        Y(N-1) <= COUNT(N-1);
        for I in N-2 downto 0 loop
            Y(I) <= COUNT(I+1) xor COUNT(I);
        end loop;
    end process;
end BEHAVIOR;
```

表 6.5　ROM の分類

比較項目	マスク ROM	PROM	EPROM	
			UVEPROM	EEPROM
書き込み	×	○	○	○
内容消去	×	×	紫外線	電気

◆ VHDL による ROM の設計

ROM を VHDL で記述するためには，2 次元配列を用いると便利である．VHDL を用いて 2 次元配列を定義するためには，まずワードになるデータタイプを **subtype** 宣言で定義し，そのサブタイプを**配列型**として **type** 宣言を用いて定義すればよい．

また ROM は，読み出し専用であるため，ROM のデータをあらかじめ用意しておく必要がある．まず，データを定数として表した場合の ROM の VHDL 記述をリスト 6.10 (p.148) に示す．

リスト 6.10 は，ワード長 WL およびアドレスバスのサイズ AL を指定することで，任意の容量をもつ ROM を実現可能な記述となっている．リスト 6.10 では，まず，長さ WL の std_logic_vector のデータを WORD サブタイプとして宣言している．また，WORD サブタイプを 2^{AL} 個もった 2 次元配列を MEMORY タイプとして宣言している．この MEMORY タイプの定数 MEM を定義し，ROM のデータを記述している．

ROM からのデータの読み出しは，制御信号 RE = 1 のときのみ可能であり，アドレスバスで指定された

リスト 6.9　**N ビットグレイコードカウンタの VHDL 記述**

```vhdl
library IEEE;
use IEEE.std_logic_1164.all;
use IEEE.std_logic_unsigned.all;

entity GRAY_CODE_COUNTER is
    generic( N : integer := 4 );    -- FFの数 (Nビットグレイコードカウンタ)
    port( CK, RESET : in  std_logic;
          Y         : out std_logic_vector(N-1 downto 0));
end GRAY_CODE_COUNTER;

architecture BEHAVIOR of GRAY_CODE_COUNTER is

signal GRAY, COUNT : std_logic_vector(N-1 downto 0);

begin
    process ( RESET, CK ) begin
        if ( RESET = '1' ) then
            COUNT <= (others => '0');
        elsif ( CK'event and CK = '1' ) then
            COUNT <= GRAY;
        end if;
    end process;

    process (COUNT)
    variable BIN : std_logic_vector(N-1 downto 0);
    begin
        -- グレイコードから2進数への変換
        BIN(N-1) := COUNT(N-1);
        for I in N-2 downto 0 loop
            BIN(I) := BIN(I+1) xor COUNT(I);
        end loop;

        -- 2進数のカウントアップ
        BIN := BIN + 1;

        -- 2進数からグレイコードへの変換
        GRAY(N-1) <= BIN(N-1);
        for I in N-2 downto 0 loop
            GRAY(I) <= BIN(I+1) xor BIN(I);
        end loop;
    end process;

    Y <= COUNT;

end BEHAVIOR;
```

アドレスのデータを，データバスに出力している．

　ROM を記述する場合，リスト 6.10 のように，ROM の内容を定数として記述するのは面倒である．そのような場合，リスト 4.14 のように，TEXTIO パッケージを用いると便利である．データファイルを用いる場合の ROM の VHDL 記述をリスト 6.11 (p.149) に示す．また，ROM のデータとして読み込むファイルをリスト 6.12 (p.150) に示す．

　リスト 6.10 とリスト 6.11 は，同じ ROM の記述であるが，リスト 6.11 のほうが汎用性があり便利である．

リスト 6.10　定数を用いた ROM の VHDL 記述

```
library IEEE;
use IEEE.std_logic_1164.all;
use IEEE.std_logic_unsigned.all;

entity ROM is                          -- 記憶容量 2**AL(words)
    generic( WL : integer := 8;        -- ワード長 (bits)
             AL : integer := 4 );      -- アドレスバス長 (bits)
    port( RE      : in  std_logic;
          ADDR    : in  std_logic_vector(AL-1 downto 0);
          DATA_OUT : out std_logic_vector(WL-1 downto 0));
end ROM;

architecture BEHAVIOR of ROM is

subtype WORD is std_logic_vector(WL-1 downto 0);
type MEMORY is array ( 0 to 2**AL-1 ) of WORD;
constant MEM : MEMORY := (
    "01101100", "10000000", "01100010", "00000000",
    "10110001", "10101010", "00000001", "00110011",
    "00000100", "01110100", "10000001", "00001111",
    "00000000", "00000000", "00000000", "00000000" );

begin
    READ_OP: process( RE, ADDR ) begin
        if ( RE = '1' ) then
            DATA_OUT <= MEM(conv_integer(ADDR));
        end if;
    end process;
end BEHAVIOR;
```

◆ RAM の分類

　RAM は，読み出しと書き込みの両方を行える記憶素子であるが，ROM と異なり，電源供給がなくなるとその内容が消去されてしまう**揮発性メモリ (volatile memory)** である．RAM の分類を表 6.6 に示す．

表 6.6　RAM の分類

比較項目	SRAM	DRAM
動作速度	速い	低い
集積度	低い	高い
消費電力	小さい	大きい
リフレッシュ	不要	必要

　RAM は，1 ビットのデータを保持するための基本素子の種類により，FF やラッチを用いる **SRAM (static RAM)** とコンデンサを用いる **DRAM (dynamic RAM)** とに分類される．
　SRAM と DRAM を比較すると，表 6.6 に示すように，SRAM は，DRAM に比べて動作速度が速く，消費電力が小さいという特徴がある．また，DRAM では，コンデンサに蓄えられた電荷が自然放電により消滅する恐れがあるため，定期的にコンデンサの充電を行う必要がある．この動作を**リフレッシュ**といい，DRAM では，リフレッシュ用の特別な回路を必要とする．しかし DRAM は，SRAM に比べて回路構造が単純であ

リスト 6.11　データファイルを用いた ROM の VHDL 記述

```vhdl
library STD, IEEE;
use STD.TEXTIO.all;
use IEEE.std_logic_1164.all;
use IEEE.std_logic_unsigned.all;
use IEEE.std_logic_textio.all;

entity ROM is                        -- 記憶容量 2**AL(words)
    generic( WL : integer := 8;      -- ワード長 (bits)
             AL : integer := 4 );    -- アドレスバス長 (bits)
    port( RE       : in  std_logic;
          ADDR     : in  std_logic_vector(AL-1 downto 0);
          DATA_OUT : out std_logic_vector(WL-1 downto 0));
end ROM;

architecture BEHAVIOR of ROM is

subtype WORD is std_logic_vector(WL-1 downto 0);
type MEMORY is array ( 0 to 2**AL-1 ) of WORD;
signal MEM : MEMORY;

begin
    WRITE_OP: process
        file DATA_IN : text is in "rom_data.dat";
        variable LINE_IN : line;
        variable V_A : std_logic_vector(AL-1 downto 0);
        variable V_D : std_logic_vector(WL-1 downto 0);
    begin
        readline(DATA_IN, LINE_IN);
        read(LINE_IN, V_A);
        read(LINE_IN, V_D);
        MEM(conv_integer(V_A)) <= V_D;
        if endfile(DATA_IN) then
            wait;
        end if;
    end process;

    READ_OP: process( RE, ADDR ) begin
        if ( RE = '1' ) then
            DATA_OUT <= MEM(conv_integer(ADDR));
        end if;
    end process;
end BEHAVIOR;
```

るため集積度が高くなり，コストが安くなるという特徴がある．

◆ VHDL による RAM の設計

　VHDL を用いて RAM を記述する場合，ROM の記述と同様に，2 次元配列を用いると便利である．RAM の VHDL 記述をリスト 6.13(次頁)に示す．

リスト 6.12　ROM データファイル (rom_data.dat) の内容

```
0000 01101100
0001 10000000
0010 01100010
0011 00000000
0100 10110001
0101 10101010
0110 00000001
0111 00110011
1000 00000100
1001 01110100
1010 10000001
1011 00001111
1100 00000000
1101 00000000
1110 00000000
1111 00000000
```

リスト 6.13　RAM の VHDL 記述

```
library IEEE;
use IEEE.std_logic_1164.all;
use IEEE.std_logic_unsigned.all;

entity RAM is                         -- 記憶容量 2**AL(words)
    generic( WL : integer := 8;       -- ワード長 (bits)
             AL : integer := 8 );     -- アドレスバス長 (bits)
    port( RW       : in  std_logic;
          ADDR     : in  std_logic_vector(AL-1 downto 0);
          DATA_IN  : in  std_logic_vector(WL-1 downto 0);
          DATA_OUT : out std_logic_vector(WL-1 downto 0));
end RAM;

architecture BEHAVIOR of RAM is

subtype WORD is std_logic_vector(WL-1 downto 0);
type MEMORY is array ( 0 to 2**AL-1 ) of WORD;
signal MEM : MEMORY;

begin
    READ_OP: process( RW, ADDR ) begin
        if ( RW = '1' ) then
            DATA_OUT <= MEM(conv_integer(ADDR));
        end if;
    end process;

    WRITE_OP: process( RW, ADDR ) begin
        if ( RW = '0' ) then
            MEM(conv_integer(ADDR)) <= DATA_IN;
        end if;
    end process;
end BEHAVIOR;
```

リスト 6.13 は，配列に書き込みができる点を除けば，ROM の記述と同じである．RAM では，制御信号 RW = 1 のときに，アドレスバスで指定されたアドレスのデータを，読み出し用データバスに出力する．また，制御信号 RW = 0 のときに，アドレスバスで指定されたアドレスに，書き込み用データバスの内容を書き込んでいる．なお，リスト 6.13 では，読み出し用データバスと書き込み用データバスを別々に記述しているが，入出力兼用ポートを用いることも可能である．

章末問題

問題 6.1 図 6.5 の状態遷移図に対して，$q_0 = (00), q_1 = (01), q_2 = (11), q_3 = (10)$ と状態割り当てを行った場合の状態遷移表を描け．

問題 6.2 図 6.26 の状態遷移図を満足する順序回路を D-FF を用いて設計せよ．ただし，$q_0 = (00), q_1 = (01), q_2 = (11), q_3 = (10)$ と状態割り当てを行うものとする．

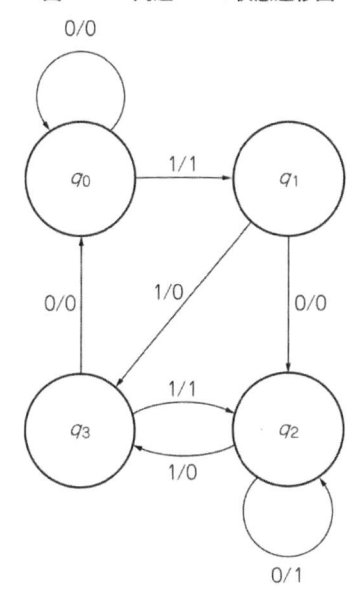

図 6.26 問題 6.2 の状態遷移図

問題 6.3 問題 6.2 の順序回路を RS-FF を用いて設計しなさい．

問題 6.4 問題 6.2 の順序回路を JK-FF を用いて設計しなさい．

問題 6.5 問題 6.2 の順序回路を T-FF を用いて設計しなさい．

問題 6.6 問題 6.2 の順序回路を VHDL で記述しなさい．また，シミュレーション結果も示しなさい．

問題 6.7 16 進カウンタと 12 進カウンタを VHDL で記述しなさい．また，それぞれのシミュレーション結果も示しなさい．

Part II
実践編

第7章
VHDLによるディジタル回路設計

　前章までで，ディジタル回路に関する内容を一通り終えたので，以下では，VHDL設計におけるヒントやディジタル回路の実装技術などについて述べておく．また，VHDLを使い始めて半年程度の初心者の記述例を紹介するので，こちらも参考にしていただきたい．

7.1　ディジタル回路の設計方針

　ディジタル回路 (論理回路) は，**組み合わせ回路**と**順序回路**とに大別される．ここでは，これらの回路の違いやHDLを用いた回路設計の流れについて述べる．

7.1.1　データパスと制御回路

　一般にディジタル回路といった場合，**同期式順序回路**を指すことが多い．この同期式順序回路は，図 7.1 (次頁) に示すように，**データパス (data path)** と**制御回路 (controller)** から構成される．データパスは，算術演算，論理演算などのデータ処理を中心に行う回路であり，データパスの入出力を，それぞれ**データ入力 (data input)**，**データ出力 (data output)** と呼ぶ．また制御回路は，データパスを制御するための回路であり，制御回路の入出力を，それぞれ**制御入力 (control input)**，**制御出力 (control output)** と呼ぶ．

　データパスの設計では，まず，必要なフリップフロップ (FF) やレジスタを配置し，次にFFやレジスタ間でのデータ処理を行う組み合わせ回路を設計する，という手順が踏まれる．

　制御回路は，データパス内のFFやレジスタへの制御信号 (リセット信号やイネーブル信号など) を生成する．この制御回路は，通常，**ステートマシン**[注1]として設計される．

　すなわち，ディジタル回路の設計には，データパスとしての同期式順序回路と組み合わせ回路の設計および制御回路としてのステートマシンの設計が含まれていることになる．

7.1.2　組み合わせ回路と順序回路の違い

　ディジタル回路の多くは，組み合わせ回路としても順序回路としても設計可能である．実際に本書では，次章でRSA暗号器と呼ばれる回路を両方の場合について設計する．ここでは，ディジタル回路を組み合わせ回路として設計する場合と順序回路として設計する場合との違いについて述べる．

注1：ステートマシンは，学術的には順序回路と同義である．しかし，実際の設計現場では，データパスを制御するための回路をステートマシンと呼ぶことが多いので，本書でも順序回路とステートマシンを使い分けることにする．

図 7.1 同期式順序回路のモデル (データパスと制御回路)

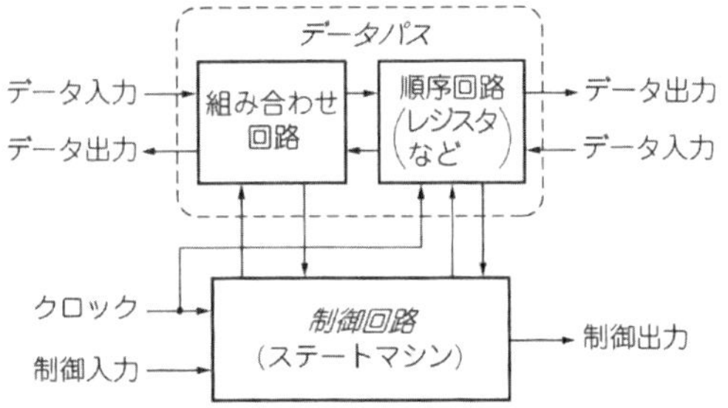

◆ **回路規模の違い**

たとえば，乗算器を考えてみよう．乗算器を順序回路として実現する場合，通常，被乗数をシフトレジスタに格納しておき，シフトしながら加算を行うという方法をとる．この場合，32 ビット乗算器を順序回路として実現すると，4,000 ゲート程度に収まる．一方，組み合わせ回路として実現した場合，10,000 ゲート程度の回路規模になる．

なお，上記のゲート数は正確な値ではない．設計の仕方によって，これらの数値は大幅に異なるので，あくまでも参考値にとどめていただきたい．また，もともと規模の小さい回路の場合，上記のようにはならない．たとえば，8 ビット乗算器を組み合わせ回路として実現した場合，500 ゲート程度になる．これに対して，順序回路として実現すると，700 ゲート程度になってしまう．

◆ **処理時間の違い**

上記のような 32 ビット乗算器を順序回路として実現した場合，計算が終了するまでに，32 クロック (被乗数の桁数) 分の処理時間を必要とする．一方，組み合わせ回路として実現した場合，1 クロック (組み合わせ回路の遅延時間) 分の処理時間で計算が終了する[注2]．

以上のように，ディジタル回路を組み合わせ回路として実現すると，一般に回路規模は大きくなるが，出力が得られるまでの処理時間は格段に短くなる．もともと規模の小さい回路や演算器などの高速処理を行わせたい回路などは，できる限り組み合わせ回路として設計するのが望ましい．

ところで，次章で設計する RSA 暗号器では，暗号の安全性を考慮した場合，後述するように 1024 ビットから 2048 ビット程度の乗算器が必要となる．このような大きな乗算器を組み合わせ回路として設計すると，数百万ゲートを越える規模になってしまい，非現実的である．このような場合は，乗算器を順序回路として設計する必要がある．

7.1.3 ステートマシンを設計する目的

前述のように，**ステートマシン**は，データパスの制御回路として用いられる．ここでは，8 ビット乗算器を例にして，ステートマシンを設計する目的を説明する．

◆ **8 ビット乗算器のデータパス**

いま，$X = (x_7, x_6, \cdots, x_0), Y = (y_7, y_6, \cdots, y_0)$ とし，$Z = X \times Y = (z_{15}, z_{14}, \cdots, z_0)$ を計算する 8 ビット乗算器を順序回路として実現することを考える．8 ビット乗算器を順序回路として実現するには，被乗数 X を

注 2：クロックの周期や組み合わせ回路の遅延時間を考慮していないので，順序回路の方が 32 倍の時間を必要とするとは言えない．

図 7.2 8 ビット乗算器のデータパスの例

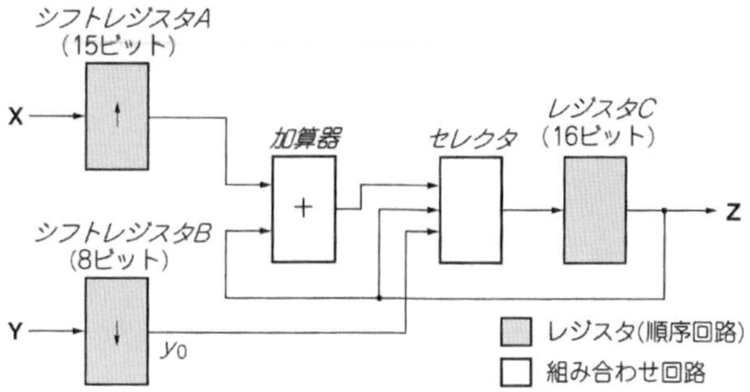

MSB 側にシフトしながら加えていけばよい．具体的には，図 7.2 のような回路構成にすればよい．

図 7.2 では，被乗数 X を MSB 側にシフトさせるシフトレジスタ A，乗数 Y を LSB 側にシフトさせるシフトレジスタ B および，計算結果を保持するレジスタ C の計 3 個のレジスタを用いている．加算器およびセレクタは組み合わせ回路として実現する．

セレクタは，$y_0 = 1$ のときに加算器の出力を選択し，$y_0 = 0$ のときはレジスタ C の出力を選択する．すなわち，シフトレジスタ A により，被乗数 X の 2 倍の値を次々と生成し，シフトレジスタ B の LSB が 1 のときに，その値を加算していく．この過程を乗数の桁数回繰り返すことにより，乗算の機能を実現する．

◆ **8 ビット乗算器の制御回路**

しかし，図 7.2 に示す回路は，乗算器として不完全である．なぜならば，加算を行う回数を制御する機構がこの回路には無いためである．この制御機構を実現するために，ステートマシンが用いられる．

ステートマシンの設計においては，「**状態**」の概念が必要となる．そこで，図 7.2 のデータパスに行わせたい動作を，順をおって見てみよう．まず計算を始める前に，各レジスタを初期化（リセット）する必要がある．次に，被乗数および乗数を読み込み，実際の計算を開始する．乗算の計算は，乗数の桁数回の加算を行うことによって終了する．以上の一連の動作は，**状態遷移図**を用いると明確に表現できる．これを図 7.3 (p.160) に示す．

このように状態遷移図は，データパスを制御するための一連の動作を表すのに適している．また既に説明したように，状態遷移図をもとにディジタル回路を設計する方法も確立されている．以上のような理由によって，データパスの制御回路としてステートマシンが用いられている．

なお参考のために，8 ビット乗算器の順序回路としての VHDL 記述をリスト 7.1 (次頁) に示す．また，リスト 7.1 の各 process の役割を表 7.1 (p.160) に示す．リスト 7.1 と図 7.2，図 7.3 をよく見て，リスト 7.1 が乗算器になっていることを確認してほしい．

7.1.4　HDL によるディジタル回路設計の流れ

ここでは，HDL を用いたディジタル回路設計の流れについて説明する．

HDL を用いたディジタル回路の設計には，

- 設計期間を短縮できる
- 過去の設計資産を再利用しやすくなる

リスト 7.1　乗算器の順序回路としての VHDL 記述

```
library IEEE;
use IEEE.std_logic_1164.all;
use IEEE.std_logic_unsigned.all;

entity MULTIPLIER is
    generic( L : integer := 8 );
    port ( CLK, RESET, START : in  std_logic;
           X : in  std_logic_vector(L-1 downto 0);
           Y : in  std_logic_vector(L-1 downto 0);
           Z : out std_logic_vector(2*L-1 downto 0));
end MULTIPLIER;

architecture SYNC_SEQ of MULTIPLIER is

type STATE is (INIT, OP_MUL);
signal CRST, NTST : STATE;
signal SET_MUL : std_logic;
signal S_X : std_logic_vector(2*L-2 downto 0);
signal S_Y : std_logic_vector(L-1 downto 0);
signal S_ADD, S_SEL, S_MUL : std_logic_vector(2*L-1 downto 0);
signal C_MUL : integer range 0 to L+1;
constant ZV_X : std_logic_vector(L-2 downto 0) := (others => '0');

begin
    P_CONTROL_REG: process ( CLK, RESET ) begin
        if ( RESET = '1' ) then
            CRST <= INIT;
        elsif ( CLK'event and CLK = '1' ) then
            CRST <= NTST;
        end if;
    end process;

    P_CONTROL_CNT: process ( CLK ) begin
        if ( CLK'event and CLK = '1' ) then
            if (CRST = INIT) then
                C_MUL <= 0;
            elsif ( CRST = OP_MUL ) then
                C_MUL <= C_MUL + 1;
            end if;
        end if;
    end process;

    P_CONTROL_STF: process ( CRST, C_MUL, START ) begin
        case CRST is
            when INIT  => if ( START = '1' ) then
                              SET_MUL <= '1';
                              NTST <= OP_MUL;
                          else
                              SET_MUL <= '0';
                              NTST <= INIT;
                          end if;
```

リスト 7.1　乗算器の順序回路としての VHDL 記述 (続き)

```vhdl
                when OP_MUL => SET_MUL <= '0';
                               if ( C_MUL = L ) then
                                   NTST     <= INIT;
                               else
                                   NTST     <= OP_MUL;
                               end if;
            end case;
    end process;

    P_SHIFT_REG_A: process ( CLK, RESET ) begin
        if ( RESET = '1' ) then
            S_X <= (others => '0');
        elsif ( CLK'event and CLK = '1' ) then
            if ( SET_MUL = '1' ) then
                S_X <= ZV_X & X;
            else
                S_X <= S_X(2*L-3 downto 0) & '0';
            end if;
        end if;
    end process;

    P_SHIFT_REG_B: process ( CLK, RESET ) begin
        if ( RESET = '1' ) then
            S_Y <= (others => '0');
        elsif ( CLK'event and CLK = '1' ) then
            if ( SET_MUL = '1' ) then
                S_Y <= Y;
            else
                S_Y <= '0' & S_Y(L-1 downto 1);
            end if;
        end if;
    end process;

    P_ADDER: S_ADD <= S_MUL + ('0' & S_X);

    P_SELECTOR: process ( S_Y, S_ADD, S_MUL ) begin
        if ( S_Y(0) = '1' ) then
            S_SEL <= S_ADD;
        else
            S_SEL <= S_MUL;
        end if;
    end process;

    P_RESULT: process ( CLK, RESET ) begin
        if ( RESET = '1' ) then
            S_MUL <= (others => '0');
        elsif ( CLK'event and CLK = '1' ) then
            if (SET_MUL = '1') then
                S_MUL <= (others => '0');
            else
                S_MUL <= S_SEL;
            end if;
        end if;
    end process;

    Z <= S_MUL;
end SYNC_SEQ;
```

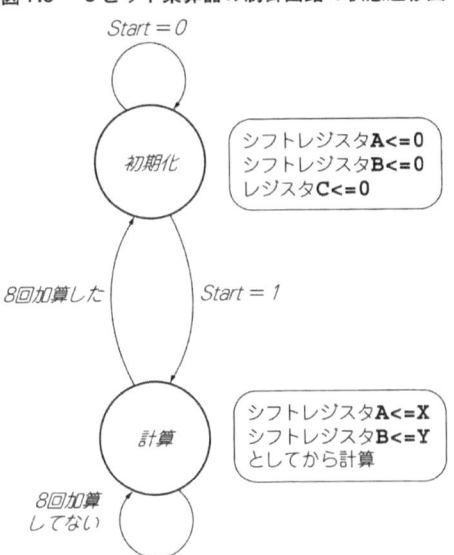

図 7.3 8 ビット乗算器の制御回路の状態遷移図

(初期化状態: Start = 0 で自己遷移、シフトレジスタA<=0、シフトレジスタB<=0、レジスタC<=0)

(Start = 1 で計算状態へ遷移)

(計算状態: 8回加算してないとき自己遷移、シフトレジスタA<=X、シフトレジスタB<=Y としてから計算)

(8回加算したら初期化状態へ戻る)

表 7.1 リスト 7.1 の各 process の役割

process 名 (ラベル)	役割
P_CONTROL_REG	記憶回路 (図 7.3 の制御回路)
P_CONTROL_CNT	加算回数を数えるカウンタ (図 7.3 の制御回路)
P_CONTROL_STF	状態遷移回路 (図 7.3 の制御回路)
P_SHIFT_REG_A	シフトレジスタ A(図 7.2 のデータパス)
P_SHIFT_REG_B	シフトレジスタ B(図 7.2 のデータパス)
P_ADDER	加算器 (図 7.2 のデータパス)
P_SELECTOR	セレクタ (図 7.2 のデータパス)
P_RESULT	レジスタ C(図 7.2 のデータパス)

- 検証作業が容易になる

- 検証精度を向上できる

など，多くの利点がある．しかし，HDL を用いた設計も人手による回路図作成も本質的には同じである．すなわち，HDL を用いたディジタル回路の設計も，通常，図 0.1 の流れに沿って進められる．本書でも，図 0.1 の流れに沿って設計を進める．

◆ 方式設計

　ディジタル回路設計の最初の段階は，ディジタル回路の動作すなわち，ディジタル回路に行わせる計算の手順 (アルゴリズム) などの**仕様を決める方式設計**の段階である．

　このアルゴリズムの決定は，次の機能設計段階で決定する構成要素を考慮して行う必要がある．たとえば，ディジタル回路の構成要素として乗算器を使用できる場合には，アルゴリズム中に乗算が含まれていても構わない．しかし，乗算器を使用できない (使用しない) 場合には，アルゴリズム中に乗算が含まれていてはな

らない．

なおアルゴリズムの表記には，VHDL の他に，自然言語，プログラミング言語 (C 言語，Pascal など)，フローチャートなど，さまざまな手段を用いることができる．本書では自然言語を用いるが，読者には使い慣れている言語を用いることを奨める．

◆ 機能設計

機能設計では，方式設計において決定したアルゴリズムをもとに，ディジタル回路の構成要素および構成要素間のデータの流れを決定する．この段階において VHDL 記述が完成すれば，論理合成ツールを用いて所望の回路図を得ることができる．

方式設計段階のアルゴリズムから，いきなり VHDL の記述を行うのは難しいので，まず，図 7.2 のようなブロック図や図 7.3 のような状態遷移図を描く．ブロック図や状態遷移図と VHDL 記述は，実質的には等価なものである．しかし，これらの図を描いてから VHDL の記述を開始することにより，回路構造が明確になり，設計ミスを減少させることができる．

HDL による設計では，一つの機能ブロックに対して，一つの **process** 文を対応させることが望ましい．言い換えれば，一つ一つの process 文が，回路内の一つの機能ブロックとなっているとよい．本書では，この設計スタイルに沿って RSA 暗号器の設計を行う．

◆ 論理設計，回路設計，レイアウト設計

第 0 章で述べたように，**論理合成**技術の進歩によって，機能設計段階の HDL 記述から，レイアウト設計段階のマスクパターンを自動生成できるようになっている．そのため，本書では，方式設計および機能設計のみを行う．

7.2 ディジタル回路の実装技術

ここでは，実際のディジタル回路を製作するために必要となるディジタル IC について簡単に説明する．また近年，ディジタル回路の製造の分野で急速にシェアを伸ばしている FPGA について説明し，FPGA を用いたディジタル回路の設計手順について簡単に述べておく．

7.2.1 ディジタル IC の分類

本書では，様々なディジタル回路を紹介してきた．これらのディジタル回路を実際に製作するためには，**ディジタル IC** (digital IC) が必須となる．まず，IC を分類して，主要なものについて簡単に説明しておこう．

◆ 集積規模による分類

IC は，トランジスタを集積した回路である．そのため，その集積規模によって分類できる．

IC は，集積規模の小さい順に，SSI (small scale IC), MSI (medium scale IC), LSI (large scale IC), VLSI (very large scale IC), ULSI (ultra large scale IC) などと呼ばれる．ただし，それぞれの集積規模には明確な境界はなく，また実際には，SSI, MSI などの用語はあまり用いられない．

なお，最近では，これまで複数の IC を用いなければ実現できなかった大きなディジタルシステムが一つの IC の中に集積できるようになってきた．このような大きなディジタルシステムを一つの IC で実現することを**システムオンチップ** (system on chip : SOC)，**システムオンシリコン** (system on silicon : SOS) などとい

う．また，システムオンチップを実現した IC をシステム LSI (system LSI) と呼んでいる．

◆ 内部素子による分類

IC は，その内部を構成する素子の違いによって，**TTL** に代表される**バイポーラ系 IC** と **CMOS** に代表されるユニポーラ系 IC とに大別できる．それぞれの構造や動作原理も非常に重要であるが，ここでは TTL と CMOS の特徴のみを説明しておく．

TTL (transistor-transistor logic) IC は，その名の通り，主要部分のほとんどがトランジスタで構成されている IC で，CMOS IC に比べて動作速度が速いという特徴がある．一方，**CMOS (complementary metal-oxide semiconductor)** IC は，**MOS FET** (field effect transistor) と呼ばれる電界効果トランジスタを主要な構成要素としている．CMOS IC は，消費電力が低く，集積度を上げやすいという特徴を有している．

IC が登場してからしばらくは動作速度の速い TTL IC が主流であった．しかし，携帯型情報機器の普及に見られるように，小型・軽量のバッテリでそれらの機器を長時間駆動させるためには，ディジタル回路を低消費電力で動作させることが非常に重要となる．さらに TTL IC の動作速度に迫る CMOS IC も登場してきている．以上のことと，集積度を上げやすいという特徴から，現在では CMOS IC が主流となっている．

◆ 対象ユーザによる分類

また IC は，図 7.4 に示すように，対象となるユーザによって，不特定多数の一般ユーザ向けの**汎用 LSI (standard LSI)** とユーザの要求に合わせて開発する **ASIC (application specific IC：特定用途向け IC)** とに分類される．汎用 LSI には，CPU，メモリ (RAM, ROM)，インターフェース用 IC などがある．なお ASIC として開発した IC が，多くのユーザに使用されることによって汎用 LSI となることがあるため，両者の境界もあまり明確ではない．

図 7.4 対象ユーザによる IC の分類

ASIC はさらに，**フルカスタム LSI (full-custom LSI)** と**セミカスタム LSI (semi-custom LSI)** に分けられる．フルカスタム LSI は，ユーザの目的に合わせて LSI 全体を最初から設計するため，コストが高くなってしまうが，高性能の LSI を実現できる．一方，セミカスタム LSI は，一部の製造工程が済んでいる LSI であり，**ゲートアレイ (gate array)** と**スタンダードセル (standard cell)** に分けられる．ゲートアレイは，ほとんどの製造工程が済んでおり，基本ゲートが予めアレイ状に配置された IC である．ゲートアレイでは，ユーザの要求に合わせて，ゲート間の配線を行えばよい．一方，スタンダードセルでは，ユーザが要求する機能を，メーカー側が用意した標準的な機能ブロックを用いて実現する．

汎用 LSI と ASIC の中間に位置する IC として **FPGA (field programmable gate array)** がある．FPGA は，

ユーザが所望する論理機能を自由にプログラムできる IC である．FPGA には，何度もプログラムを書き換えられるタイプと，一度だけプログラムできるタイプとがある．FPGA は，気軽に利用できる IC として，近年注目を集めている．なお，文献によっては，FPGA が汎用 LSI か ASIC のどちらかに分類されている場合もある．

7.2.2　FPGA によるディジタル回路の実現

ここでは，気軽に利用しやすい FPGA について紹介し，FPGA を用いたディジタル回路の設計方法について説明する．

◆ **FPGA の構造**

FPGA は，図 7.5 に示すように，論理ブロック，I/O ブロック，接続スイッチ，配線部から構成されている．

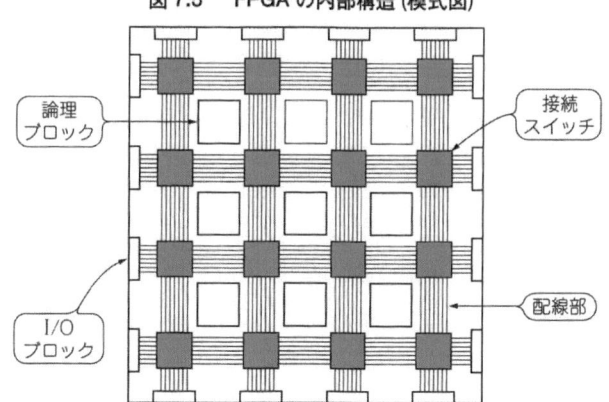

図 7.5　FPGA の内部構造 (模式図)

図 7.5 の各論理ブロックおよび各 I/O ブロックは配線部に接続されており，I/O ブロックは外部ピンに直接接続されている．特定の外部ピンに特定の信号を加えることによって，論理ブロックが実現する機能および接続スイッチの状態を設定できる．

また，論理ブロックは，図 7.6 に示すように，**ルックアップテーブル (look-up table)**，**セレクタ**，**D フリップフロップ (D-FF)** から構成されている．このルックアップテーブルが実現する論理機能とセレクタの出力を外部から設定することができる．

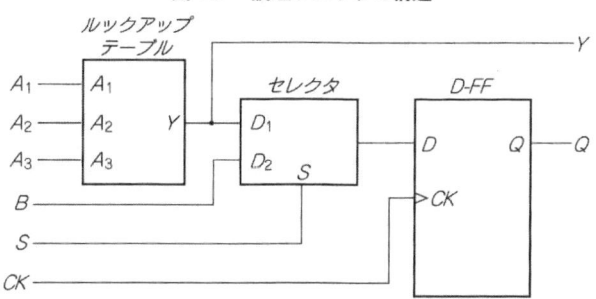

図 7.6　論理ブロックの構造

たとえば，図 7.6 のルックアップテーブルの真理値表は表 7.2 のようになっており，その出力 Y の値は 0, 1 の任意の値を外部から設定できる．すなわち，外部から設定することにより，ルックアップテーブルで任意の 3 変数論理関数を実現できる．

表 7.2 ルックアップテーブルの真理値表

A_1	A_2	A_3	Y
0	0	0	0, 1
0	0	1	0, 1
0	1	0	0, 1
0	1	1	0, 1
1	0	0	0, 1
1	0	1	0, 1
1	1	0	0, 1
1	1	1	0, 1

また図 7.6 のセレクタは，信号線 S の値によって，ルックアップテーブルの出力 Y または信号線 B の値を出力する．このセレクタの出力は D-FF に入力されている．また D-FF を介さず，ルックアップテーブルの出力 Y をそのまま論理ブロックの出力にすることもできる．

FPGA にはこのような論理ブロックが多数内蔵されており，接続スイッチの状態を外部から設定することにより，論理ブロック間の接続関係を設定できる．これにより，任意のディジタル回路を実現することができるわけである．

◆ FPGA の分類

FPGA は，それに書き込む回路データを記憶する記憶素子によって分類することができる．これを表 7.3 にまとめる．

表 7.3 FPGA の種類とその特徴

比較項目	SRAM 型	EEPROM 型	ヒューズ型
再書き込み	○	△	×
ゲート容量	◎	○	△
動作速度	△	○	◎

- SRAM 型 FPGA の特徴

    SRAM 型 FPGA は，回路データを SRAM に記憶する．このため，SRAM 型 FPGA は，回路データを何回も書き込むことができ，回路修正などを簡単に行える．また，実現できる回路の規模も他の FPGA に比べて大きいなどの長所がある．

    一方，SRAM 型 FPGA は，電源を切断することにより回路データが消去されるため，電源を投入する度に回路データを書き込む必要がある．また，他の FPGA に比べて動作速度の点で劣っている．

- EEPROM 型 FPGA の特徴

    EEPROM 型 FPGA は，回路データを EEPROM に記憶するため，電源を切断しても回路データは消去されない．また SRAM 型と比べた場合，動作速度が速いという特徴がある．

ただし，SRAM 型に比べると，回路データの消去に手間がかかるため，何回も回路データの再書き込みを行う必要があるような場合には不向きである．

- **ヒューズ型 FPGA の特徴**

    ヒューズ型 FPGA は，不必要な配線を切断することにより回路データを記憶する．このため，電源を切断しても回路データは消去されない．また，他の FPGA と比べた場合，動作速度が非常に速い点が特徴である．

    ただし，ヒューズ型 FPGA は，回路データの再書き込みができないため，一度回路データを書き込むと修正は不可能となる．

◆ **FPGA によるディジタル回路の実現方法**

FPGA は，その論理機能を外部から設定することができる IC であり，その手軽さが大きな特徴である．また，FPGA の単価は年々安くなってきており，それにともない，さまざまな場面で活用されるようになっている．

FPGA に所望の論理機能をもたせるためには，FPGA 専用の書き込み装置や回路データを保持するための RAM などが必要になる．近年では，1 枚のボード上に FPGA と書き込みに関する周辺回路を搭載した製品も数多く市販されており，さらに手軽になってきている．

FPGA を用いてディジタル回路を設計・実現するための設計環境の例を図 7.7 に示す．

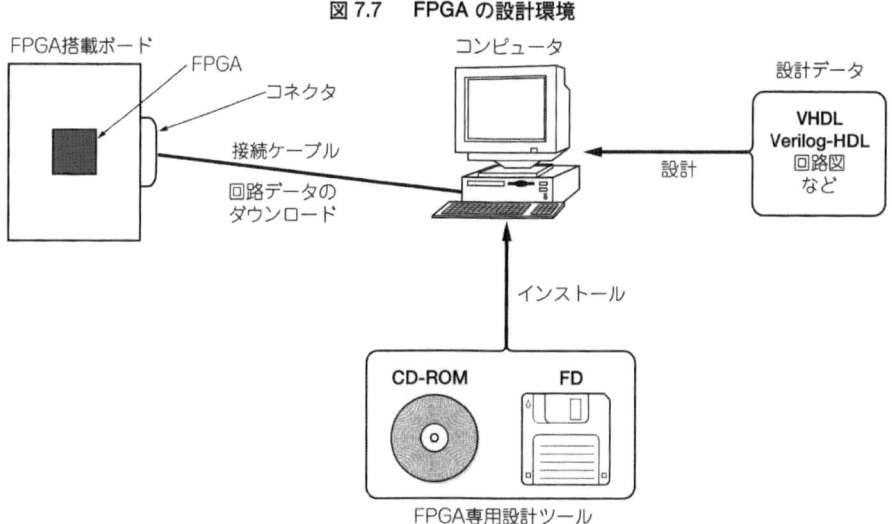

図 7.7　FPGA の設計環境

図 7.7 に示すように，FPGA 搭載ボードは，パラレルケーブルやシリアルケーブルなどを介して，コンピュータに接続される．使用するコンピュータには，FPGA に回路データを書き込むための専用の設計ツールをインストールしておく必要がある．

FPGA を用いてディジタル回路を実装する場合，まず，所望の回路を設計する必要がある．回路設計には，VHDL などの言語を使用したり，コンピュータ上で回路図を描くことによって行う．使用可能な言語や回路図の描き方は，使用する設計ツールによって異なる．

回路設計が終了したら，次にシミュレーションによって，回路の動作をチェックする．ここで，所望の動作

をしなかった場合は，設計データを修正する必要がある．

シミュレーションにより，所望の動作をすることが確認できたら，FPGA専用設計ツールを用いて，設計データを論理合成し，ピン割り当てや配置配線を行い，FPGA用の回路データを作成する．ここでピン割り当てとは，設計した回路の入出力線をFPGAのどのピンに割り当てるのかを決める作業である．また配置配線とは，設計した回路をいくつかの回路ブロックに分割し，各回路ブロックをFPGA内の論理ブロックに割り当て，論理ブロック間の配線接続を行う作業である．

以上の作業を経て得られた回路データを接続ケーブルを介してFPGAに書き込むことにより，FPGAに所望の論理機能を持たせることができる．なお，回路規模が大きいためにFPGAに書き込めなかった場合は，さらに容量の大きなFPGAに交換するか，設計をやり直す必要がある．

以上で見てきたように，FPGAを用いたディジタル回路の設計は，必要とする設備が少なくて済む．小規模なFPGAであれば，コンピュータを含めて十数万円程度で揃えることも可能である．本書で紹介してきた回路などをFPGAで実現し，回路設計・実現に挑戦してみていただきたい．

7.3 論理合成における処理

ここでは，**論理合成**に関するに関する注意事項やHDL記述を論理合成する際に行われる処理について説明する．

7.3.1 論理合成と制約条件

論理合成では，図7.8に示すように，論理変換，テクノロジマッピング，論理最適化の各処理が行われる．これらの処理は，どのような論理合成ツールを用いた場合にも行われる代表的なものである．これらの各処理については，次節以降で説明する．

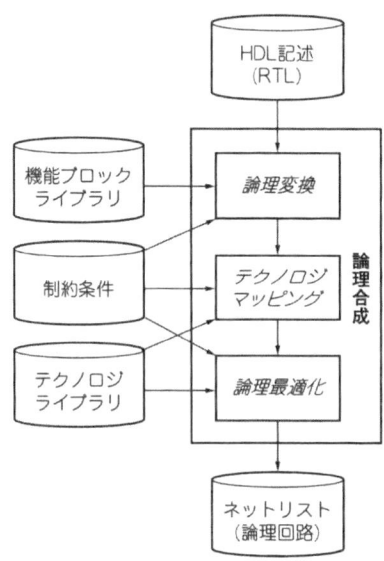

図7.8 論理合成の処理手順

これまでに示してきたように，同一の真理値表を有する組み合わせ回路や同一の状態遷移図を有する順序回路は，複数存在する．またディジタル回路は多くの場合，組み合わせ回路としても順序回路としても実現することが可能である．すなわち，論理合成によって HDL 記述から得られるディジタル回路は，多数の選択肢の中の一つであることがわかる．このとき，どのような回路を選択すべきかということに関して，設計者が論理合成ツールに対して指針を与えることができる．この指針のことを**制約条件** (design constraint) という．

設計者は，回路規模，遅延時間 (処理時間)，消費電力などの合成後の回路が満たすべき条件を制約条件として論理合成ツールに与えるができる．通常，図 7.9 に示すように，合成後の回路は，回路規模が小さければ遅延時間は大きくなり，遅延時間が小さければ回路規模は大きくなる．このため，設計者が与えた全ての条件を満足する回路が得られるとは限らない．制約条件によって合成後の回路が大幅に異なるため，設計者は適切な制約条件を論理合成ツールに与える必要がある．

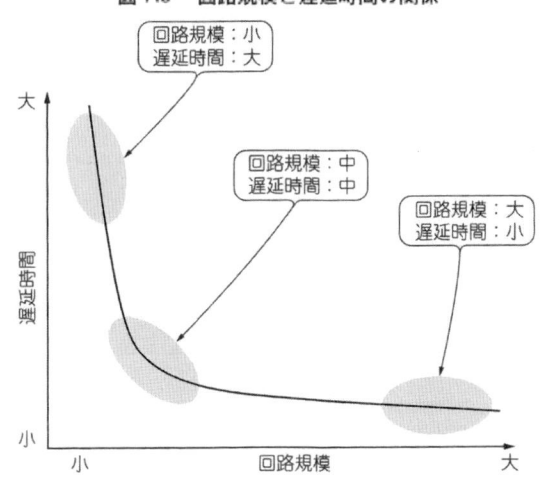

図 7.9 回路規模と遅延時間の関係

7.3.2 論理変換

論理合成の最初の段階は，HDL 記述を論理回路 (論理式) に変換する段階であり，これを**論理変換** (logic translation) という．論理変換の際には，与えられた制約条件に基づいて，論理回路の変形や簡単化なども行われる．

論路変換では，リソースの割り当てと共有化，順序回路合成，組み合わせ回路合成の各処理が行われる．以下で，これらの各処理について説明する．

◆ リソースの割り当てと共有化

加算や乗算などのある特定の機能を実現している回路を**機能ブロック** (functional block) といい，VHDL などで設計済みの機能ブロックを**リソース** (resource：資源) という．リソースの割り当て (resource allocation) とは，図 7.10 に示すように，**機能ブロックライブラリ** (functional block library) に登録されているリソースを，HDL 記述中の '+' や '*' などの演算子に対応付けることである．

また，リソースの共有化 (resource sharing) とは，VHDL 記述中に同時に実行されない同一の演算子があ

図 7.10　リソースの割り当て

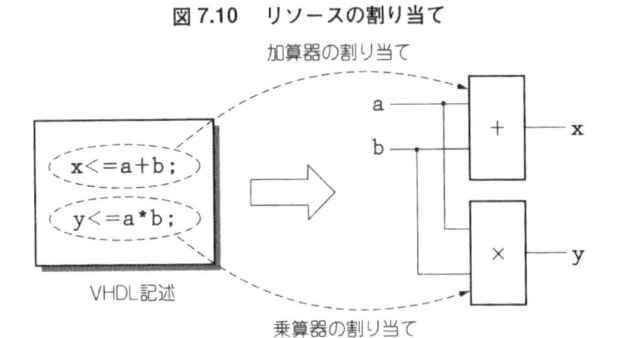

る場合，それらの複数の演算子に対して一つのリソースを割り当てることである．たとえば，図 7.11 に示すような，同時に実行されない二つの加算がある場合を考える．この場合，リソースの共有化を行わなければ，図 7.11 の VHDL 記述に対して二つの加算器と一つのマルチプレクサが割り当てられる．一方リソースの共有化を行った場合，一つの加算器と一つのマルチプレクサが割り当てられる．

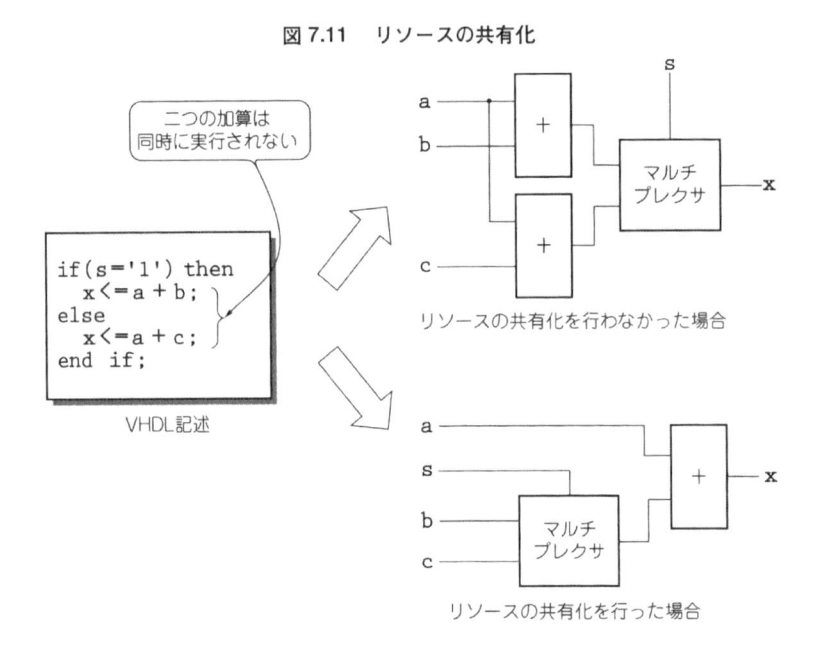

図 7.11　リソースの共有化

◆ 順序回路合成

　順序回路合成 (sequential logic synthesis) とは，HDL 記述から順序回路を合成する処理のことである．順序回路合成では，

- レジスタ推定 (register inference)

- 状態数最小化 (state minimization)
- 状態割り当て

などの処理が行われる．

レジスタ推定では，エッジ検出の記述 (コラム 8 参照) や信号値を保持するような記述 (コラム 9 参照) がある場合に，フリップフロップ (**FF**) やラッチなどの記憶素子を推定する．FF やラッチ，**レジスタ**などの記述方法についてはすでに説明しているので，ここではレジスタ推定の例として，FF の推定 (図 7.12)，メモリレジスタの推定 (図 7.13，次項)，シフトレジスタの推定 (図 7.14, p.171) を示しておく．

図 7.12　レジスタ推定の例 (FF の推定)

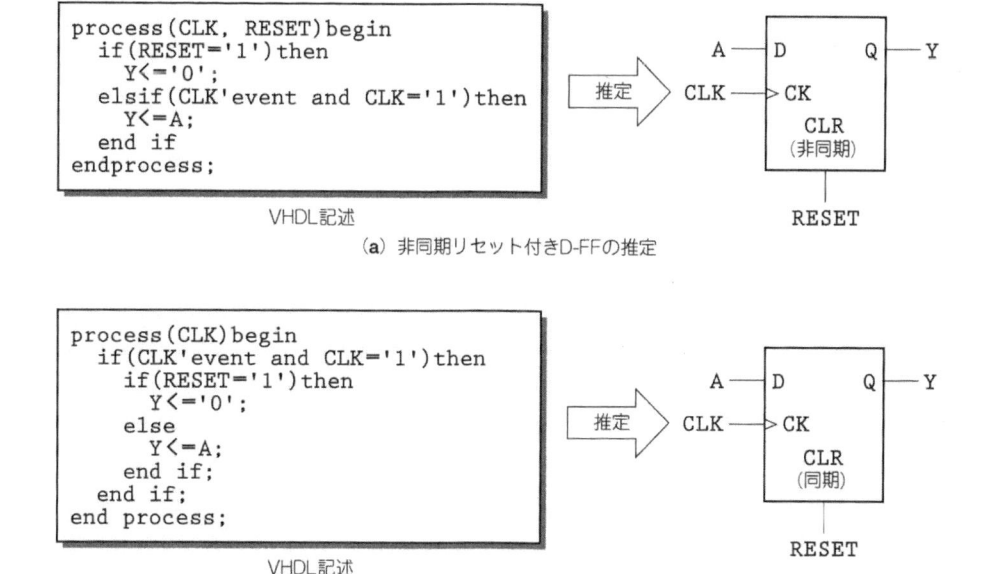

```
process(CLK, RESET)begin
  if(RESET='1')then
    Y<='0';
  elsif(CLK'event and CLK='1')then
    Y<=A;
  end if
endprocess;
```
VHDL記述

（a）非同期リセット付きD-FFの推定

```
process(CLK)begin
  if(CLK'event and CLK='1')then
    if(RESET='1')then
      Y<='0';
    else
      Y<=A;
    end if;
  end if;
end process;
```
VHDL記述

（b）同期リセット付きD-FFの推定

　状態数最小化とは，等価な**状態**をまとめることによって，**ステートマシン**全体の状態数を削減することである．等価な状態の例を図 7.15 (p.172) に示す．図 7.15 の左側の状態遷移図では，状態 q_0 と状態 q_1 が等価な状態になっており，同図の右側の状態遷移図のように一つの状態にまとめることができる．

　状態割り当てとは，すでに説明したように，ステートマシン (順序回路) の各状態に対して具体的な 2 進数を割り当てることであった．論理合成ツールでは，リスト 6.1 やリスト 6.3 のような，状態割り当ての済んでいないステートマシンの記述を論理合成する際に，自動的に状態割り当てを行う．代表的な状態割り当ての方法には，バイナリ，ワンホット，ジョンソン，グレイコードなどがある．

- バイナリ割り当て

　各状態に対して，バイナリカウンタの出力，すなわち 2 進数を順番に割り当てていく方法．状態数が N 個の場合，割り当てる符号の長さは，$\lceil \log_2 N \rceil$ ビットとなる．ここで，$\lceil x \rceil$ は，x 以上の最小の整数を表すものとする．

図7.13　レジスタ推定の例（メモリレジスタの推定）

```vhdl
library IEEE;
use IEEE.std_logic_1164.all;

entity MEMORY_REG4 is
  port( CLK, RESET : in  std_logic;
        A : in  std_logic_vector(3 downto 0);
        Y : out std_logic_vector(3 downto 0));
end MEMORY_REG4;

architecture BEHAVIOR of MEMORY_REG4 is

begin
  process (CLK, RESET) begin
    if (RESET = '1') then
      Y <= (others => '0');
    elsif (CLK'event and CLK = '1') then
      Y <= A;
    end if;
  end process;
end BEHAVIOR;
```

VHDL記述

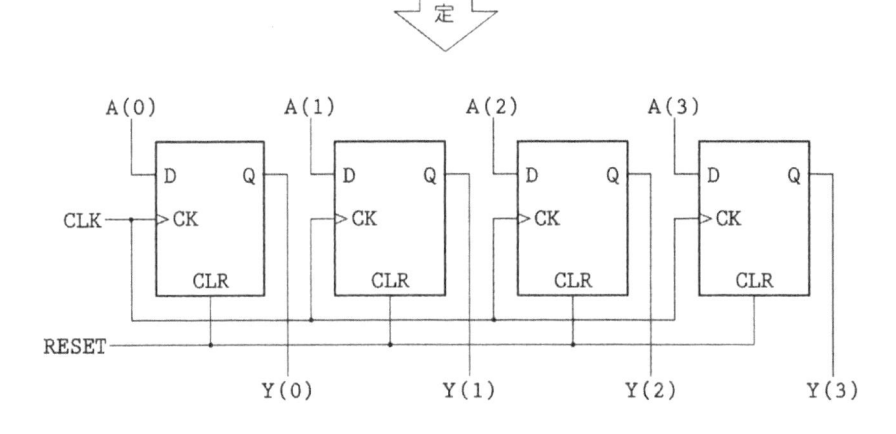

↓ 推定

- **ワンホット割り当て**
  各状態に対して，**リングカウンタ**の出力を順番に割り当てていく方法．状態数が N 個の場合，割り当てる符号の長さは，N ビットとなる．なお，ただ一つのビットのみが '1' で残りのビットが '0' の符号を割り当てているので，**ワンホット (one hot)** と呼ばれる．

- **ジョンソン割り当て**
  各状態に対して，ジョンソンカウンタの出力を順番に割り当てていく方法．状態数が N 個の場合，割り当てる符号の長さは，$\lceil N/2 \rceil$ ビットとなる．

- **グレイコード割り当て**

図 7.14　レジスタ推定の例（シフトレジスタの推定）

```vhdl
library IEEE;
use IEEE.std_logic_1164.all;

entity SHIFT_REG4 is
  port( CLK, RESET, A : in  std_logic;
        Y : out std_logic);
end SHIFT_REG4;

architecture BEHAVIOR of SHIFT_REG4 is

signal TMP : std_logic_vector(3 downto 0);

begin
  process (CLK, RESET) begin
    if (RESET = '1') then
      TMP <= (others => '0');
    elsif (CLK'event and CLK = '1') then
      TMP <= TMP(2 downto 0) & A;
    end if;
  end process;
  Y <= TMP(3);
eno BEHAVIOR;
```

VHDL記述

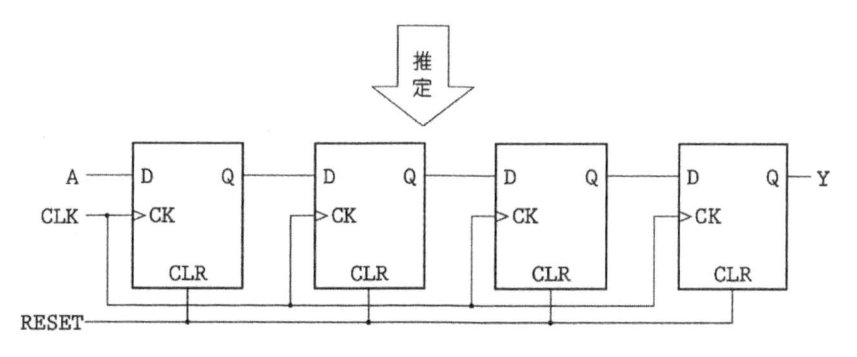

↓推定

各状態に対して，**グレイコードカウンタ**の出力，すなわち**グレイコード**を順番に割り当てていく方法．状態数が N 個の場合，割り当てる符号の長さは，$\lceil \log_2 N \rceil$ ビットとなる．

8個の状態 $q_0 \sim q_7$ をもつステートマシンに対して，各方法を用いて状態割り当てを行った例を**表 7.4**（次頁）に示す．

◆ 組み合わせ回路合成

組み合わせ回路合成 (combinational logic synthesis) とは，HDL記述から組み合わせ回路を合成する処理のことである．組み合わせ回路合成では，

(1) HDL記述の論理式への変換

(2) 論理式の**二段論理回路** (two-level logic circuit) への変換

図 7.15　等価な状態の例

(a) 等価な状態の遷移先が同じ場合

(b) 等価な状態の遷移先が異なる場合

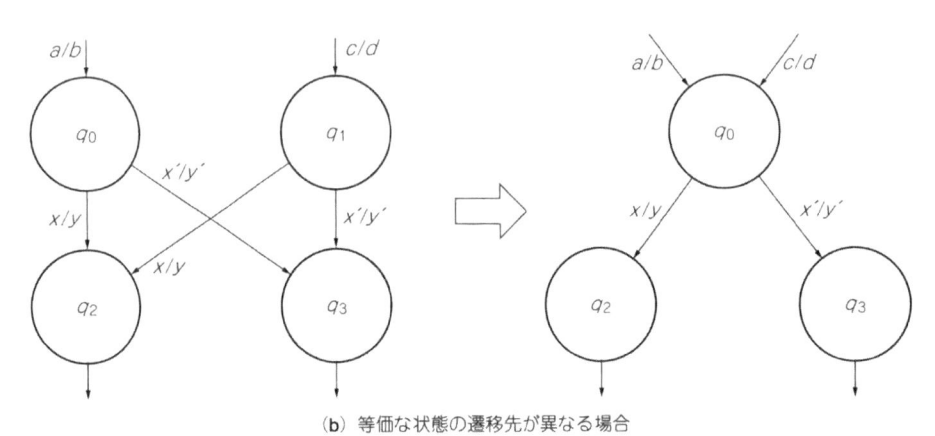

表 7.4　状態割り当ての例

状態	状態割り当ての方法			
	バイナリ	ワンホット	ジョンソン	グレイコード
q_0	000	00000001	0000	000
q_1	001	00000010	0001	001
q_2	010	00000100	0011	011
q_3	011	00001000	0111	010
q_4	100	00010000	1111	110
q_5	101	00100000	1110	111
q_6	110	01000000	1100	101
q_7	111	10000000	1000	100

(3) **二段論理簡単化** (two-level logic simplification)

(4) 二段論理回路の**多段論理回路** (multi-level logic circuit) への変換

(5) **多段論理簡単化** (multi-level logic simplification)

の順に各処理が行われる．

AND-OR 二段回路のように，NOT ゲート段の次に，二段分のゲートが接続されている回路を**二段論理回路**[注3]という．また，三段以上のゲートが接続されている回路を多段論理回路という．

組み合わせ回路合成では，まず，HDL 記述中の `if` 文，`case` 文，`for-loop` 文などの合成可能な構文を論理式に変換し，得られた論理式から二段論理回路を構成する．合成可能な VHDL 構文と論理式との対応の例を図 7.16（次項）に示す．図 7.16 の右側に示した論理式から，二段論理回路を得ることができる．

また，二段論理簡単化では，第 3 章で検討した**カルノー図法**や**クワイン・マクラスキー法**に基づいたアルゴリズムを用いて，二段論理回路の**論理圧縮**が行われる．

論理圧縮された二段論理回路は，多段論理回路に変換される．これは，図 7.17 に示すように，二段論理回路が実現している**加法標準形**の論理式の共通項を，**分配則**を用いてまとめることによって行われる．

多段論理簡単化では，得られた多段論理回路に対して，さらに論理圧縮を施す．以上のような各処理を行うことによって，HDL 記述から組み合わせ回路が合成される．

7.3.3 テクノロジマッピング

論理合成の次の段階は，**論理変換**で得られた論理回路を，特定の半導体ベンダが提供するゲート回路や FF のみを用いて実際に構成する段階であり，これを**テクノロジマッピング (technology mapping)** という．

半導体ベンダが提供しているゲート回路や FF などのディジタル回路の基本的な部品を**セル (cell)** という．HDL で記述されたディジタル回路は，最終的には，実際の IC や回路として実現，製造される．この際，半導体ベンダが提供するセルを用いて，実際の回路を構成する必要がある．提供されるセルや，各セルの回路面積，遅延時間，消費電力などの特性は，半導体ベンダごとに異なっている．また，同じ論理動作を実現し，特性の異なる複数のセルが，同一の半導体ベンダから提供されていたりする．これらの情報は，各半導体ベンダから提供される**テクノロジライブラリ (technology library)** と呼ばれるファイルに定義されている．テクノロジマッピングでは，このテクノロジライブラリ中に定義されているセルのみを用いて，HDL で記述されたディジタル回路を構成する．

7.3.4 論理最適化

論理合成の最後の段階は，テクノロジマッピングの済んだ回路に対して，設計者が与えた**制約条件**に基づいた改善を行う段階であり，これを**論理最適化 (logic optimization)** という．

テクノロジライブラリ中には，各セルの論理機能だけでなく，回路面積，遅延時間，消費電力などの電気的特性も定義されており，テクノロジマッピングの済んだ回路の回路面積，遅延時間，消費電力などを正確に解析することが可能となる．論理最適化では，これらの値と制約条件に基づいて，回路構造の変形やセルの変更などを行い，ディジタル回路の特性の改善を行う．

なお，論理合成によって得られる HDL 記述は，回路図と一対一に対応したセルと各セル間の接続関係によって表現されている．このような HDL 記述を**ネットリスト (netlist)** と呼ぶ．論理合成によって得られるネットリストは，ディジタル回路の回路図と等価であり，**論理設計**段階の HDL 記述となっている．

7.4 設計事例の紹介

宣伝になるが，琉球大学情報工学科では，2 年次の学生を対象に CAD の講義を設けている．この講義では，1996 年度から HDL によるデザインコンテストを開催し，1998 年度のコンテストから VHDL を使用してい

注 3：二段論理回路には，AND-OR 二段回路以外にも，OR-AND 二段回路 (OR-AND circuit)，NAND 二段回路 (NAND-NAND circuit)，NOR 二段回路 (NOR-NOR circuit)，AND-XOR 二段回路 (AND-XOR circuit) などがある．

図 7.16　VHDL 構文の論理式への変換

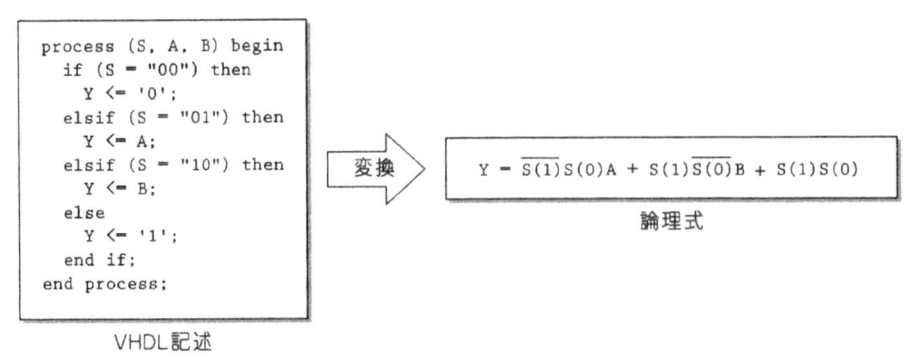

```
process (S, A, B) begin
  if (S = "00") then
    Y <= '0';
  elsif (S = "01") then
    Y <= A;
  elsif (S = "10") then
    Y <= B;
  else
    Y <= '1';
  end if;
end process;
```
VHDL記述

変換

$$Y = \overline{S(1)}S(0)A + S(1)\overline{S(0)}B + S(1)S(0)$$
論理式

(a) if 文の論理式への変換

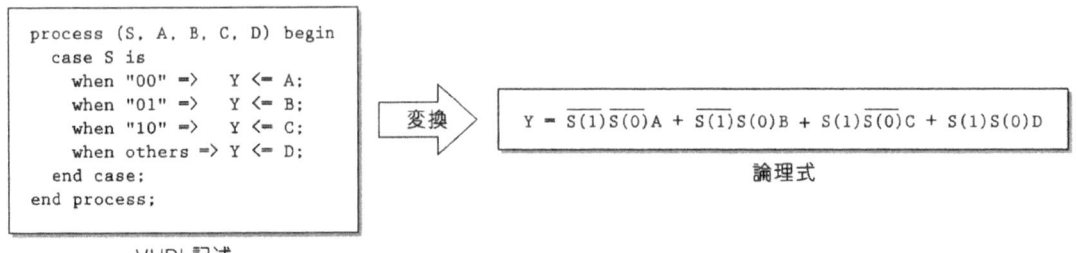

```
process (S, A, B, C, D) begin
  case S is
    when "00" =>   Y <= A;
    when "01" =>   Y <= B;
    when "10" =>   Y <= C;
    when others => Y <= D;
  end case;
end process;
```
VHDL記述

変換

$$Y = \overline{S(1)}\,\overline{S(0)}A + \overline{S(1)}S(0)B + S(1)\overline{S(0)}C + S(1)S(0)D$$
論理式

(b) case 文の論理式への変換

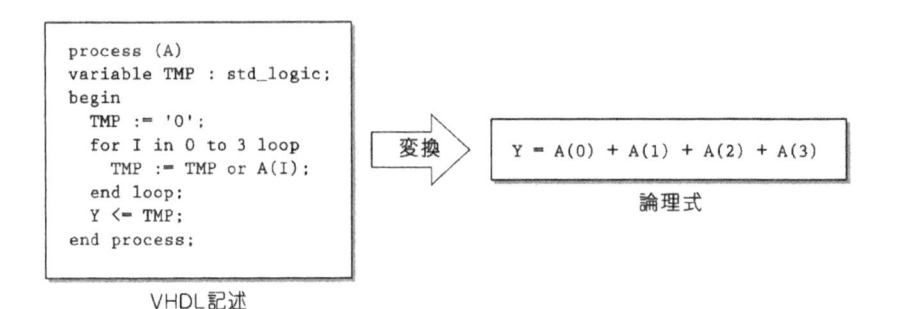

```
process (A)
variable TMP : std_logic;
begin
  TMP := '0';
  for I in 0 to 3 loop
    TMP := TMP or A(I);
  end loop;
  Y <= TMP;
end process;
```
VHDL記述

変換

$$Y = A(0) + A(1) + A(2) + A(3)$$
論理式

(c) for 文の論理式への変換

る．本節では，1998 年度のコンテスト課題として，琉球大学情報工学科の学生が設計した VHDL 記述の一部を紹介するので，参考にしていただきたい．なお学生は，CAD の講義で初めて VHDL を学ぶので，以下で紹介する記述例は VHDL を使い始めて半年足らずの学生による VHDL 記述である．

図 7.17　二段論理回路の多段論理回路への変換

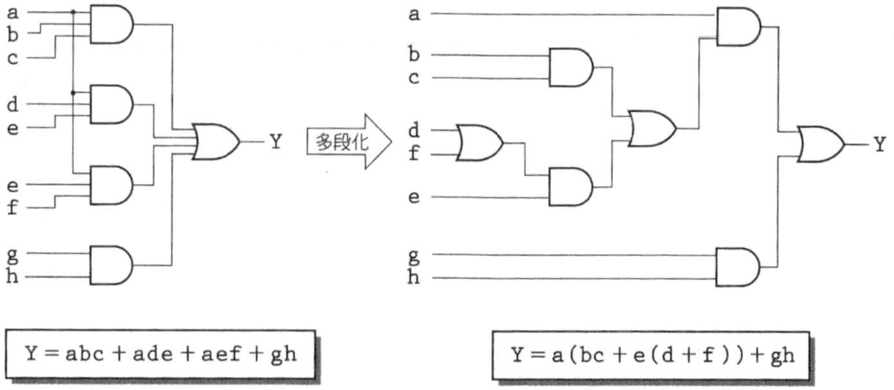

$Y = abc + ade + aef + gh$　　　多段化　　　$Y = a(bc + e(d + f)) + gh$

7.4.1　回路仕様

1998 年度のコンテスト課題は，RSA 暗号の暗号器であった．RSA 暗号器は，mod 演算と指数演算を行う回路によって実現できる．RSA 暗号器，mod 演算および指数演算などの詳細は次章で説明するが，ここでは，mod 演算を行う回路に焦点をあて，学生がどのような回路を設計したか見ていくことにする．

◆ 外部入出力線

整数 x を整数 $y \neq 0$ で割った余り (剰余) を $x \bmod y$ と表す．mod 演算とはこの剰余を求める演算である．設計する回路は，4 ビットの入力線 $X = (x_3, x_2, x_1, x_0)$，$Y = (y_3, y_2, y_1, y_0)$ と，4 ビットの出力線 $Z = (z_3, z_2, z_1, z_0)$ をもち，$Z = X \bmod Y$ を計算する mod 演算器とする．

◆ アルゴリズム

次章で述べるように，VHDL の算術演算子 `/`，`mod`，`rem` や `while-loop` 文は，論理合成できない．そのため，論理合成可能な演算子 (`not`，`and`，`or`，`+`，`-`，`*` など) と構文 (`if`，`case`，`for-loop` 文など) を用いて，mod を計算する必要がある．

先に示した乗算器では，被乗数をシフトしながら加算を行っていた．これと同様に，被除数または除数をシフトしながら減算を行うことにより，mod 演算 (除算) を実現できる．すなわち筆算による除算の要領で mod 演算器を実現できる．設計課題ではアルゴリズムを指定しなかったが，ほとんどの学生が，このような考え方で mod 演算器を設計していた．

アルゴリズムに関してはほとんどの学生が同じ考えに基づいていたにも関わらず，VHDL 記述はバラエティに富んでいた．以下では，それらのいくつかを紹介しておく．なお，以下で示す各記述は，それらを比較しやすいように，筆者らが若干の修正を加えたことを断っておく．

7.4.2　mod 演算器の設計事例

◆ if 文による mod 演算器の設計事例

リスト 7.2 (次頁) は，mod 演算器を if 文で記述したものである．

入力線のビット幅が 4 ビットであるので，mod を計算するためには，最大 4 回の減算を行う必要がある．リスト 7.2 では，4 回分の減算をビットごとにすべて記述し，if 文を用いて，減算を行うかどうかを判断し

リスト 7.2 if 文による mod 演算器の VHDL 記述

```
library IEEE;
use IEEE.std_logic_1164.all;
use IEEE.std_logic_unsigned.all;

entity MODULO is
    port ( X, Y : in  std_logic_vector(3 downto 0);
           Z    : out std_logic_vector(3 downto 0));
end MODULO;

architecture STUDENT_1 of MODULO is
begin
    process ( X, Y )

    variable TMP : std_logic_vector(3 downto 0);

    begin
        TMP := "000" & X(3);
        if ( TMP >= Y ) then
            TMP := TMP - Y;
        end if;

        TMP := TMP(2 downto 0) & X(2);
        if ( TMP >= Y ) then
            TMP := TMP - Y;
        end if;

        TMP := TMP(2 downto 0) & X(1);
        if ( TMP >= Y ) then
            TMP := TMP - Y;
        end if;

        TMP := TMP(2 downto 0) & X(0);
        if ( TMP >= Y ) then
            TMP := TMP - Y;
        end if;

        Z <= TMP;
    end process;
end STUDENT_1;
```

ている．

◆ for-loop 文による mod 演算器の設計事例

一方リスト 7.3 は，mod 演算器を for-loop 文で記述したものである．

リスト 7.3 は，リスト 7.2 を for-loop 文に書き直すことによって得られる．すなわち，両者は等価な記述である．

◆ ビット幅をパラメータ化した mod 演算器の設計事例

リスト 7.4 (p.178) は，入出力線のビット幅をパラメータ化した mod 演算器の VHDL 記述である．

リスト7.3　for-loop文によるmod演算器のVHDL記述

```vhdl
library IEEE;
use IEEE.std_logic_1164.all;
use IEEE.std_logic_unsigned.all;

entity MODULO is
    port ( X, Y : in  std_logic_vector(3 downto 0);
           Z    : out std_logic_vector(3 downto 0));
end MODULO;

architecture STUDENT_2 of MODULO is
begin
    process ( X, Y )

    variable TMP : std_logic_vector(3 downto 0);

    begin
        TMP := "0000";
        for I in 3 downto 0 loop
            TMP := TMP(2 downto 0) & X(I);
            if ( TMP >= Y ) then
                TMP := TMP - Y;
            end if;
        end loop;
        Z <= TMP;
    end process;
end STUDENT_2;
```

7.4.3　各VHDL記述の比較

各記述を簡単に比較をしよう．

リスト7.2は，素直な記述であるが，入力線のビット幅が大きくなった場合は，記述量が増えてしまい，わかりにくくなってしまう．

一方，**リスト7.3**は，**リスト7.2**をfor-loop文を用いて簡略化した記述である．for-loop文を用いることによって，記述量を減らせることがわかるであろう．また，**リスト7.3**のような記述をすることにより，入力線のビット幅が大きくなっても簡単に修正を行える．この意味で，**リスト7.3**はお奨めできる記述である．

リスト7.4は，**リスト7.3**とあまり差がないが，入出力線のビット幅をパラメータ化しているため，入出力線のビット幅が変化してもWの値を修正するだけでよい．**リスト7.4**を論理合成して得られる回路は，**リスト7.2**，**リスト7.3**を論理合成して得られる回路と同じになる．しかし，**リスト7.4**は汎用性があり，再利用しやすい記述になっている．この意味で非常によい記述であると言える．

以上では，4ビットmod演算器のVHDL記述を3種類示した．これらすべてmod演算器を組み合わせ回路として実現する記述である．この他，mod演算器を順序回路して設計した学生もいた[注4]．また，別のアルゴリズムを考えれば，さらに多くのVHDL記述を示すことができる．このように使用するアルゴリズムや構文などによって，さまざまなVHDL記述を書けることがわかる．これらの記述は省略するので，たとえば**リスト7.1**の乗算器の記述や**リスト7.2**～**リスト7.4**を参考にして，ぜひ読者自身で設計して欲しい．

注4：乗算+mod演算器の順序回路としてのVHDL記述を**リスト8.3**に示すので参考にして頂きたい．

リスト 7.4　ビット幅をパラメータ化した mod 演算器の VHDL 記述

```
library IEEE;
use IEEE.std_logic_1164.all;
use IEEE.std_logic_unsigned.all;

entity MODULO is
    generic( W : integer := 4 );
    port ( X, Y : in  std_logic_vector(W-1 downto 0);
           Z    : out std_logic_vector(W-1 downto 0));
end MODULO;

architecture STUDENT_3 of MODULO is

constant ZV : std_logic_vector(Y'high-1 downto 0) := (others => '0');

begin
    process ( X, Y )

    variable TMP : std_logic_vector(X'length+Y'length-2 downto 0);

    begin
        TMP := ZV & X;
        for I in X'range loop
            if ( TMP(Y'high+I downto I) >= Y ) then
                TMP(Y'high+I downto I) := TMP(Y'high+I downto I) - Y;
            end if;
        end loop;
        Z <= TMP(Y'range);
    end process;
end STUDENT_3;
```

第8章

VHDLによるRSA暗号器の設計

本章では，今までより規模の大きい回路を VHDL を用いて設計してみよう．設計する回路は，近年，情報セキュリティの分野で注目を集めている公開鍵暗号の一つである RSA 暗号の暗号器である．本章における設計を通して，VHDL によるディジタル回路の設計の流れを見ていこう．

8.1 暗号に関する基礎知識

まず RSA 暗号について説明する．RSA 暗号を知っている読者は，次節に進んでもよい．

8.1.1 暗号とは？

◆ **暗号理論における基本的な用語**

暗号 (cryptography) とは，特定の相手以外には知られたくない情報やデータを秘匿する手法である．例えば，二人の間での会話，手紙，電子メールなどのやり取りは，電話回線，郵便，コンピュータネットワークなどの，第三者に盗聴される危険性のある**通信路 (communication channel)** を介して行われる．暗号は，このような情報のやり取りにおいて，不特定の第三者にそのやり取りの内容がわからないようにするために用いられる．

ここでは，暗号の分野で用いられる基本的な用語について説明する．まず，暗号を用いた場合の通信システムを図 8.1 に示しておこう．

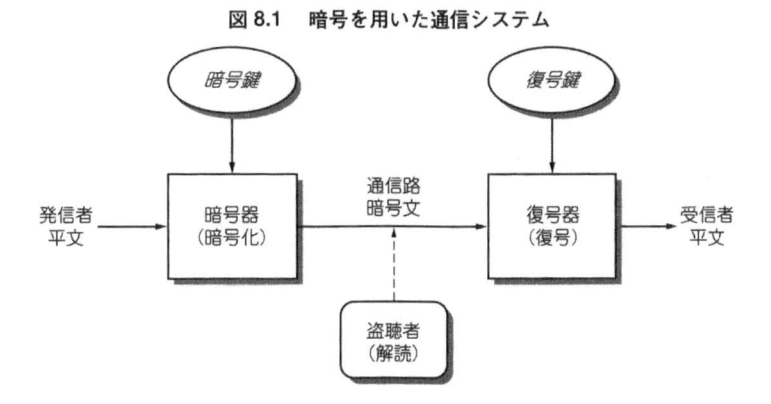

図 8.1 暗号を用いた通信システム

一般に通信システムには**発信者** (sender) と**受信者** (receiver) がおり，発信者は情報やデータを通信路を介して受信者に送る．このとき，情報を不正に入手しようとする第三者を**盗聴者** (wiretapper) という．

発信者が受信者に伝えたい情報を**平文** (plaintext) という．平文は，誰にでもその意味や内容を把握できる表現になっている．そのため発信者は，平文の意味や内容を把握できない (把握しにくい) ように，平文を変換してから受信者に送る．この変換後の情報を**暗号文** (ciphertext) という．

平文を暗号文に変換する操作を**暗号化** (encryption) と呼び，暗号文を平文に戻す操作を**復号** (decryption) と呼ぶ．これら暗号化，復号を行う装置を，それぞれ**暗号器**および**復号器**という．なお，盗聴者が不正に入手した暗号文を元の平文に直すことを**解読** (cryptanalysis) という．

発信者は，ある知識を持った者だけが (効率的に) 復号を行えるように暗号文を作る．この知識のことを**鍵** (key) という．特に，暗号化に用いる鍵を**暗号鍵**，復号に用いる鍵を**復号鍵**と呼ぶ．

◆ 暗号の種類

暗号にはさまざまな種類のものが存在するが，それらは**秘密鍵暗号** (private-key cipher) と**公開鍵暗号** (public-key cipher) とに大別できる．秘密鍵暗号は，暗号鍵と復号鍵が同じであるような暗号であり，この意味で**対称鍵暗号**とも呼ばれる．また，従来よく用いられてきた暗号なので，**慣用暗号**とも呼ばれる．一方，公開鍵暗号は，暗号鍵と復号鍵が異なるような暗号であり，この意味で**非対称鍵暗号**とも呼ばれる．

8.1.2 秘密鍵暗号と公開鍵暗号

◆ 秘密鍵暗号と公開鍵暗号の概要

秘密鍵暗号においては，鍵の情報さえ第三者に漏らさなければ，安全な暗号通信を行える．言い換えると，秘密鍵暗号の安全性は，鍵をどのように秘匿するかにかかっている．このため，暗号通信を行う二者間でどのように鍵の情報をやり取りするのか，すなわち**鍵配送**が問題となる．

秘密鍵暗号における鍵配送の問題を解決した画期的な暗号が公開鍵暗号である．公開鍵暗号においては，受信者ごとに，一対の暗号鍵と復号鍵を用意する．受信者は，暗号鍵を世間に公開し，復号鍵は秘密に保持しておく．この意味で，それぞれの鍵を**公開鍵**，**秘密鍵**とも呼ぶ．

暗号鍵は公開されているので，誰でもその鍵を使用して暗号文を作ることができる．暗号鍵 (公開鍵) から復号鍵 (秘密鍵) を推定できない (推定しにくい) ようにしておけば，復号鍵を持つ者だけが復号できるようになる．このような仕組みを持った暗号が公開鍵暗号である．

◆ 秘密鍵暗号と公開鍵暗号の役割

上の説明では，秘密鍵暗号の存在価値が無いように思われるかもしれないが，実際には両方の暗号を併用するのが一般的である．実は公開鍵暗号には，秘密鍵暗号と比べた場合，暗号化や鍵生成に非常に時間がかかってしまうという問題点があるためである (**表 8.1**)．

表 8.1 秘密鍵暗号と公開鍵暗号の特徴

暗号の種類	鍵配送の必要性	暗号化に要する時間
秘密鍵暗号	有り	短い
公開鍵暗号	無し	長い

そこで通常，暗号通信には秘密鍵暗号を用い，その秘密鍵暗号で用いる鍵を公開鍵暗号を用いて配送する

という手段が用いられる．

8.1.3 RSA 暗号とは？

RSA 暗号 (Rivest-Shamir-Adelman scheme cipher) は，公開鍵暗号の一つであり，その開発者である 3 人の名前の頭文字から命名されている．ここでは，RSA 暗号の原理を説明しよう．

◆ 数学的準備

RSA 暗号について説明する前に，簡単な準備をしておこう．

二つの整数 x, y が与えられたとき，x と y の**最大公約数** (greatest common divisor : GCD) を，

$$\text{GCD}(x, y) \tag{8.1}$$

と表す．また同様に，x と y の**最小公倍数** (least common multiplier : LCM) を，

$$\text{LCM}(x, y) \tag{8.2}$$

と表す．

定義 8.1 (互いに素)

二数 x, y の間に $\text{GCD}(x, y) = 1$ なる関係が成り立つとき，二数 x と y は**互いに素** (relative primes) であるという． □

定義 8.2 (合同)

二つの整数 x, y の差 $x - y$ がある正整数 m で割りきれるとき，x と y は m を**法**として**合同** (congruent) といい，

$$x \equiv y \pmod{m} \tag{8.3}$$

と表す[注1]．また，この記法を用いて，x を m で割った余り (剰余) を，

$$x \bmod m \tag{8.4}$$

と表す． □

mod の演算では，

$$(x \times y) \bmod p = ((x \bmod p) \times (y \bmod p)) \bmod p \tag{8.5}$$

が成り立つ．

定理 8.1 (フェルマーの小定理)

任意の素数 p および p と互いに素な整数 m に対して，

$$m^{p-1} \equiv 1 \pmod{p} \tag{8.6}$$

注1：すなわち，x を m で割った余りと y を m で割った余りが等しいとき，x と y は m を法として合同という．

が成り立つ．これをフェルマーの小定理 (Fermat's little theorem) という．　　□

◆ **RSA暗号の全容**

まず，RSA暗号の全体像を示しておこう．以下では，次に示す記号を用いて説明を行う．なお以下の記号は，それぞれ整数を表しているものとする．

```
平文            : P
暗号文          : C
暗号鍵 (公開鍵) : e
復号鍵 (秘密鍵) : d
法              : m
```

RSA暗号では，以下の式 (8.7) に基づいて**暗号化**を行っている．

$$C = P^e \bmod m \tag{8.7}$$

上式において，暗号鍵 e と法 m が公開されている[注2]．また，**復号**は下式に基づいて行われる．

$$P = C^d \bmod m \tag{8.8}$$

ここで，復号鍵 d は秘密に保持しておく．なお式 (8.7), (8.8) より，$P < m$ かつ $C < m$ となることがわかる．このような RSA 暗号の暗号器と復号器は，図 8.2 に示すような入力線と出力線をもつ．

図 8.2　RSA 暗号の暗号器と復号器

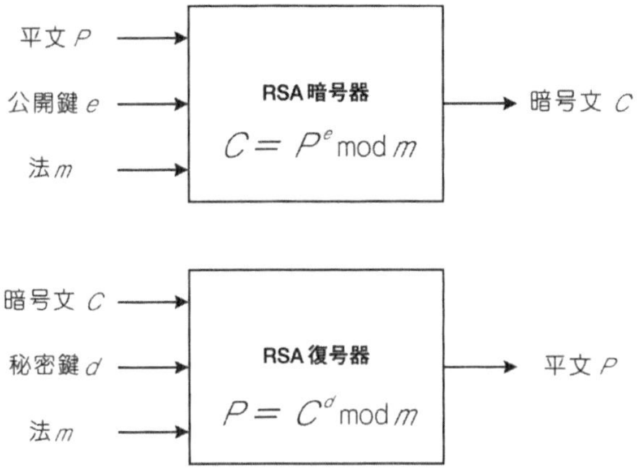

なお，式 (8.7) と式 (8.8) において，法 m はランダムに選んだ二つの素数 $p, q\,(p \neq q)$ の積とする．すなわち，

$$m = p \times q \tag{8.9}$$

である．また，

注2：暗号鍵 e と法 m のペア (e, m) を公開鍵と呼んでいる文献もある．

$$L = \mathrm{LCM}(p-1, q-1) \tag{8.10}$$

としたとき，暗号鍵 e は，L と互いに素な数とする．さらに，復号鍵 d は下式を満たすものとする．

$$e \cdot d \equiv 1 \pmod{L} \tag{8.11}$$

ここで式 (8.11) は，ある正整数 k に対して，

$$e \cdot d = k \cdot L + 1 \tag{8.12}$$

が成り立つことを意味する．以上が RSA 暗号の全体像である．

8.1.4 RSA 暗号の諸性質

以上の準備のもとで，RSA 暗号の暗号器と復号器を設計することは可能であるが，RSA 暗号の以下の点について述べておこう．

(1) 本当に式 (8.8) で復号が可能なのか？

(2) 式 (8.7) で得られる暗号文の安全性は？

◆ 暗号化と復号の原理

まず，(1) について述べる．式 (8.7) と式 (8.8) から，

$$P = C^d \bmod m = \{P^e \bmod m\}^d \bmod m = P^{e \cdot d} \bmod m \tag{8.13}$$

$$C = P^e \bmod m = \{C^d \bmod m\}^e \bmod m = C^{d \cdot e} \bmod m \tag{8.14}$$

なる関係が導かれるはずである．これらの式が成り立つことを確認すれば，式 (8.8) により復号できることがわかる．

式 (8.10) より，L は $p-1$ の倍数であるので，$L = (p-1)c$ (c：定数) と表せる．このとき，

$$P^L \bmod p = (P^{p-1})^c \bmod p = (P^{p-1} \bmod p)^c \bmod p \tag{8.15}$$

であるが，P と p が互いに素であれば，この式はフェルマーの小定理より，

$$P^L \bmod p = 1^c \bmod p = 1 \tag{8.16}$$

となる．同様に素数 q に対しても，P と q が互いに素であれば，

$$P^L \bmod q = 1 \tag{8.17}$$

が成り立つ．ここで，$P < m (= p \times q)$ であり，かつ，p, q が素数であることから，P は，p, q の少なくともいずれか一方とは互いに素となる．すなわち，式 (8.16)，式 (8.17) の少なくともいずれか一方は成り立つ．このことから，

$$P^L \equiv 1 \pmod{m} \tag{8.18}$$

が導かれる．式 (8.12) と式 (8.18) より，

$$P^{e \cdot d} \equiv P^{k \cdot L + 1} \equiv (P^L)^k \cdot P \equiv P \pmod{m} \tag{8.19}$$

となり，式 (8.13) が示せる．同様にして，式 (8.14) も示せる．

◆ RSA 暗号の安全性

次に，(2) について述べよう．盗聴者が不正に入手した暗号文を解読する方法には，主として以下に述べる二通りの方法がある．

RSA 暗号では暗号鍵が公開されているので，すべての平文をその暗号鍵を使って暗号化し，入手した暗号文と一致するものを探すことによって解読することが原理的に可能である．もちろんこの方法では，人間の寿命よりもはるかに長い時間を必要とし，非現実的である．

RSA 暗号の暗号文を解読するもう一つの方法は，法 m を素因数分解し，復号鍵 d を求める方法である．しかし，法 m を素因数分解する問題は，m の桁数の指数関数的な計算時間を必要とする．

以上のことは，結局，いずれの方法を使用する場合でも現実的な時間で解読することは不可能であることを示している．ただし，現時点では上記の方法以外に，効率的な解読方法が知られていないだけで，将来，この状況が変わるかもしれないことに注意しておこう．

8.1.5 RSA 暗号の暗号化と復号の例

ここでは，RSA 暗号を用いた暗号化と復号の例を示そう．

◆ 平文に使用する文字について

暗号を用いた通信を行うためには，まず，**平文**にどのような文字を使用するのかを決めておく必要がある．すなわち，平仮名や片仮名だけを用いるのか，英字や漢字も用いるのかなどを決めておく必要がある．ここでは話を簡単にするために，平文の内容は英語で書かれており，大文字のアルファベット 26 文字と空白の計 27 文字だけが使用されるものとする．

また，暗号化や復号の処理には，コンピュータや専用ハードウェアなどのディジタル回路が用いられる．ディジタル回路の内部で処理する文字，数字，記号などのデータは，すべて 2 進数で表す必要がある．すなわち平文に用いる文字を，どのような 2 進数 (文字コード) で表すのかを決めておく必要がある．この文字コードとして，JIS コードや EUC コードなどの既存の文字コードを用いてもよいし，新たに文字コードを定めてもよい．ここでは，上で決めた文字に対して，**表 8.2** に示す文字コードを使用するものとしよう．

表 8.2 文字コード対応表

文字	A	B	C	D	E	F	G	H	I
10 進コード	01	02	03	04	05	06	07	08	09
2 進コード	00001	00010	00011	00100	00101	00110	00111	01000	01001

文字	J	K	L	M	N	O	P	Q	R
10 進コード	10	11	12	13	14	15	16	17	18
2 進コード	01010	01011	01100	01101	01110	01111	10000	10001	10010

文字	S	T	U	V	W	X	Y	Z	空白
10 進コード	19	20	21	22	23	24	25	26	27
2 進コード	10011	10100	10101	10110	10111	11000	11001	11010	11011

◆ 公開鍵とブロックサイズについて

　暗号を用いた通信を行うためには，もう二つ決めておかなければならないことがある．それは，公開鍵 e と法 m のサイズ (桁数，ビット数) および**ブロックサイズ**を決めることである．

　ブロックサイズとは，一度に暗号化を行う文字数のことである．一般に平文の文字数は膨大になるため，これをいくつかのブロックに分け，個々のブロックについて式 (8.7) を用いて暗号化を行う．このときの一つのブロックの文字数 (桁数，ビット数) がブロックサイズである．

　実際の RSA 暗号システムにおける公開鍵 e のサイズは，1980 年代には 512 ビット (10 進数で 155 桁[注3]) が，1990 年代後半には 1024 ビット (10 進数で 309 桁) がそれぞれ推奨されていた．この差は，計算機の能力が向上していることによる．今後も計算機の能力は向上していくため，2000 年代には 2048 ビット (10 進数で 617 桁) が推奨されるかもしれない．

　本書ではより簡単に，公開鍵および法のサイズを 10 進数で 2 桁とし，ブロックサイズを 1 文字としよう．すなわち，平文内の文字を一文字ずつ暗号化する方法を採用する[注4]．

◆ 暗号化の例

　以上で例を示すための準備が整った．早速，平文の例を示そう．なお平文には，表 8.2 に示した文字のみを使用する必要がある．

　平文の例： THIS␣IS␣AN␣EXAMPLE

上記の例文において，'␣' は空白を表している．この例文を表 8.2 の対応に基づいて文字コードに変換すると以下のようになる．なお紙面の都合により，ここでは 10 進数の文字コードを用いる．

　文字コードで表された平文： 20 08 09 19 27 09 19 27 01 14 27 05 24 01 13 16 12 05

　次に公開鍵および法の例を示そう．まず，二つの素数 p, q を選ぶ必要がある．法 m を 2 桁とするので，ここでは $p = 7$, $q = 11$ を選ぶことにする．式 (8.9) から，

$$m = 7 \times 11 = 77 \tag{8.20}$$

となる．また，式 (8.10) から，

$$L = \text{LCM}(7 - 1, 11 - 1) = \text{LCM}(6, 10) = 30 \tag{8.21}$$

である．

　公開鍵 e は，L と互いに素な 2 桁の数である．ここでは，$e = 17$ を選ぶことにしよう．また，秘密鍵 d は，式 (8.11) を満たす数，すなわち，

$$17 \cdot d = 30 \cdot k + 1 \tag{8.22}$$

を満たす数である．$k = 1, 2, \cdots$ について d の存在を確認していくと，$k = 13$ のとき $d = 23$ となる．以上で，公開鍵，秘密鍵および法が決定した．

　公開鍵 $e = 17$ および法 $m = 77$ を用いて，先の平文を式 (8.7) によって暗号化すると以下の暗号文が得られる．

[注3]：n ビットの 2 進数を 10 進数で表すには，$\lceil n \times \log_{10} 2 \rceil$ 桁必要である．
[注4]：本書で採用する公開鍵，法のサイズ，ブロックサイズおよび暗号化の方法では，暗号の安全性を考慮していない．実際，2 桁程度の素因数分解は暗算でも行える．安全性をもたせるためには，本文中に示したような大きな桁数の公開鍵や法を用いる必要がある．

暗号文：48 57 04 24 69 04 24 69 01 42 69 03 40 01 62 25 45 03

また，秘密鍵 $d = 23$ および法 $m = 77$ を用いて，この暗号文を式 (8.8) によって復号すると先に示した文字コードで表された平文が得られる．この確認は読者への宿題としよう．

8.2 RSA暗号器の方式設計

ここでは，RSA 暗号器の方式設計を行う．第 0 章で述べたように，**方式設計**とは，設計するディジタル回路の動作やその動作を実現するためのアルゴリズム，すなわち**仕様 (specification)** を決定する段階であった．そこでまず，仕様について説明しておく．

8.2.1 仕様とは？

仕様とは，設計するディジタル回路が満たすべき条件や性質のことである．先に述べたように，ディジタル回路は，それに入力された何らかの信号 (データ) に加工を施し，その加工結果を出力する電子回路である．このようなディジタル回路を設計するためには，

(1) どのような信号が入力されるのか？
　　入力されるデータの種類，意味，サイズなどのエンティティ情報

(2) その信号にどのような加工を施すのか？
　　その回路に行わせる動作やその回路に持たせる構造などのアーキテクチャ情報

(3) どのような信号を出力させるのか？
　　出力するデータの種類，意味，サイズなどのエンティティ情報

を明確にする必要がある．ディジタル回路を設計するのに必要となるこれらの情報が仕様である[注5]．以下では，RSA 暗号器の仕様について検討する．

8.2.2 RSA暗号器を設計するうえで決めておく必要のある情報

まず，リスト 8.1 の VHDL 記述を見てみよう．リスト 8.1 は，式 (8.7) をそのまま VHDL 記述に直したものである．読者の中には，真っ先にこのような記述を考える人もいるであろう．この記述は，文法的に正しい記述であり，シミュレーションを行うことも可能である[注6]．しかし，以下に述べる二つの理由により，残念ながらこの記述を論理合成することはできない．

(1) ポート文において範囲指定の無い `integer` 型を用いている[注7]．
　(理由) ソフトウェアでもハードウェアでも，それらが取り扱うデータの値には，上限と下限とが必ず存在する．すなわち，実際のハードウェアとして RSA 暗号器を実現する場合，それが取り扱うデータの値に，上限と下限を設定する必要がある．

(2) 算術演算子として，べき乗 (`**`) およびモジュロ (`mod`) を用いている．
　(理由) 現在市販されている論理合成ツールのほとんどは，べき乗 (`**`) もモジュロ (`mod`) もサポートしていない．この理由は，これらの演算子を含んだ VHDL 記述を論理合成すると，非常に大きな回路が

注5：この他，回路面積，処理速度，消費電力などの，設計する回路が満たすべき性質も仕様である．
注6：ただし，P `**` E すなわち P^E が大きくなると，オーバーフローを起こす．
注7：論理合成ツールによっては，適当な範囲を自動的に定めてから合成を行うものもある．

リスト 8.1　論理合成できない RSA 暗号器の VHDL 記述

```
library IEEE;
use IEEE.std_logic_1164.all;
use IEEE.std_logic_unsigned.all;

entity RSA is
    port ( P, E, M : in  integer;
           C       : out integer );
end RSA;

architecture EQUATION of RSA is
begin
    C <= ( P ** E ) mod M;
end EQUATION;
```

生成されるためである．

　上記 (1) の理由はエンティティ情報の欠落を，また上記 (2) の理由はアーキテクチャ情報の欠落を，それぞれ意味している．論理合成可能な VHDL 記述を書くためには，これらの欠落している情報を決定する必要がある．
　以上のことから，RSA 暗号器を設計する場合，以下の各項目を決めておく必要があることがわかる．

(1) エンティティに関する情報
- 平文に用いる文字コードおよびそのサイズ (ビット数)
- ブロックサイズ (ビット数)
- 鍵および法のサイズ (ビット数)

(2) アーキテクチャに関する情報
- (P ** E) mod M を計算するアルゴリズム (論理合成可能な演算子および構文のみを使用する)

8.2.3　RSA 暗号器のエンティティ仕様

　ここでは，RSA 暗号器のエンティティに関する仕様を決める．

◆ 各パラメータの表記

　以下では，平文文字コードのビット長を CL (ビット)，公開鍵 e のビット長を KL (ビット)，法 m のビット長を ML (ビット) と表すことにする．また，ブロックサイズを BS (文字)，1 ブロック当たりのビット長を $BL (= CL \times BS)$ と表す．
　これら CL, BS, KL, ML の各値は，読者自身で決定して，以降の設計を進めてほしい．なお，本書では，これらの値を次のように定めることにする．

◆ **本書でのエンティティ仕様**

先に示した暗号化および復号の例を確認できるように，平文に用いる文字およびそのコードは，先に示した**表 8.2** の通りとする．ただし後述の理由により，文字コードは，**表 8.2** の 5 ビットの文字コードの先頭に"00" を付け加えた 7 ビットの文字コードとする．また 1 ブロック当たりのビット長は平文 1 文字分の 7 ビット，公開鍵 e および法 m は，2 桁の 10 進数であるので，それぞれ 7 ビットとする．

以上の RSA 暗号器の仕様を**表 8.3** にまとめる．

表 8.3　RSA 暗号器のエンティティ仕様

平文文字コードのビット長	$CL = 7$ ビット
ブロックサイズ	$BS = 1$ 文字
1 ブロック当たりのビット長	$BL = 7$ ビット
公開鍵 e のビット長	$KL = 7$ ビット
法 m のビット長	$ML = 7$ ビット

次に平文文字コードを 7 ビットにした理由を説明しておく．

式 (8.7) と式 (8.8) から RSA 暗号の暗号器と復号器は同じ構成になることがわかる．暗号器を復号器としても使用可能とするためには，平文 P に現れる文字コードのサイズと，暗号文 C に現れるコードのサイズを同じにしておく必要がある．ところが，暗号文に現れるコードのサイズは，法 m のサイズと同じになる．このため，平文文字コードを 7 ビットにした．

8.2.4 RSA 暗号器のアーキテクチャ仕様

ここでは，RSA 暗号器のアーキテクチャに関する仕様を決める．そのためにまず，べき乗および mod の計算方法について検討する．

なお，以下で示す RSA 暗号の暗号化アルゴリズムは，あくまでも一例である．本書で示したアルゴリズムを参考にして，読者自身のアルゴリズムを考案してほしい．

◆ **べき乗の計算方法**

ここでもう一度，RSA 暗号における暗号化の式を示しておく．

平文 P を，公開鍵 e および法 m を用いて暗号化して得られる暗号文 C は，次式で求められる．

$$C = P^e \bmod m \tag{8.23}$$

上式より，C の値は，m 未満となることがわかる．一方，途中結果である P^e の値は非常に大きくなる．P^e を計算してから，$P^e \bmod m$ を求めるのは非効率的である．そのため，P^e の計算には工夫を要する．幸い，mod 演算では，式 (8.5) の性質が成り立つ．この性質を用いて，たとえば下式のように，乗算を行うたびに mod を計算しておけば，途中結果の値が非常に大きくなることを防げる．

$$\begin{aligned} C &= P^e \bmod m \\ &= \underbrace{(\cdots((P \bmod m) \times (P \bmod m) \bmod m) \times \cdots)}_{e \text{ 回の乗算}} \bmod m \end{aligned} \tag{8.24}$$

この例では，計算の途中結果が P^2 を越えることはない．

しかし，この方法では，e 回の乗算を繰り返す必要がある．先に述べたように，公開鍵 e の値も非常に大き

な値となるため，この方法も効率が良くない．そこでもう一工夫する必要がでてくる．ここでは良く用いられる方法を説明しておこう．

いま，10進数eを2進数で，

$$e = (a_k a_{k-1} \cdots a_1 a_0)_2 \tag{8.25}$$

と表現しよう．すなわち，

$$e = a_k \times 2^k + a_{k-1} \times 2^{k-1} + \cdots + a_1 \times 2^1 + a_0 \times 2^0 = \sum_{i=0}^{k} a_i 2^i \tag{8.26}$$

である．この関係を用いると，

$$\begin{aligned} P^e &= P^{(a_k a_{k-1} \cdots a_1 a_0)_2} = P^{(\Sigma_{i=0}^{k} a_i 2^i)} \\ &= P^{a_k \cdot 2^k} \times P^{a_{k-1} \cdot 2^{k-1}} \times \cdots \times P^{a_1 \cdot 2^1} \times P^{a_0 \cdot 2^0}. \end{aligned} \tag{8.27}$$

と表すことができる．式(8.24)と式(8.27)から，

$$P^e \bmod m = ((P^{a_k \cdot 2^k} \bmod m) \times \cdots \times (P^{a_1 \cdot 2^1} \bmod m) \times (P^{a_0 \cdot 2^0} \bmod m)) \bmod m \tag{8.28}$$

と表せる．さらに，$P^{a_i \cdot 2^i} \bmod m \ (i = 0, 1, \cdots, k)$の計算は，

$$P^{a_i \cdot 2^i} \bmod m = \underbrace{(\cdots((P^2 \bmod m)^2 \bmod m)^2 \bmod m \cdots)^2}_{i \text{ 回 2 乗する}} \bmod m \tag{8.29}$$

のように行える．

いま，乗算のみに着目すれば，式(8.24)は，最悪の場合，$2^{k+1}(= e)$回の乗算を行う必要がある．これに対して，式(8.28)と式(8.29)を用いた場合，高々k^2回の乗算を行えばよい．この乗算回数を比較すると，図8.3のようになる．図8.3から明らかなように，kの値が大きくなると両者の差はより顕著になり，式(8.28)と式(8.29)を用いる場合のほうが，乗算回数が大幅に少なくて済むことがわかる．

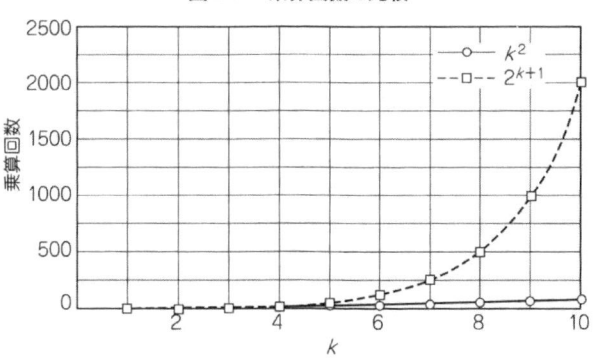

図8.3　乗算回数の比較

◆ mod の計算方法

次に，mod の計算方法について検討しよう．

mod は，除算を行うことによって計算することができる．しかし，VHDL の算術演算子のうち，論理合成可能な演算子は，'+'，'−'，'*' の三つであり，'/' は論理合成できない．そこで，論理合成可能な三つの演算子を用いて除算を行う方法を考える必要がある．

前章で述べたように，図 8.4 に示すような筆算による 2 進数の除算を考えれば，減算および大小比較の繰り返しによって除算を行える．このときの演算の繰り返し回数は，被除数の桁数に比例するが，被除数の桁数はそれほど大きな値にはならない．

図 8.4　2 進数の除算

```
                    10110    … 商
除数 … 1010 )11011110    … 被除数
              1010
              ────
               0111
               1010
               ────
                1111
                1010
                ────
                 1011
                 1010
                 ────
                  0010    … 剰余(余り)
```

◆ RSA 暗号の暗号化アルゴリズム

ここでは，RSA 暗号の暗号化アルゴリズムを示す．RSA 暗号におけるべき乗の計算では，mod 演算を用いているため，まずは mod 演算のアルゴリズムを示す．

先に述べたように mod 演算は，筆算による 2 進数の除算の手順に従えば，被除数の桁数回の大小比較および減算を行うことによって，計算することができる．いま，被除数の 2 進数表現を $DD = (D_{DL-1}, D_{DL-2}, \cdots, D_1, D_0)$ とし，除数の 2 進数表現を $DS = (S_{SL-1}, S_{SL-2}, \cdots, S_1, S_0)$ とする．なお，$DL \geq SL$ とする．また，k ビットの配列 $A = (A_{k-1}, A_{k-2}, \cdots, k_1, k_0)$ の A_i から A_j $(k \geq i \geq j \geq 0)$ を $A(i:j)$ と表す．このとき，$DD \bmod DS$ は，以下のアルゴリズムによって求めることができる．

手順 8.1 (mod 演算のアルゴリズム)

Step 1. 長さ $DL+SL$ の配列 D に右詰め (LSB 側) で DD を格納し，左側 (MSB 側) の SL ビットは全て 0 とする (図 8.5 (1))．

Step 2. 長さ $SL+1$ の配列 S に右詰め (LSB 側) で DS を格納し，MSB を 0 とする (図 8.5 (2))．

Step 3. $i = DL-1, DL-2, \cdots 1, 0$ について，$D(SL+i:i) \geq S$ なら，

$$D(SL+i:i) = D(SL+i:i) - S$$

とする (図 8.5 (3))．　　　　　　　　　　　　　　　　　　　　　　　　　　　　　　　□

上記の手順で配列 D に残った値が，求める値 $DD \bmod DS$ である．なお，上記手順 (2) において，DS の先頭に 0 を付加した理由については，たとえば，$DD = (1001100)$，$DS = (111)$ として，0 が有る場合と無い場合について，上記のアルゴリズムを適用してみれば確認できる．この確認は読者への宿題としよう．

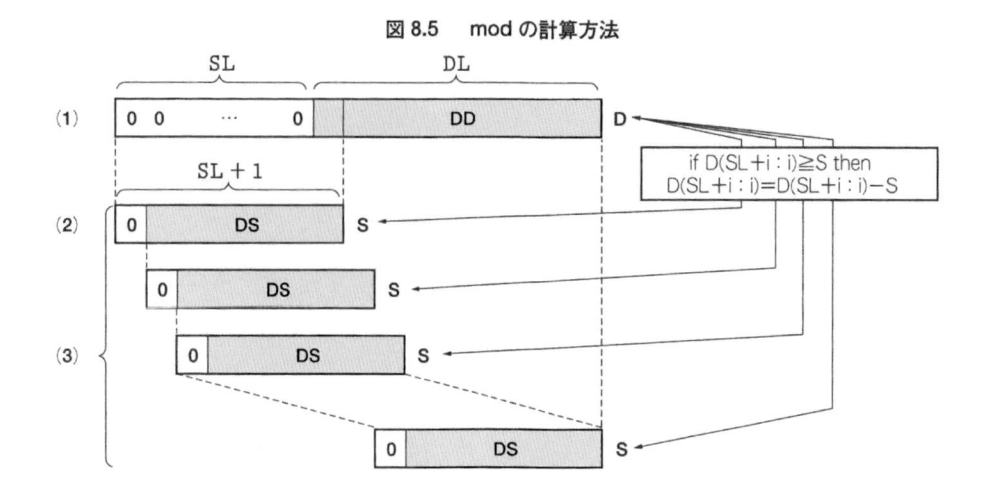

図 8.5　mod の計算方法

次に，RSA 暗号の暗号化アルゴリズムを示す．先に述べたように，RSA 暗号の暗号化は，式 (8.28) および式 (8.29) を用いることによって計算できる．いま，基底，指数，法の 2 進数表現をそれぞれ BS, EX, M と表す．また，BS, EX の長さをそれぞれ，BL, EL (ビット) とする．さらに，EX の各ビットを $E_{EL-1}, \cdots, E_1, E_0$ と表す．このとき，$BS^{EX} \bmod M$ の値は，以下のアルゴリズムによって求めることができる．

手順 8.2 (RSA 暗号の暗号化アルゴリズム)

Step 1. 長さ $2BL$ の配列 C を用意し，$E_0 = 1$ なら，配列 C に右詰め (LSB 側) で BS を格納する．$E_0 = 0$ なら，配列 C の値を 1 とする (図 8.6 (1))．

Step 2. 長さ $2BL$ の配列 B に右詰め (LSB 側) で BS を格納する (図 8.6 (2))．

Step 3. $i = 1, 2, \cdots, EL - 1$ について，以下の計算を行う．
  (1) $B = (B \times B) \bmod M$ とする (図 8.6 (3))．
  (2) $E_i = 1$ なら，$C = (C \times B) \bmod M$ とする (図 8.6 (4))．　□

上記のアルゴリズムで配列 C に残った値が，求める値 $BS^{EX} \bmod M$ である．

8.3　RSA 暗号器の機能設計

方式設計において決定した仕様をもとに，RSA 暗号器の**機能設計**に取り掛かる．

先に述べたように本書では，RSA 暗号器を組み合わせ回路として設計する場合の例と，同期式順序回路として設計する場合の例を示す．また本書では，RSA 暗号器の一部分のみの VHDL 記述を示す．残りの部分は，読者への演習とする．読者には，以下で示す設計例を参考にして，読者自身の仕様に基づいて，設計を進めていただきたい．

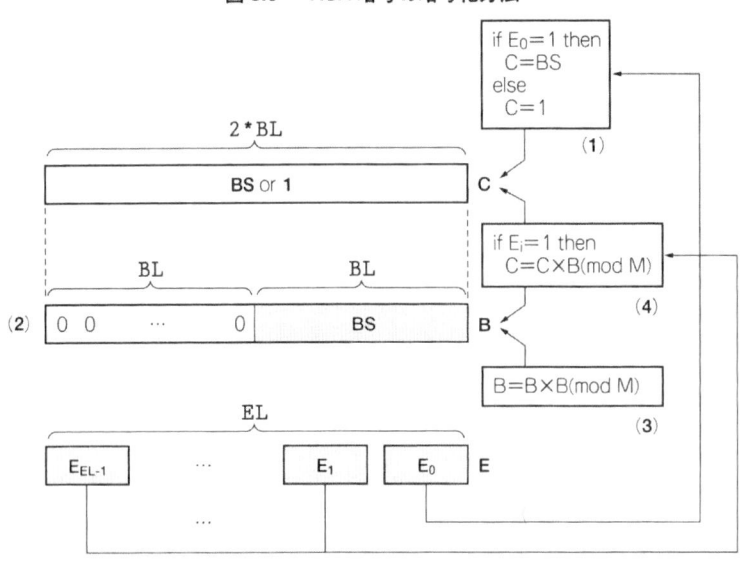

図 8.6　RSA 暗号の暗号化方法

8.3.1　RSA 暗号器の組み合わせ回路としての設計

　まず，RSA 暗号器を組み合わせ回路として実現する場合について検討する．先に述べたように，安全性を考慮した暗号器を設計する場合，1024 ビットから 2048 ビット程度の乗算器や mod 演算器を用意する必要がある．これらの演算器を組み合わせ回路として実現すると数百万ゲートを越える規模となり，非現実的である．すなわち，RSA 暗号器を組み合わせ回路として設計することはあまり考えられない．ここで示す例は，あくまでも組み合わせ回路の設計例であることを断っておく．

◆ mod 演算器のブロック図

　先に示した RSA 暗号の暗号化アルゴリズムから，mod 演算器には，平文 1 文字分の文字コード (7 ビット) を 2 乗した値 (14 ビット) と法 (7 ビット) が入力されることがわかる．また，mod 演算器の出力のビット長は，法のビット長と同じである．以上のことから，mod 演算器の入力は，14 ビットの被除数 D および 7 ビットの除数 S となり，出力は，7 ビットの剰余 M となる．

　このことと先に示した mod 演算のアルゴリズムから，mod 演算器の回路構造を図 8.7 のように決めよう．図 8.7 において，大小比較および減算を行う機能ブロックは，被減数 (8 ビット) と減数 (7 ビット) の大小比較を行い，「被減数 ≧ 減数」となる場合に，「被減数 − 減数」の下位 7 ビットを出力し，「被減数 < 減数」となる場合に，被減数の下位 7 ビットを出力する回路である．

◆ mod 演算器の VHDL 記述

　図 8.7 のブロック図をもとにして設計した mod 演算器の VHDL 記述をリスト 8.2 (p.194) に示す．
　リスト 8.2 について簡単に説明する．リスト 8.2 には，package の記述と回路本体の記述が含まれている．package の内容を参照するために，回路本体の記述には，use 文を用いて package を呼び出している．
　またリスト 8.2 では，後で仕様変更などに対処しやすくするために，package と attribute を用いて

8.3 RSA暗号器の機能設計　193

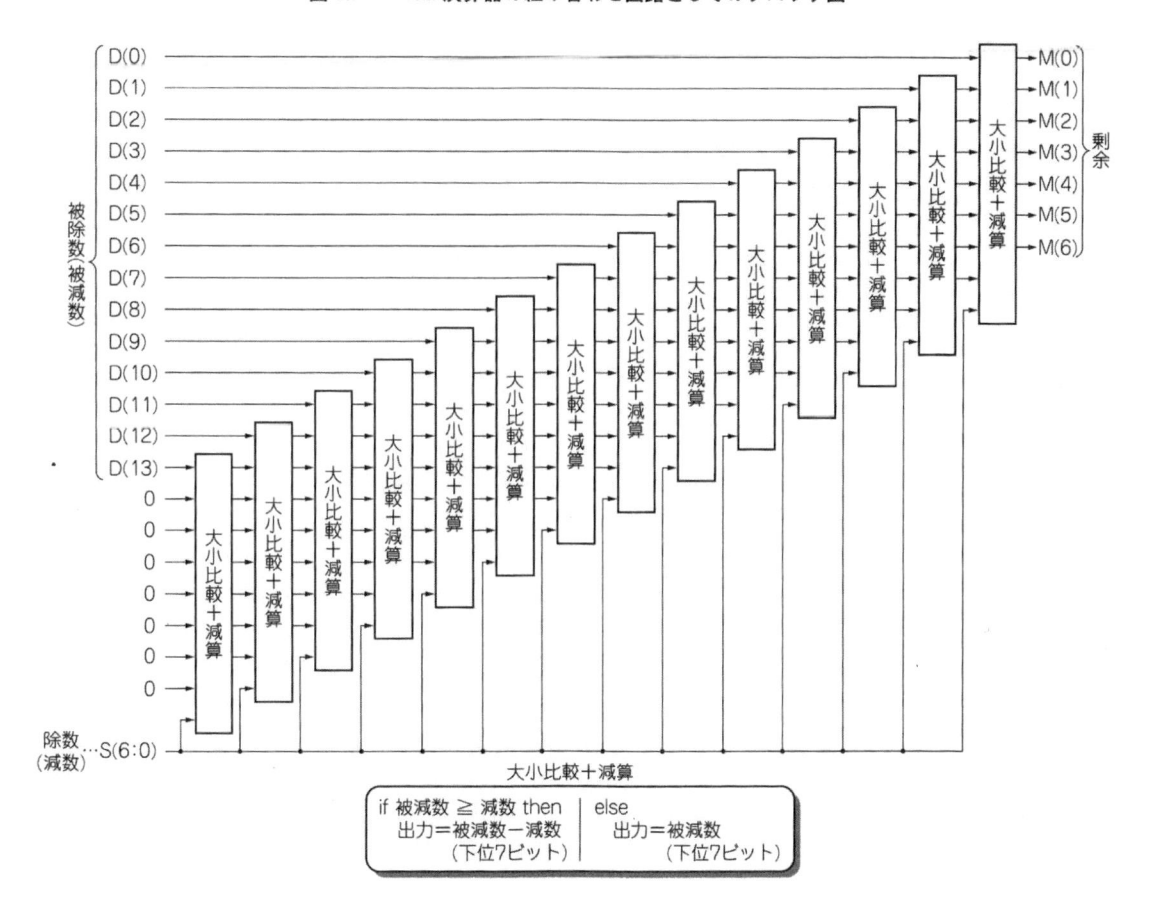

図 8.7 mod 演算器の組み合わせ回路としてのブロック図

いる．

　package は，よく使用する信号宣言や定数宣言，サブプログラムなどのデザインデータを格納しておき，複数の設計者間や VHDL 記述間で共用するための構文である．**リスト 8.2** では，各信号線のビット長を **package** に格納しており，これらの値を変更することによって，簡単にビット長の変更が行える．

　また **attribute** は，信号線のビット長やビット幅などの属性を表現するための構文である．各信号線のビット長を定数で宣言すると，ビット長を可変にすることができないため，**attribute** を用いている．

　先に，一つの機能ブロックに対して一つの **process** 文を対応させることを奨めたが，**図 8.7** から，このモジュロ演算器は規則的な構造を持っていることがわかる．このような規則的な構造をした回路は，**for-loop** 文を用いることによって簡潔に表現できる．

　さらに **if** 文の記述において，ラッチやフリップフロップ (FF) を生成 (推定) させないようにするために，**else** 項を用いて全ての条件を記述している．この **if** 文の **else** 項では，何も行う必要がないので，**null** 文を用いて明示している．

リスト 8.2　mod 演算器 (組み合わせ回路) の VHDL 記述

```vhdl
    library IEEE;
    use IEEE.std_logic_1164.all;
    use IEEE.std_logic_unsigned.all;

    package MODULO_PACK is
        constant CL  : integer := 7;        -- 文字コード長 (Bits)
        constant BS  : integer := 1;        -- ブロックサイズ (文字数)
        constant BL  : integer := CL * BS;  -- 1 ブロックのビット長 (Bits) (= CL * BS)
        constant KL  : integer := 7;        -- 公開鍵のビット長 (Bits)
        constant ML  : integer := 7;        -- 法のビット長 (Bits)
    end MODULO_PACK;

    library IEEE,WORK;
    use IEEE.std_logic_1164.all;
    use IEEE.std_logic_unsigned.all;
    use WORK.MODULO_PACK.all;

    entity MODULO is
       port( D : in  std_logic_vector(2*BL-1 downto 0);  -- 被除数
             S : in  std_logic_vector(ML-1 downto 0);    -- 除数
             R : out std_logic_vector(ML-1 downto 0));   -- 剰余
    end MODULO;

    architecture BEHAVIOR of MODULO is
    begin
        process (D, S)
        variable TMP_D : std_logic_vector(D'length+S'length-1 downto 0);
        variable TMP_S : std_logic_vector(S'length downto 0);
        constant ZV_MD : std_logic_vector(S'range) := (others => '0');
        begin
            TMP_D := ZV_MD & D;
            TMP_S := '0' & S;
            for I in D'range loop
                if (TMP_D(S'length+I downto I) >= TMP_S) then
                    TMP_D(S'length+I downto I) := TMP_D(S'length+I downto I) - TMP_S;
                else
                    null;
                end if;
            end loop;
            R <= TMP_D(S'range);
        end process;
    end BEHAVIOR;
```

◆ mod 演算器のシミュレーションと合成結果

リスト 8.2 の VHDL 記述のシミュレーション結果を図 8.8 に示す．図 8.8 から，リスト 8.2 の VHDL 記述が表す回路は，正しく mod 演算を行っていることがわかる．

リスト 8.2 の VHDL 記述を論理合成した結果は，回路図が大きいので省略する．なお，合成後の回路規模は，およそ 1,000 ゲートとなった．

◆ RSA 暗号器のブロック図

この mod 演算器および RSA 暗号の暗号化手順から，RSA 暗号器の組み合わせ回路としての構成を図 8.9 のようにする．

図 8.8 mod 演算器のシミュレーション結果

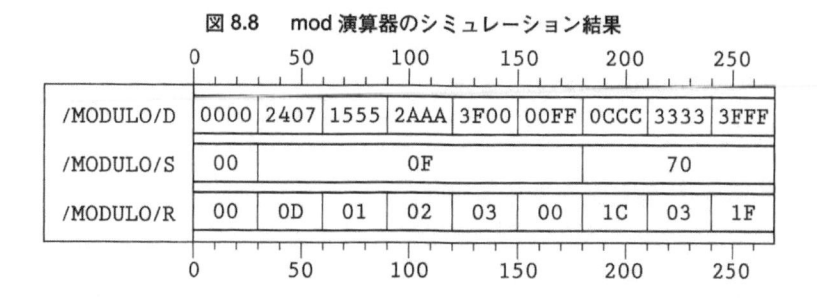

	0	50	100	150	200	250		
/MODULO/D	0000	2407	1555	2AAA	3F00	00FF	0CCC	3333	3FFF
/MODULO/S	00		0F				70		
/MODULO/R	00	0D	01	02	03	00	1C	03	1F

図 8.9 RSA 暗号器の組み合わせ回路としてのブロック図

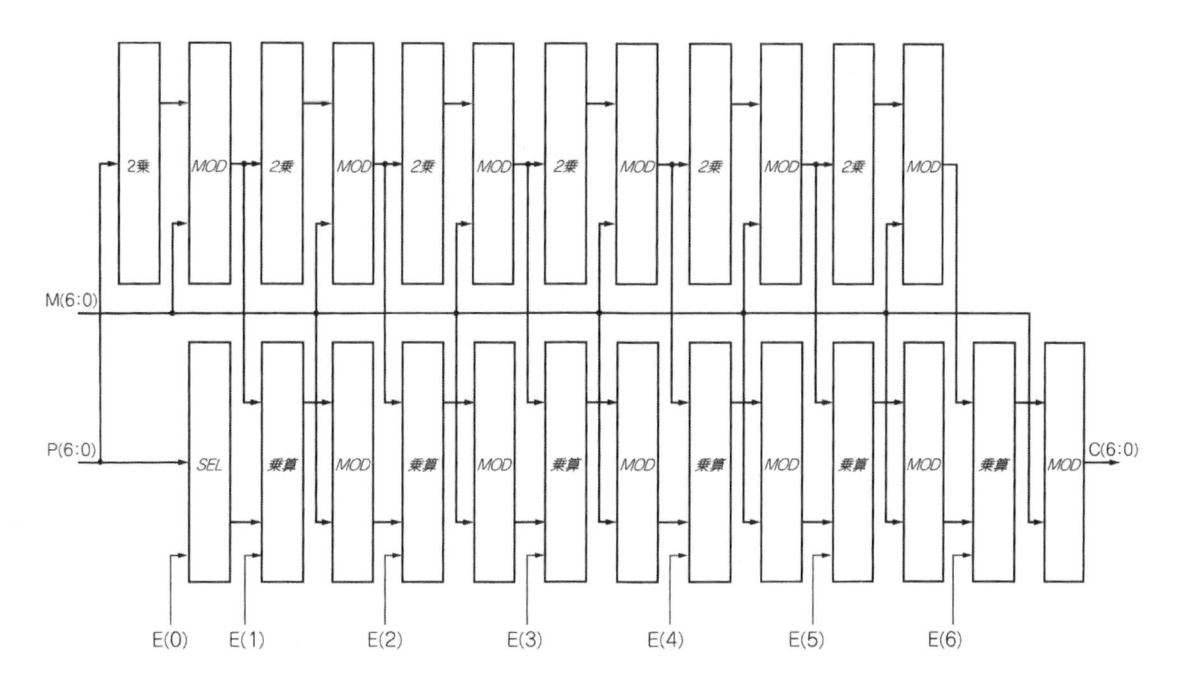

図 8.9 の回路において，P, E, M は，それぞれ平文 1 文字 (7 ビット)，鍵 (7 ビット)，法 (7 ビット) の入力であり，C は，暗号文 1 文字 (7 ビット) の出力である．

図 8.9 において，機能ブロック「MOD」は，図 8.7 に示した回路であり，機能ブロック「2乗」は，入力 (7 ビット) の値を 2 乗した値 (14 ビット) を出力する回路である．また，機能ブロック「SEL」は，$E(0) = 1$ の場合に P をそのまま出力し，$E(0) = 0$ の場合に "0000001" を出力する回路である．さらに，機能ブロック「乗算」は，$E(i) = 1$ の場合に，機能ブロック「MOD」の出力である 2 数 (それぞれ 7 ビット) の積 (14 ビット) を出力する回路である．なお，$E(i) = 0$ の場合は，"0000000" と，図 8.9 の下段にある機能ブロック「MOD」の出力 (7 ビット) とを連接した結果 (14 ビット) を出力する．

なお，RSA 暗号器全体の VHDL 記述，シミュレーション，論理合成結果については，読者への宿題とする．

8.3.2 RSA暗号器の同期式順序回路としての設計

次に，RSA暗号器を順序回路として実現する場合について検討する．

◆ 乗算+mod演算器のデータパスのブロック図

RSA暗号の暗号化アルゴリズムでは，乗算の後に必ずmod演算を行っている．ここでは，mod演算器ではなく，乗算の後にmod演算を行う回路(乗算+mod演算器)を設計してみよう．

まず，乗算+mod演算器のブロック図を図8.10に示す．この図の乗算部は，前章で説明した乗算器と同じであるので，説明を省略する．残りの部分がmod演算器に相当する．

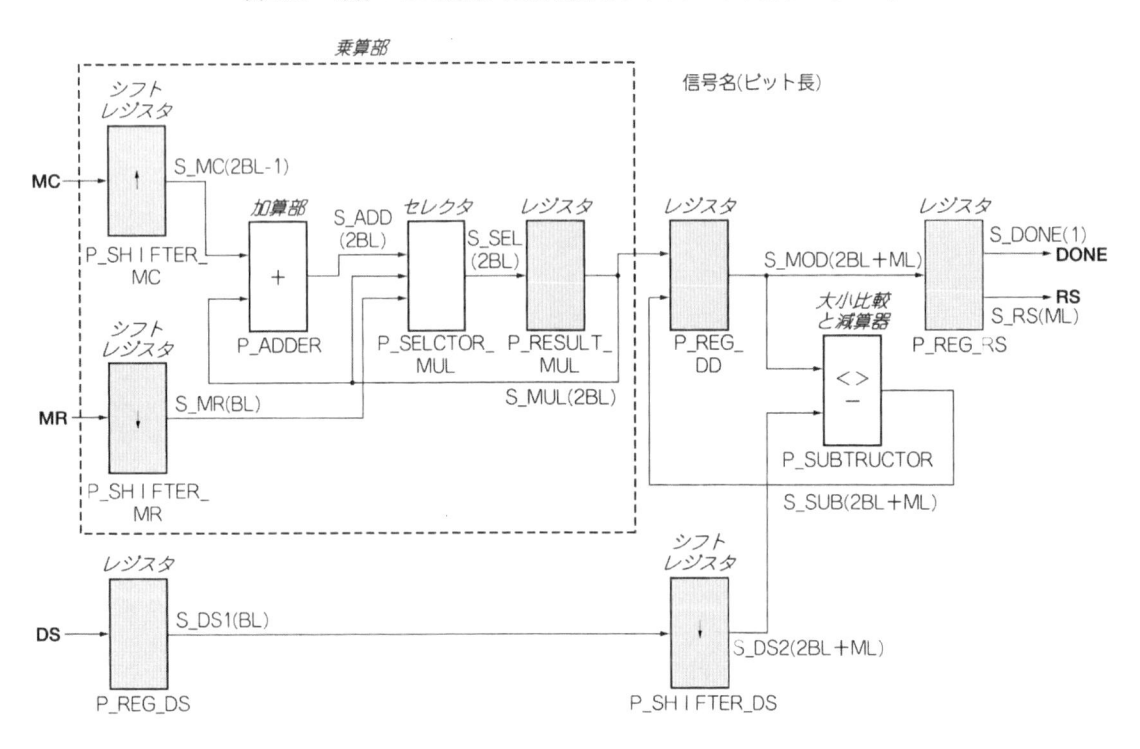

図8.10 乗算+mod演算器の順序回路としてのブロック図(データパス)

mod演算部では，乗算結果(非除数)をレジスタに保持しておき，除数の格納されたシフトレジスタの値を引いていく．この減算を，除数の値をLSB側にシフトさせながら繰り返すことにより，mod演算が行われる．

なお，図8.10のブロック図には，いくつか冗長なレジスタが含まれているので，読者が自分で設計をする場合は，レジスタ数を減らす工夫をしてほしい．

◆ 乗算+mod演算器の制御回路の状態遷移図

この乗算+mod演算器のデータパスを制御する制御回路は，まず，各レジスタの初期化を行い，START信号が1になるまで待つ．この状態を「INIT」とする．START信号が1になったら，状態「OP_MUL」に遷移する．この状態では，7回の加算を行うことによって乗算を行う．乗算が終了すると，次に，状態「OP_MOD」

に遷移する．この状態では，14回の減算を行うことによってmod演算を行い，全ての計算が終了すると初期状態「INIT」に戻る．

以上のような状態遷移を行うステートマシンの状態遷移図を図8.11に示す．

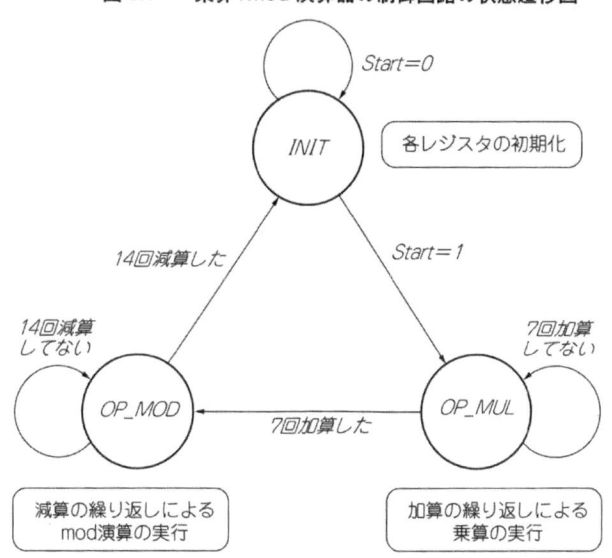

図 8.11　乗算+mod 演算器の制御回路の状態遷移図

```
                    Start=0
                      ┌──┐
                     INIT  ──── 各レジスタの初期化
                      └──┘
                    ↗      ↘
          14回減算した    Start=1
           ↗                 ↘
   14回減算                       7回加算
   してない                        してない
    ┌──┐                         ┌──┐
   OP_MOD  ←─ 7回加算した ─  OP_MUL
    └──┘                         └──┘
      ↓                             ↓
   減算の繰り返しによる         加算の繰り返しによる
     mod 演算の実行               乗算の実行
```

◆ 乗算+mod 演算器の VHDL 記述

図8.10，図8.11をもとに，乗算+mod 演算器を VHDL を用いて記述すると，リスト8.3（次頁）のようになる．

リスト8.3中のプロセス P_CONTROL_REG，P_CONTROL_STF，P_CONTROL_CNT は，図8.11 の状態遷移図で表されたステートマシン（制御回路）の記述である．プロセス P_CONTROL_REG は制御回路用レジスタの記述であり，プロセス P_CONTROL_STF は状態遷移回路の記述である．さらに，プロセス P_CONTROL_CNT は，加算および減算の回数を数えるためのカウンタの記述である．

また，残りの process 文は，図8.10 の各機能ブロックに対応している．例えば，乗数格納用のレジスタは，プロセス P_SHIFTER_MR に記述されている．プロセス P_SHIFTER_MR は，RESET 信号が1の場合は，強制的にレジスタを初期化し，それ以外の場合で CLK 信号の立ち上がり時に，初期値の設定あるいはデータのシフトを行う．

◆ 乗算+mod 演算器のシミュレーションと合成結果

リスト8.3 の VHDL 記述のシミュレーション結果を図8.12 (p.202) に示す．図8.12 から，リスト8.3 の VHDL 記述が表す回路は，START 信号が1になってから計算を開始し，計算が終了すると DONE 信号が1になる．この例では，被乗数 $MC = (6B)_{16} = (107)_{10}$，乗数 $MR = (60)_{16} = (96)_{10}$，除数（法）$DS = (47)_{16} = (71)_{10}$ から，結果 $RS = (MC \times MR) \bmod DS$ を計算している．図8.12 から，リスト8.3 の VHDL 記述が表す回路は，正しい結果 $RS = (30)_{16} = (48)_{10}$ を出力していることがわかる．

リスト8.3 の VHDL 記述を論理合成した結果は，回路図が大きいため省略する．なお，論理合成後の回路

リスト 8.3　乗算+mod 演算器 (順序回路) の VHDL 記述

```vhdl
-- パッケージ
library IEEE;
use IEEE.std_logic_1164.all;
use IEEE.std_logic_unsigned.all;

package MUL_MOD_PACK is
    constant CL    : integer := 7;          -- 文字コード長 (Bits)
    constant BS    : integer := 1;          -- ブロックサイズ (文字数)
    constant BL    : integer := CL * BS;    -- ブロック長 (Bits)
    constant KL    : integer := 7;          -- 公開鍵のビット長 (Bits)
    constant ML    : integer := 7;          -- 法のビット長 (Bits)
end MUL_MOD_PACK;

-- 乗算 (*) +剰余 (mod) 計算
-- RC = (MC * MR) mod DS
library IEEE, WORK;
use IEEE.std_logic_1164.all;
use IEEE.std_logic_unsigned.all;
use WORK.MUL_MOD_PACK.all;

entity MUL_MOD is
    port (
        CLK, RESET, START : in  std_logic;
        MC                : in  std_logic_vector(BL-1 downto 0);   -- 被乗数
        MR                : in  std_logic_vector(BL-1 downto 0);   -- 乗数
        DS                : in  std_logic_vector(ML-1 downto 0);   -- 除数
        DONE              : out std_logic;
        RS                : out std_logic_vector(ML-1 downto 0));  -- 結果
end MUL_MOD;

architecture SYNC of MUL_MOD is

type STATE is (INIT, OP_MUL, OP_MOD);
signal CRST, NTST        : STATE;
signal SET_MUL, SET_MOD  : std_logic;
signal MM_DONE, S_DONE   : std_logic;
signal S_MC              : std_logic_vector(2*BL-2 downto 0);
signal S_MR              : std_logic_vector(BL-1 downto 0);
signal S_DS1, S_RS       : std_logic_vector(ML-1 downto 0);
signal S_DS2, S_MOD, S_SUB : std_logic_vector(2*BL+ML-1 downto 0);
signal S_ADD, S_SEL, S_MUL : std_logic_vector(2*BL-1 downto 0);
signal C_MUL             : integer range 0 to BL+1;
signal C_MOD             : integer range 0 to 2*BL+1;
constant ZV_MC           : std_logic_vector(BL-2 downto 0)   := (others => '0');
constant ZV_DD           : std_logic_vector(ML-1 downto 0)   := (others => '0');
constant ZV_DS           : std_logic_vector(2*BL-2 downto 0) := (others => '0');

begin
    -- 制御回路 (ステートマシン) 用レジスタ
    P_CONTROL_REG: process (CLK, RESET)
    begin
        if (RESET = '1') then
            CRST <= INIT;
        elsif (CLK'event and CLK = '1') then
            CRST <= NTST;
        end if;
    end process;
```

リスト 8.3　乗算+mod 演算器 (順序回路) の VHDL 記述 (続き)

```vhdl
    -- 制御回路 (ステートマシン) 用状態遷移回路
    P_CONTROL_STF: process (CRST, C_MUL, C_MOD, START)
    begin
        case CRST is
            when INIT   => MM_DONE <= '0';
                           SET_MOD <= '0';
                           if (START = '1') then
                               SET_MUL <= '1';
                               NTST <= OP_MUL;
                           else
                               SET_MUL <= '0';
                               NTST <= INIT;
                           end if;
            when OP_MUL => SET_MUL <= '0';
                           if (C_MUL = BL) then
                               SET_MOD <= '1';
                               NTST    <= OP_MOD;
                           else
                               NTST <= OP_MUL;
                           end if;
            when OP_MOD => SET_MOD <= '0';
                           if (C_MOD = 2*BL) then
                               MM_DONE <= '1';
                               NTST <= INIT;
                           else
                               NTST <= OP_MOD;
                           end if;
        end case;
    end process;

    -- 制御回路 (ステートマシン) 用カウンタ
    P_CONTROL_CNT: process (CLK)
    begin
        if (CLK'event and CLK = '1') then
            if (CRST = INIT) then
                C_MUL <= 0;
                C_MOD <= 0;
            elsif (CRST = OP_MUL) then
                C_MUL <= C_MUL + 1;
                C_MOD <= 0;
            elsif (CRST = OP_MOD) then
                C_MUL <= 0;
                C_MOD <= C_MOD + 1;
            end if;
        end if;
    end process;

    -- 被乗数格納用シフトレジスタ
    P_SHIFTER_MC: process (CLK, RESET)
    begin
        if (RESET = '1') then
            S_MC <= (others => '0');
        elsif (CLK'event and CLK = '1') then
            if (SET_MUL = '1') then
                S_MC <= ZV_MC & MC;
            else
                S_MC <= S_MC(2*BL-3 downto 0) & '0';
            end if;
        end if;
    end process;
```

リスト 8.3　乗算+mod 演算器 (順序回路) の VHDL 記述 (続き)

```vhdl
    -- 乗数格納用シフトレジスタ
    P_SHIFTER_MR: process (CLK, RESET)
    begin
        if (RESET = '1') then
            S_MR <= (others => '0');
        elsif (CLK'event and CLK = '1') then
            if (SET_MUL = '1') then
                S_MR <= MR;
            else
                S_MR <= '0' & S_MR(BL-1 downto 1);
            end if;
        end if;
    end process;

    -- 除数格納用レジスタ
    P_REG_DS: process (CLK, RESET)
    begin
        if (RESET = '1') then
            S_DS1 <= (others => '0');
        elsif (CLK'event and CLK = '1') then
            if (SET_MUL = '1') then
                S_DS1 <= DS;
            else
                S_DS1 <= S_DS1;
            end if;
        end if;
    end process;

    -- 乗算部用加算器
    P_ADDER: S_ADD <= S_MUL + ('0' & S_MC);

    -- 乗算部用セレクタ
    P_SELECTOR_MUL: process (S_MR, S_ADD, S_MUL)
    begin
        if (S_MR(0) = '1') then
            S_SEL <= S_ADD;
        else
            S_SEL <= S_MUL;
        end if;
    end process;

    -- 乗算結果格納用レジスタ
    P_RESULT_MUL: process (CLK, RESET)
    begin
        if (RESET = '1') then
            S_MUL <= (others => '0');
        elsif (CLK'event and CLK = '1') then
            if (SET_MUL = '1') then
                S_MUL <= (others => '0');
            else
                S_MUL <= S_SEL;
            end if;
        end if;
    end process;

    -- 被除数格納用レジスタ
    P_REG_DD: process (CLK, RESET)
```

リスト 8.3　乗算+mod 演算器 (順序回路) の VHDL 記述 (続き)

```vhdl
    begin
        if (RESET = '1') then
            S_MOD <= (others => '0');
        elsif (CLK'event and CLK = '1') then
            if (SET_MOD = '1') then
                S_MOD <= ZV_DD & S_MUL;
            else
                S_MOD <= S_SUB;
            end if;
        end if;
    end process;

    -- 除数格納用シフトレジスタ
    P_SHIFTER_DS: process (CLK, RESET)
    begin
        if (RESET = '1') then
            S_DS2 <= (others => '0');
        elsif (CLK'event and CLK = '1') then
            if (SET_MOD = '1') then
                S_DS2 <= '0' & S_DS1 & ZV_DS;
            else
                S_DS2 <= '0' & S_DS2(2*BL+ML-1 downto 1);
            end if;
        end if;
    end process;

    -- mod 演算部用減算器
    P_SUBTRUCTOR: process (S_DS2, S_MOD)
    begin
        if (S_MOD >= S_DS2) then
            S_SUB <= S_MOD - S_DS2;
        else
            S_SUB <= S_MOD;
        end if;
    end process;

    -- mod 演算結果格納用レジスタ
    P_REG_RS: process (CLK, RESET)
    begin
        if (RESET = '1') then
            S_DONE <= '0';
            S_RS   <= (others => '0');
        elsif (CLK'event and CLK = '1') then
            if (MM_DONE = '1') then
                S_DONE <= '1';
                S_RS   <= S_MOD(ML-1 downto 0);
            elsif (SET_MUL = '1') then
                S_DONE <= '0';
                S_RS   <= (others => '0');
            else
                S_DONE <= S_DONE;
                S_RS   <= S_RS;
            end if;
        end if;
    end process;

    RS   <= S_RS;
    DONE <= S_DONE;
end SYNC;
```

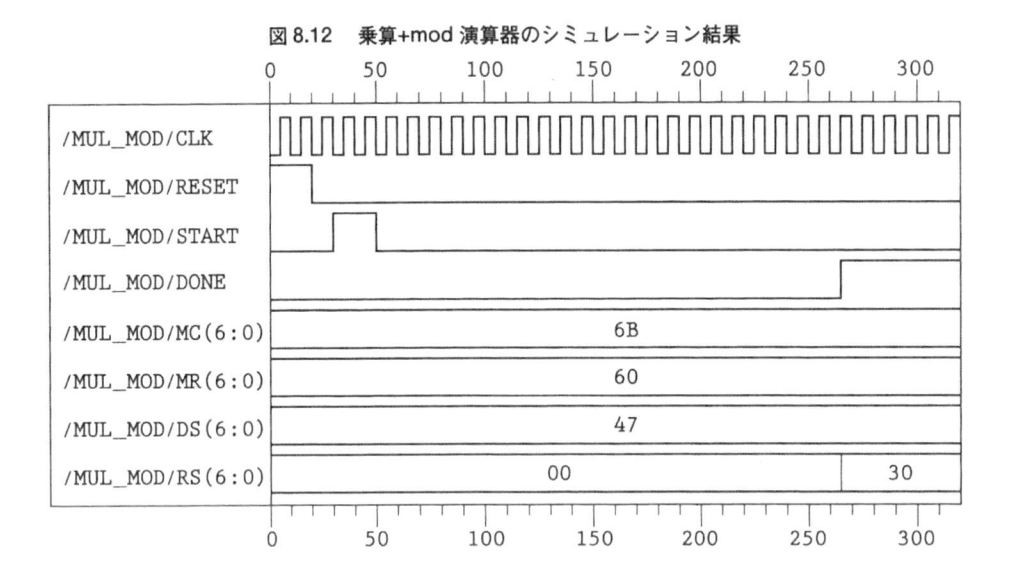

図 8.12　乗算+mod 演算器のシミュレーション結果

/MUL_MOD/CLK	(クロック)
/MUL_MOD/RESET	
/MUL_MOD/START	
/MUL_MOD/DONE	
/MUL_MOD/MC(6:0)	6B
/MUL_MOD/MR(6:0)	60
/MUL_MOD/DS(6:0)	47
/MUL_MOD/RS(6:0)	00 → 30

規模は，およそ 1,700 ゲートとなった．

◆ **RSA 暗号器のデータパスのブロック図**

　この乗算+mod 演算器を用いた RSA 暗号器全体のブロック図を図 8.13 に示す．

　図 8.13 において，2 乗計算を行う機能ブロックと指数部計算を行う機能ブロックは，図 8.10 の乗算+mod 演算器である．2 乗計算を行う機能ブロックでは，平文の値を次々に 2 乗していく．公開鍵 E を格納するシフトレジスタの LSB の値が 1 の場合に，指数部計算を行う機能ブロックによって，この 2 乗された値とレジスタ (P_REG_EXP) の値との積が求められる．

　指数部計算を行う機能ブロックは，必要に応じて起動される．指数部計算を行う場合は，同時に，2 乗計算も行う．2 乗計算を行う機能ブロックと指数部計算を行う機能ブロックは，同時に終了するので，終了の監視には，一方の機能ブロック (この場合，2 乗計算を行う機能ブロック) の DONE 信号のみを参照している．

◆ **RSA 暗号器の制御回路の状態遷移図**

　図 8.13 において，コントローラは，データパスを制御するステートマシンである．コントローラ用の状態遷移図を図 8.14 (p.204) に示す．

　図 8.14 の状態「INIT」は，各レジスタを初期化する状態であり，START 信号が 1 になると，状態「OP_SEL」に遷移する．状態「OP_SEL」は，指数部の計算を行う必要があるか否かを判断する状態であり，指数部の計算を行う必要がある場合は状態「OP_SE」へ，必要がない場合は状態「OP_S」へ，それぞれ遷移する．また，暗号化が終了した場合は，初期状態「INIT」へ戻る．状態「OP_SE」は，2 乗計算と指数部計算を行う状態であり，状態「OP_S」は，2 乗計算のみを行う状態である．これらの状態において，計算が終了すると，状態「OP_SEL」に遷移する．

　なお，RSA 暗号器全体の VHDL 記述，シミュレーション，論理合成結果については，読者への宿題とする．

図 8.13　RSA 暗号器の順序回路としてのブロック図 (データパス)

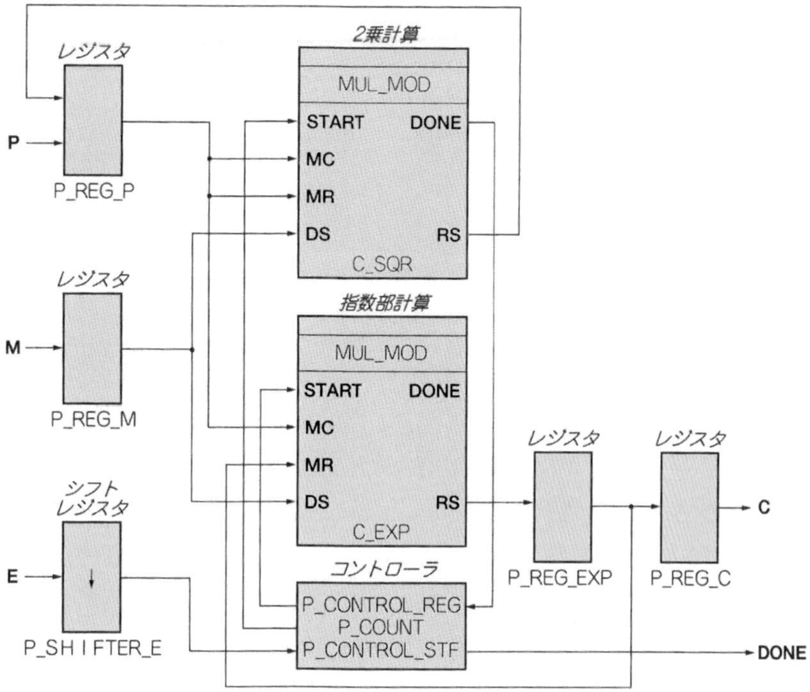

第8章 VHDLによるRSA暗号器の設計

図 8.14　RSA暗号器の制御回路の状態遷移図

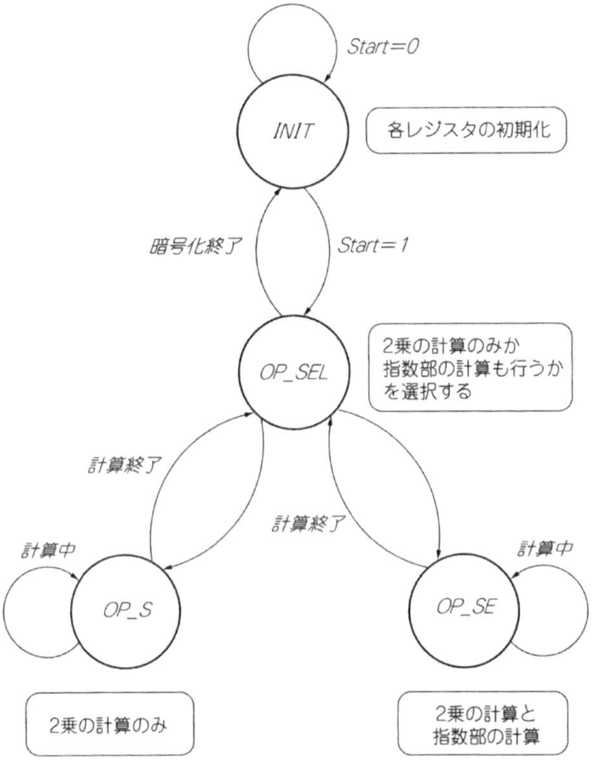

8.4 まとめ

ここで，VHDL を用いたディジタル回路設計の流れについてまとめておく．

(1) 方式設計

(a) エンティティ仕様の決定
- どのような信号が入力され，どのような信号が出力されるのか？

(b) アーキテクチャ仕様の決定
- 使い慣れた言語やフローチャートなどを用いて，ディジタル回路の動作(アルゴリズム)を決定する．

(c) テスト
- プログラミング言語(C 言語, Pascal など)を用いた場合は，アルゴリズムの確認を行う．

(2) 機能設計

(a) データパスの設計
- ブロック図を描いて，ディジタル回路の構成要素や構成要素間のデータの流れを明確にする．

(b) 制御回路の設計
- 状態遷移図を描いて，制御回路の機能を明確にする．

(c) テスト
- シミュレータを用いて，VHDL 記述のテストを行う．

(3) 論理合成
- 論理合成ツールを用いて，VHDL 記述の論理合成を行う．

本書では，RSA 暗号器の一部を VHDL を用いて記述した．また，すぐに RSA 暗号器全体の VHDL 記述のコーディングに取り掛かれるように，RSA 暗号器全体のブロック図を載せた．

読者にはこの後，図 8.9，図 8.13 および図 8.14 を参考にして，RSA 暗号器全体の VHDL 記述を完成させていただきたい．また，完成させた VHDL 記述のテストや論理合成まで行うことを奨める．

Part III

Appendix

Appendix A
VHDLの文法概要

本書では，初心者向けの文法書としても使用できるように，VHDLの主要な構文を解説する．VHDLには，本書で解説する構文以外にも多くの構文がある．それらの構文の詳細は他の文献に譲るが，本書で解説する構文を理解しておけば，VHDLの知識としてはとりあえず十分である．

A.1　VHDLの記述方法

まずVHDLの記述方法について述べておく．

VHDL記述は，図A.1 (a)(次頁)に示すように，library宣言，entity宣言，architecture宣言，configuration宣言から構成される．このうち，entity宣言，architecture宣言[注1]は，全階層において記述する必要があり，library宣言，configuration宣言は，必要に応じて記述すればよい．なお本文で述べたように，configuration宣言は，最上位階層では必ず記述する．

なお，パッケージを記述する場合，そのVHDL記述は，図A.1 (b)に示すように，library宣言，package宣言，package_body文から構成される．

A.2　VHDLの構文解説

本書の構文解説は，以下のような構成になっている．

(1) 構文

VHDLの構文を示す．なお構文の表記は，以下の規則に従っている．

(a) 予約語(キーワード)と識別子について

予約語: VHDLにおいて，予め用途の定められている文字列を予約語(キーワード)という．VHDLでは大文字と小文字を区別しないが，予約語と**識別子**を区別するために，本書では小文字を用いて予約語を記述する．

識別子: 回路名，信号線名など，設計者が定める必要のある文字列を識別子という．識別子には，英数字とアンダースコア'_'を用いることができる．ただし，識別子の最初の文字に数字を用いることや，識別子の最後の文字にアンダースコアを用いることはできない．また，アンダースコアを連続して用いることもできない．なお，予約語と識別子を区別するために，本書では大文字を用いて識別子を記述する．

注1：ライブラリに格納しておくこともできる．

図 A.1　VHDL 記述の構造

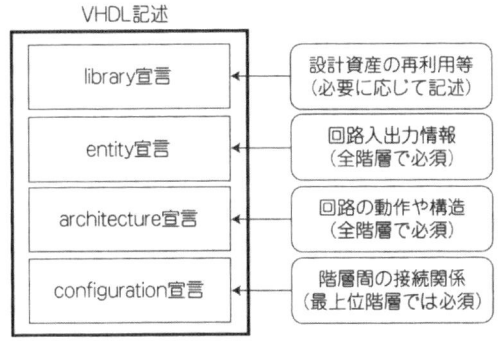

```
VHDL記述
┌─────────────────┐
│  library宣言    │ ← 設計資産の再利用等
│                 │   （必要に応じて記述）
│  entity宣言     │ ← 回路入出力情報
│                 │   （全階層で必須）
│ architecture宣言│ ← 回路の動作や構造
│                 │   （全階層で必須）
│ configuration宣言│← 階層間の接続関係
│                 │   （最上位階層では必須）
└─────────────────┘
```
(a) 回路の記述

```
VHDL記述
┌─────────────────┐
│  library宣言    │ ← 設計資産の再利用等
│                 │   （必要に応じて記述）
│  package宣言    │ ← 各種宣言の記述
│                 │   （必ず記述）
│ package_body文  │ ← サブプログラムの記述
│                 │   （必要に応じて記述）
└─────────────────┘
```
(b) パッケージの記述

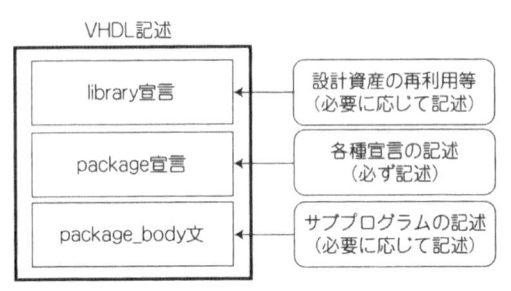

(b) 省略記号について

[ ]：省略可能な部分を"["と"]"で括る．ただし，"["と"]"で括られた部分を記述する場合は，たかだか一つだけ記述可能である．

{ }：省略可能な部分を"{"と"}"で括る．ただし，"{"と"}"でられた部分を記述する場合は，複数(回)記述できる．

(2) 機能解説

構文の機能に関する簡単な説明文を示す．

(3) 使用例

構文の使用例とその解説を示す．

● **構文解説 1（architecture 宣言）**

[構文]

```
architecture アーキテクチャ名 of エンティティ名 is
  { 宣言文 }
begin
  { 同時処理文 }
end [ アーキテクチャ名 ];
```

[機能解説]

- architecture 宣言は，エンティティに対する一つのアーキテクチャを宣言するための構文である．VHDL では，一つのエンティティに対して，複数のアーキテクチャを持たせることができる．**アーキテクチャ名**は，それらのアーキテクチャを区別するための識別子である．

- アーキテクチャ名の付け方に対する制限は特にないが，どの設計段階に対応する記述なのか，また，構造の記述なのか，動作の記述なのかがわかるような識別子を用いることが望ましい．

- architecture 宣言の宣言文を記述する箇所を **architecture 宣言部**，同時処理文を記述する箇所を **architecture 本体**という．architecture 宣言部には，signal 宣言，constant 宣言，type 宣言，subprogram 宣言，component 宣言などを記述する．

[使用例]

```
architecture STRUCTURE of FULL_ADDER is
begin
   { 同時処理文 }
end STRUCTURE;
```

この使用例では，"FULL_ADDER" という名前 (エンティティ名) の回路を "STRUCTURE" というアーキテクチャ名で設計することを宣言している． □

● 構文解説 2（assert 文）

[構文]

```
assert 条件 [ report "出力メッセージ" ] [ severity エラー・レベル ];
```

[機能解説]

- assert 文は，シミュレーション時に，メッセージを表示させるための構文であり，論理合成後の回路構造には影響を与えない．

- assert 文は，条件が成り立たなかった場合に，**report** 文で指定した**出力メッセージ**および **severity** 文で指定したエラー・レベルを表示する．エラー・レベルを指定する場合，あらかじめ列挙タイプとして定義されている "**NOTE，WARNING，ERROR，FAILURE**" のいずれかを指定する必要がある．

- assert 文は，architecture 本体，entity 宣言，process 文，block 文，subprogram 本体などに記述することができる．

[使用例]

```
assert A > B report "Not valid signals" severity WARNING;
```

この使用例では，シミュレーション時に assert 文の箇所で，その条件 A > B が成り立たなかった

場合に，"Not valid signals" というメッセージとともにエラー・レベル "WARNING" が表示される．

● 構文解説 3 (attribute)

[構文]

```
アイテム名 ' アトリビュート名
```

[機能解説]

- attribute は，アイテム名で指定されたアイテムの属性を得るために用いられる．以下によく使用されるアトリビュート名を示す．

```
A'range     -- アイテム A の範囲
A'right     -- アイテム A の一番右の値
A'left      -- アイテム A の一番左の値
A'high      -- アイテム A の一番高い値
A'low       -- アイテム A の一番低い値
A'length    -- アイテム A の範囲の長さ
A'event     -- アイテム A の信号値が変化したか否か
A'stable    -- アイテム A の信号値が変化しなかったか否か
```

[使用例]

```
signal A : std_logic_vector(7 downto 0);
signal B : std_logic_vector(0 to 4);

としたとき，

A'range     -- (7 downto 0) を返す
B'range     -- (0 to 4) を返す
A'right     -- 0 を返す
B'right     -- 4 を返す
A'left      -- 7 を返す
B'left      -- 0 を返す
A'high      -- 7 を返す
B'high      -- 4 を返す
A'low       -- 0 を返す
B'low       -- 0 を返す
A'length    -- 8 を返す
B'length    -- 5 を返す
A'event     -- 信号 A の値が変化したときに TRUE(真) を返す
               信号 A の値が変化していないときは FALSE(偽) を返す
A'stable    -- 信号 A の値が変化していないときに TRUE(真) を返す
               信号 A の値が変化したときは FALSE(偽) を返す
```

● 構文解説 4（block 文）

[構文]

```
ラベル名 : block [ （ガード式） ]
    [ geniric 文 [ generic_map 文 ]; ]
    [ port 文 [ port_map 文 ]; ]
    { 宣言文 }
begin
    { 同時処理文 }
end block [ ラベル名 ];
```

[機能解説]

- block 文は，同時処理文をまとめるための構文であり，block 文そのものは VHDL 記述の実行に影響を与えない．

- block 文の宣言文などを記述する箇所を **block 宣言部**，同時処理文を記述する箇所を **block 本体**という．

- block 文内には予約語 **guarded** を用いることができる．信号代入文に guarded が使用されている場合は，ガード式が成り立つときのみ，その信号代入を実行する．

- block 文は，architecture 本体および block 本体に記述することができる．

[使用例]

```
architecture BEHAVIOR of P_EDGE_TRIGGER_D_FF is
begin
    B_DFF: block ( CK'event and CK = '1' )
    begin
        Q <= guarded D;
    end block;
end BEHAVIOR;
```

この使用例は，ガード式を用いたポジティブエッジトリガ型 D-FF の記述である．ガード付き信号代入文を用いているので，ガード式（ CK'event and CK = '1' ）が成り立つ場合のみ，信号 D の値が信号 Q に代入される．ただし，ガード式を含む VHDL 記述を論理合成することはできない．□

構文解説 5 (case 文)

[構文]

```
case 式 is
    { when 値 [ to 値 ] { | 値 [ to 値 ] } =>
        { 順次処理文 } }
    [ when others =>
        { 順次処理文 } ]
end case;
```

[機能解説]

- case 文は，式の値によって，処理する順次処理文を決めるための構文である．case 文では，式を計算した結果と同じ値をもつ **when** 節の順次処理文を処理する．

- 選択肢 (値) の記述には，複数の値を持たせる "|(または)" と，値の範囲を指定する "**to**" を用いることができる．また，残り全ての値を "**others**" で一括して表すことができる．"**others**" は，最後に一つのみ記述可能である．

- case 文では，式が取りうる全ての値を網羅していなければならない．また，同じ値が重複して現れてはならない．

- case 文は，process 本体，subprogram 本体，case 文，if 文，loop 文の中に記述できる．

[使用例]

```
case A is
    when "00" =>
        { 順次処理文 1 }
    when "01" | "10" =>
        { 順次処理文 2 }
    when others =>
        { 順次処理文 3 }
end case;
```

この使用例では，2 ビットの幅を持つ信号 A を式として用いている．A の値が，"00" のときに順次処理文 1 が，"01" または "10" のときに順次処理文 2 が，これら以外の場合に順次処理文 3 が，それぞれ処理される． □

● 構文解説 6 (component 宣言)

[構文]

```
component コンポーネント名
    [ generic 文 ]
    [ port 文 ]
end component;
```

[機能解説]

- component 宣言は, 階層設計を行う際に用いるコンポーネントを宣言するための構文である. component 宣言において, コンポーネント名は呼び出す回路の名前である.

- component 宣言内部には, 呼び出す回路のインターフェース構造を記述する. 具体的には, 呼び出す回路の entity 宣言の port 文などをコピーして使用すればよい.

- component 宣言は, architecture 宣言部, package 宣言部, block 宣言部に記述することができる.

[使用例]

```
architecture STRUCTURE of ALU is

component FULL_ADDER
    port ( A, B, CIN : in  std_logic;
           SUM, COUT : out std_logic );
end component;

begin
    ......
```

この使用例は, ALU という回路の記述内でリスト 4.2 の全加算器をコンポーネントとして使用する場合の component 宣言の例である.

● 構文解説 7 (component_instance 文)

[構文]

```
ラベル名 : コンポーネント名 [ generic_map 文 ] [ port_map 文 ];
```

[機能解説]

- component_instance 文は, component 宣言で宣言したコンポーネントを呼び出すための構文である.

- ラベル名は, 呼び出したコンポーネントに付ける名前 (識別子) であり, 同一のコンポーネントを複数回呼び出す場合は, それぞれ別のラベル名を付けなければならない.

- 呼び出したコンポーネントに接続する信号線やジェネリックの情報は，`port_map` 文，`generic_map` 文を使って記述する．
- `component_instance` 文は，`architecture` 本体，`block` 本体，`generate` 文に記述することができる．

[使用例]

```
architecture STRUCTURE of ALU is
  ‥‥‥
begin
  ‥‥‥
    COMP1 : FULL_ADDER port map (L11, L12, L13, L14, L15);
    COMP2 : FULL_ADDER port map (L21, L22, L23, L24, L25);
```

この使用例は FULL_ADDER を 2 個使用することを表しており，それぞれのコンポーネントには，異なるラベル名 COMP1，COMP2 が付けられている．

● 構文解説 8（configuration 宣言）

[構文]

```
configuration コンフィグレーション名 of エンティティ名 is
    for アーキテクチャ名
        { for コンポーネント名 [ : エンティティ名 ]
            use configuration ライブラリ名.コンフィグレーション名;
          end for; }
        { for コンポーネント名 [ : エンティティ名 ]
            use entity ライブラリ名.エンティティ名(アーキテクチャ名);
          end for; }
    end for;
end [ コンフィグレーション名 ];
```

[機能解説]
- `configuration` 宣言は，エンティティとアーキテクチャの対応関係を指定するための構文である．
- 呼び出しているコンポーネントに結合させるエンティティの指定にも用いる．この場合，下位階層のコンフィグレーションを指定する方法と，直接エンティティを指定する方法の二通りある．
- **コンフィグレーション名**の付け方に対する制限は特にないが，階層や回路がわかるような識別子を用いることが望ましい．

[使用例]

```
configuration CFG_FULL_ADDER of FULL_ADDER is
    for STRUCTURE
        for U0 : HALF_ADDER
            use entity work.HALF_ADDER(DATAFLOW);
        for U1 : HALF_ADDER
            use entity work.HALF_ADDER(DATAFLOW);
        end for;
    end for;
end CFG_FULL_ADDER;
```

この使用例では，FULL_ADDER の記述で使用されているコンポーネント HALF_ADDER に対して，エンティティ HALF_ADDER を使用することを指定している．この場合，コンポーネント名とエンティティ名が同じであるので，**リスト 4.12** のように，use 節を省略できる． □

● 構文解説 9（constant 宣言）

[構文]

```
constant 定数名 { , 定数名 } : データタイプ [ := 初期値 ];
```

[機能解説]

- constant 宣言は，回路内部で用いる**定数**を宣言するための構文である．
- constant 宣言は，architecture 宣言部，entity 宣言部，process 宣言部，package 宣言部，subprogram 宣言部，block 宣言部に記述できる．

[使用例]

```
constant C1, C2 : bit_vector(3 downto 0) := "0011";
```

この使用例では，初期値 "0011" をもつ bit_vector 型の定数 C1，C2 を宣言している． □

● 構文解説 10（entity 宣言）

[構文]

```
entity エンティティ名 is
    [ generic 文 ]
    [ port 文 ]
end [ エンティティ名 ];
```

[機能解説]

- entity 宣言は，設計する回路の名前 (**エンティティ名**) を宣言するための構文である．
- entity 宣言には，回路のインターフェース (入出力ポート) やジェネリックに関する情報を記述

218　Appendix A　VHDL の文法概要

できる．

[使用例]

```
entity FULL_ADDER is
    port ( A, B, CIN : in  bit;
           SUM, COUT : out bit );
end;
```

この使用例では，FULL_ADDER という名前 (エンティティ名) の回路を宣言し，port 文を用いて回路 FULL_ADDER のインターフェースを記述している．また，最後のエンティティ名を省略している．

□

● 構文解説 11（exit 文）

[構文]

```
exit [ ラベル名 ] [ when 条件 ];
```

[機能解説]
- exit 文は，loop 文から抜け出すための構文であり，loop 文内でのみ用いることができる．
- exit 文は，when 項が記述されている場合はその条件が成り立つとき，when 項が記述されていない場合は無条件で，ラベル名で指定された loop 文を抜け出す．ラベル名が記述されていない場合は，その exit 文を含む最も内側の loop 文を抜け出す．

[使用例]

```
for N in 0 to 7 loop
    { 順次処理文 }
    exit when A = B;
end loop;
```

この使用例では，信号 A，B の間に，"A = B" なる関係が成り立つとき，ループを抜け出す．　□

● 構文解説 12（file 宣言）

[構文]

```
file ファイル変数 : ファイルタイプ名 is 方向 "ファイル名";
```

[機能解説]
- file 宣言は，読み/書きをするファイルを指定するための構文であり，TEXTIO パッケージを用いて，コンピュータ上のファイルにアクセスする場合のファイル指定などに用いられる．
- ファイル名には，コンピュータ上でのファイル名を指定する．また方向には，読み出しを表す in

か，書き込みを表す out を指定する．
 - **ファイルタイプ名**には，アクセスするファイルのタイプを指定する．このファイルタイプ名は，type 宣言を用いてあらかじめ定義しておく必要がある．なお，TEXTIO パッケージには，**text** 型のファイルタイプが定義されている．
 - file 宣言は，architecture 宣言部，entity 宣言部，block 宣言部，process 宣言部，package 宣言部などに記述することができる．

[使用例]

```
file DATA_IN  : text is in  "data_in.dat";
file DATA_OUT : text is out "data_out.dat";
```

この使用例では，**ファイル変数** DATA_IN が，入力用のテキストファイルとして宣言されており，このファイルの実体として，カレントディレクトリ上のファイル data_in.dat を指定している．同様に，出力用のファイル変数として DATA_OUT が宣言され，ファイル data_out.dat が指定されている． □

● 構文解説 13（generate 文）

[構文]

```
[ ラベル名 : ] ジェネレート形式 generate
    { 同時処理文 }
end generate [ ラベル名 ];
```

[機能解説]
 - generate 文は，同時処理文を条件付きで選択したり，複製を生成するための構文である．generate 文を用いることによって，メモリやカウンタなどの規則的な構造をもった回路を簡潔に記述できる．
 - ジェネレート形式には，以下のいずれかを指定できる．
    - **for 形式**（for-generate 文）
       for ジェネレート変数 in 範囲
        * for 形式では，範囲で指定された回数だけ，generate 文内部の同時処理文の複製を生成する．ジェネレート変数は，宣言の必要のない整数型の変数である．このジェネレート変数に，generate 文内部で値を代入することはできない．範囲では，ジェネレート変数がとる連続的な離散値を指定する．範囲の指定には，"0 to 7" のように，to や downto を用いることができる．
    - **if 形式**（if-generate 文）
       if 条件
        * if 形式では，条件が成り立つとき，generate 文内部の同時処理文を選択する．条件

は，if 文などの条件と同様に記述する．

- generate 文は，architecture 本体，block 本体，generate 文に記述することができる．

[使用例]

```
for G in 4 downto 0 generate
    { 同時処理文 }
end generate;
```

この使用例は，for 形式の generate 文である．ジェネレート変数 G の値は，4 からスタートし，ジェネレート変数 G の値が 0 になるまでの合計 5 個の同時処理文の複製が生成される．　□

● 構文解説 14（generic 文）

[構文]

```
generic (
    ジェネリック名 { , ジェネリック名 } : データタイプ [ := 初期値 ]
    { ; ジェネリック名 { , ジェネリック名 } : データタイプ [ := 初期値 ] }
);
```

[機能解説]

- generic 文は，配列のビット長などのパラメータ，素子の遅延時間などの環境情報を上位階層の記述から受け取るための構文である．

- generic 文には初期値を記述することができる．この初期値は，上位階層にジェネリックの記述がない場合に使用される．

- generic 文は，entity 宣言，component 宣言などに記述できる．

[使用例]

```
generic ( A : integer := 5 );
```

この使用例では，integer 型のジェネリック A の値を上位階層から受け取っている．上位階層にジェネリック A に関する記述がない場合には，A の値は 5 となる．　□

● 構文解説 15（generic_map 文）

[構文]

```
generic map ([ ジェネリック名 => ] 定数 { , [ ジェネリック名 => ] 定数 })
```

[機能解説]
- `generic_map` 文は，呼び出したコンポーネントのどのジェネリックに，どのような定数を渡すのかを記述するための構文であり，`component_instance` 文などに記述することができる．
- ジェネリックを記述する方法には，位置による指定と名前による指定の 2 種類がある．
  - 位置による指定
    この方法では，`generic` 文で記述したジェネリック名の順番通りに，それぞれのジェネリックに渡す定数を記述する．
  - 名前による指定
    この方法では，"ジェネリック名 => 定数" という形式で，ジェネリック名とそのジェネリックに渡す定数を記述する．この場合，`generic` 文で記述したジェネリック名の順番通りである必要はない．
- 呼び出したコンポーネントに定数を渡さないジェネリックがある場合は，予約語 "`open`" を記述するか，ジェネリック名の記述を省略する．

[使用例]

```
generic map ( 5, 8 )
```

この使用例は，位置による指定によって，呼び出したコンポーネントのジェネリックに二つの `integer` 型の定数を渡している．

● 構文解説 16 (if 文)

[構文]

```
if ( 条件 1 ) then
    { 順次処理文 1 }
{ elsif ( 条件 2 ) then
    { 順次処理文 2 } }
[ else
    { 順次処理文 3 } ]
end if;
```

[機能解説]
- `if` 文は，指定されたた条件に基づいて処理の流れを制御するための構文である．
- 上記の `if` 文では，条件 1 が成立する場合，順次処理文 1 が処理される．条件 1 が成立せず，条件 2 が成立する場合，順次処理文 2 が処理される．いずれの条件も成立しない場合は，順次処理文 3 が処理される．
- `elsif` 項は，いくつでも記述できる．また，`else` 項は，全ての条件が成立しなかった場合の記述であるので，一つしか記述できない．

- 条件の記述には，**表 A.1** に示した関係演算子を用いることができる．
- `if` 文は，`process` 本体，`subprogram` 本体，`if` 文，`case` 文，`loop` 文に記述することができる．

[使用例]

```
if ( A = B ) then
    { 順次処理文 1 }
elsif ( A > B ) then
    { 順次処理文 2 }
else
    { 順次処理文 3 }
end if;
```

この使用例では，信号 A，B の間に，"A = B" なる関係が成り立つとき，順次処理文 1 が処理される．また，"A > B" なる関係が成り立つとき，順次処理文 2 が処理される．いずれの条件も成立しない場合，すなわち，"A < B" なる関係が成り立つとき，順次処理文 3 が処理される．□

● 構文解説 17（library 宣言）

[構文]

```
library ライブラリ名 { , ライブラリ名 };
```

[機能解説]

- `library` 宣言は，ライブラリ内のデータの呼び出しを可能とするための構文である．ライブラリには，`architecture` 宣言，`configuration` 宣言，`entity` 宣言，`package` 宣言などが格納されている．これらのデータを呼び出すためには，まず，`library` 宣言を行う必要がある．

[使用例]

```
library IEEE;
use IEEE.std_logic_1164.all;
    ......
```

この使用例では，ライブラリ IEEE を宣言し，その中の std_logic_1164 というパッケージを呼び出している．□

● 構文解説 18 (loop 文)

[構文]

```
[ ラベル名 : ] [ ループ形式 ] loop
    { 順次処理文 }
end loop [ ラベル名 ];
```

[機能解説]

- generate 文が同時処理文の複製を生成するための構文であるのに対し，loop 文は順次処理文の複製を生成するための構文である．
- ループ形式を指定しないで loop 文を用いた場合，順次処理文が永久に繰り返し処理される．
- ループ形式には，以下のいずれかを指定できる．
    - for 形式 (for-loop 文)
        for ループ変数 in 範囲
        * for 形式では，範囲で指定された回数だけ，loop 文内部の順次処理文を繰り返し処理する．ループ変数は，明示的に宣言する必要のない整数型の変数である．このループ変数に，loop 文内部で値を代入することはできない．また範囲では，ループ変数がとる連続的な離散値を指定する．範囲の指定には，"0 to 7" のように，to や downto を用いることができる．
    - while 形式 (while-loop 文)
        while 条件
        * while 形式では，条件が成り立ってりる間，loop 文内部の順次処理文を繰り返し処理する．条件は，if 文などの条件と同様に記述する．
- loop 文内部に next 文，exit 文などを記述することによって，loop 文の繰り返しを制御することができる．
- loop 文は，process 本体，subprogram 本体，if 文，case 文，loop 文に記述することができる．

[使用例]

```
for L in 0 to 7 loop
    { 順次処理文 }
end loop;
```

この使用例は，for 形式の loop 文である．ループ変数 L の値は，0 からスタートし，順次処理文が一回処理されると，自動的に 1 だけインクリメントされる．ループ変数 L の値が，7 になるまで，順次処理文が繰り返し処理される． □

● 構文解説 19（next 文）

[構文]

```
next [ ラベル名 ] [ when 条件 ];
```

[機能解説]

- next 文は，loop 文内の順次処理をスキップさせるための構文であり，loop 文内でのみ用いることができる．
- next 文は，when 項が記述されている場合はその条件が成り立つとき，when 項が記述されていない場合は無条件で，next 文以降の記述をスキップし，ラベル名で指定された loop 文の処理を開始する．ラベル名が記述されていない場合は，その next 文を含む最も内側の loop 文までスキップする．

[使用例]

```
for L in 0 to 7 loop
    { 順次処理文 1 }
    next when L = 3;
    { 順次処理文 2 }
end loop;
```

この使用例では，ループ変数 L の値が 3 のときに，順次処理文 2 の処理がスキップされる．　□

● 構文解説 20（null 文）

[構文]

```
null;
```

[機能解説]

- null 文は，何も処理をしないことを明示的に表す場合に用いる構文である．
- null 文は，if 文，case 文などに記述することができる．

[使用例]

```
if ( 条件 ) then
    { 順次処理文 }
else
    null;
end if;
```

この使用例では，条件 1 が成り立つとき順次処理文 1 が処理され，条件 1 が成り立たないときは何も

処理を行わない．

● 構文解説 21（package 宣言）

[構文]

```
package パッケージ名 is
    { 宣言文 }
end [ パッケージ名 ];
```

[機能解説]

- package 宣言は，よく使用する宣言文をまとめて記述しておくための構文である．

- パッケージ内の宣言文は，use 文を用いることによって呼び出すことができる．

- package 宣言には，component 宣言，constant 宣言，signal 宣言，subprogram 宣言，type 宣言などを記述することができる．

[使用例]

```
package MY_PACK is
    constant T1 : integer := 3;
    constant T2 : integer := 5;
    component FULL_ADDER
        port ( A, B, CIN : in  std_logic;
               SUM, COUT : out std_logic );
    end component;
end;
```

この使用例の package 宣言には，二つの integer 型の定数 T1，T2 の宣言と FULL_ADDER の component 宣言が含まれている．このパッケージを呼び出すことにより，これらの宣言を省略することができる．

● 構文解説 22（package_body 文）

[構文]

```
package body パッケージ名 is
    { 宣言文 }
end [ パッケージ名 ];
```

[機能解説]

- package_body 文は，主に subprogram 本体を記述するために使用される構文である．

- package_body 文には，subprogram 本体の他に，constant 宣言，type 宣言などを記述することもできる．

[使用例]

```
package body MY_PACK is
    function SELECTOR(
        ......
        ......
    ) return  bit_vector is
    begin
        ......
        ......
    end;
end MY_PACK;
```

この使用例では，SELECTOR という名前のファンクションの中身を package_body 文を使用して記述している． □

● 構文解説 23（port 文）

[構文]

```
port (
    ポート名 { , ポート名 } : 方向 データタイプ [ := 初期値 ]
    { ; ポート名 { , ポート名 } : 方向 データタイプ [ := 初期値 ] }
);
```

[機能解説]

- port 文は，entity 宣言，component 宣言などにおいて，回路のインターフェース情報 (入出力ポートの情報) を記述するために用いられる．

- port 文において，方向には，入力 (in)，出力 (out)，双方向 (inout) などを指定する．

- port 文において，データタイプには，論理値 '0'，'1' などをとる bit 型，std_logic 型，これらの配列である bit_vector 型，std_logic_vector 型，整数をとる integer 型，論理値 TRUE(真)，FALSE(偽) をとる boolean 型などがある．

- bit_vector 型などの配列型のデータタイプを使用する場合，その配列の大きさを指示する必要がある．例えば bit_vector 型は，そのビット幅を，bit_vector(7 downto 0)(降順タイプ)，bit_vector(0 to 7)(昇順タイプ) のように指定する．

- port 文は，entity 宣言，component 宣言などに記述できる．

[使用例]

```
port ( A, B : in  bit;
       C, D : in  bit_vector(3 downto 0);
       X, Y : out bit );
```

この使用例では，A，B，C，D が入力ポート，X，Y が出力ポートであることを表している．また，

ポートA，B，X，Yは，bit型のデータタイプを持ち，ポートC，Dは，bit_vector型のデータタイプを持っている．ポートC，Dのビット幅は，4ビットである．

● 構文解説 24（port_map 文）

[構文]

```
port map ( [ ポート名 => ] 信号名 { , [ ポート名 => ] 信号名 } )
```

[機能解説]

- port_map 文は，呼び出したコンポーネントのどのポートに，どの信号線を接続するのかを記述するための構文であり，component_instance 文などに記述することができる．
- 接続情報を記述する方法には，位置による指定と名前による指定の 2 種類がある．
  - 位置による指定
    この方法では，component 宣言の port 文で記述したポート名の順番通りに，それぞれのポートに接続する信号名を記述する．
  - 名前による指定
    この方法では，"ポート名 => 信号名" という形式で，ポート名とそのポートに接続する信号名を記述する．この場合，port 文で記述したポート名の順番通りである必要はない．
- 呼び出したコンポーネントに使用しない出力ポートがある場合は，予約語 "open" を記述するか，ポート名の記述を省略する．なお，入力ポートには，その入力ポートに初期値が与えられている場合を除いて，"open" を使用することはできない．

[使用例 1]

```
port map ( L1, L2, L3, open, L4 )
```

この使用例は，リスト 4.2 の全加算器をコンポーネントとして使用する場合の port_map 文の例である．この port_map 文は，位置による指定によって，入力ポート A，B，CIN に，それぞれ信号線 L1，L2，L3 を接続することを表している．また，出力ポート SUM には何も接続せず，出力ポート COUT に信号線 L4 を接続している．

[使用例 2]

```
port map ( B => L2, A => L1, CIN => L3, SUM => open, COUT => L4 )
```

この使用例は，使用例 1 と同じ内容を，名前による指定によって記述した例である．この例のように，名前による指定の場合，component 宣言の port 文で記述したポート名の順番通りに記述する必要はない．

● 構文解説 25（process 文）

[構文]

```
[ ラベル名 : ] process [ (センシティビティ・リスト) ]
    { 宣言文 }
begin
    { 順次処理文 }
end process [ ラベル名 ];
```

[機能解説]

- process 文は，順次処理文を記述するための構文である．architecture 本体内の記述は，同時処理（並行処理）されるので，順次処理（逐次処理）文を記述する場合は，process 文内に記述する必要がある．

- process 文内には，if 文，case 文，loop 文などの条件分岐文を記述することができ，それらの記述は上から順番に処理される．

- センシティビティ・リストが無い場合，process 文では，その最後の記述まで処理が終了すると，また最初の記述に戻って，process 文の処理が繰り返される．ただし，センシティビティ・リストあるいは wait 文を記述することによって，process 文の起動を制御することができる．

- センシティビティ・リストを用いて，process 文の起動制御を行う場合，センシティビティ・リスト内には，信号名を記述する．センシティビティ・リスト内に記述されたいずれかの信号の値が変化したときのみ，process 文が起動し，process 文の最後の記述まで順番に処理する．処理が終了すると，次に，センシティビティ・リスト内の信号が変化するまで，process 文はその動作を停止する．

- wait 文を用いる場合は，センシティビティ・リストを記述できない．

- architecture 本体内に process 文が複数存在する場合，それらの process 文は，同時処理される．なお，ラベル名は，プロセスに付ける固有名であり，省略することが可能である．

[使用例]

```
process ( A, B, C )
begin
    { 順次処理文 }
end process;
```

この使用例では，センシティビティ・リストに記述された信号 A，B，C のいずれかの値が変化したときのみ，process 文の順次処理文が実行される．　　　　　　　　　　　　　□

● 構文解説 26 (signal 宣言)

[構文]

```
signal 信号名 { , 信号名 } : データタイプ [ := 初期値 ]
```

[機能解説]
- signal 宣言では，回路の内部で用いる内部信号線の情報を記述する．
- signal 宣言は，architecture 宣言部，package 宣言などに記述することができる．

[使用例]

```
signal S1, S2 : bit_vector(1 downto 0);
```

この使用例では，2 ビットの幅をもつ bit_vector 型の信号 S1，S2 を宣言している． □

● 構文解説 27 (subprogram 宣言)

[構文]

```
サブプログラム仕様;
```

[機能解説]
- subprogram 宣言は，主に，サブプログラムをパッケージに格納する場合に，package 宣言に宣言される．サブプログラムおよび**サブプログラム仕様**については，subprogram 本体の解説を参照せよ．

[使用例 1]

```
function SELECTOR(A, B, SEL : std_logic) return std_logic;
```

この使用例は，ファンクション SELECTOR の宣言例である．

[使用例 2]

```
procedure SELECTOR( A, B, SEL : in  std_logic;
                    SOUT      : out std_logic );
```

この使用例は，順次処理プロシージャ SELECTOR の宣言例である．

[使用例 3]

```
procedure SELECTOR( signal A, B, SEL : in  std_logic;
                    signal SOUT       : out std_logic );
```

この使用例は，同時処理プロシージャ SELECTOR の宣言例である． □

● 構文解説 28（subprogram 本体）

[構文]

```
サブプログラム仕様 is
    { 宣言文 }
begin
    { 順次処理文 }
end [ サブプログラム名 ];
```

[機能解説]

- サブプログラムは，よく使用するアルゴリズムを記述するための構文である．サブプログラムには，ファンクションとプロシージャがあり，それぞれ，サブプログラム仕様の書き方が異なり，以下のようになる．なお，サブプログラム名は，以下のファンクション名またはプロシージャ名を指す．

    - ファンクション

        function ファンクション名 [（パラメータ・リスト）] return データタイプ

        * ファンクションでは，**return 文**を用いることによって，一つだけ値を返すことができる．またファンクションでは，入力しかないため，パラメータ・リストの方向指定 in は省略できる．

    - プロシージャ

        procedure プロシージャ名 [（パラメータ・リスト）]

        * プロシージャでは，パラメータ・リストの方向指定に in, out, inout を指定できる．プロシージャは，return 文を用いずに，out または inout を指定することによって 0 個以上の値を返す．なお，プロシージャには，**順次処理プロシージャ**と**同時処理プロシージャ**の 2 種類がある．順次処理プロシージャは，順次処理文として呼び出されるプロシージャである．一方，同時処理プロシージャは，同時処理文として呼び出されるプロシージャである．同時処理プロシージャとして呼び出す場合には，パラメータ・リスト中の各パラメータは，signal 宣言されている必要がある．

- サブプログラム仕様は，subprogram 宣言を記述する際にも用いられる．

- subprogram 本体は，architecture 宣言部，entity 宣言部，process 宣言部，block 宣言部，package 宣言，subprogram 宣言部などに記述できる．

[使用例 1]

```
function SELECTOR( A, B, SEL : std_logic ) return std_logic is
variable SOUT : std_logic;
begin
    if ( SEL = '1' ) then
        SOUT := A;
    else
        SOUT := B;
    end if;
    return SOUT;
end SELECTOR;
```

この使用例は，ファンクション SELECTOR の記述例である．結果は，return 文で返される．

[使用例 2]

```
procedure SELECTOR( A, B, SEL : in  std_logic;
                    SOUT       : out std_logic ) is
begin
    if ( SEL = '1' ) then
        SOUT := A;
    else
        SOUT := B;
    end if;
end SELECTOR;
```

この使用例は，順次処理プロシージャ SELECTOR の記述例である．

[使用例 3]

```
procedure SELECTOR( signal A, B, SEL : in  std_logic;
                    signal SOUT      : out std_logic ) is
begin
    if ( SEL = '1' ) then
        SOUT <= A;
    else
        SOUT <= B;
    end if;
end SELECTOR;
```

この使用例は，同時処理プロシージャ SELECTOR の記述例である． □

● 構文解説 29（subprogram 呼び出し）

[構文]

> サブプログラム名（[パラメータ名 =>] 式 { , [パラメータ名 =>] 式 }）

[機能解説]

- subprogram 呼び出しは，subprogram 本体に記述したアルゴリズムを呼び出すための構文である．サブプログラム名には，ファンクション名またはプロシージャ名を指定する．
- サブプログラムに渡すパラメータやサブプログラムから受け取るパラメータの指定には，位置による指定と名前による指定の 2 種類がある．
    - 位置による指定
    この方法では，subprogram 宣言のパラメータ・リストで記述したパラメータ名の順番通りに，それぞれのパラメータに接続する信号名などの式を記述する．
    - 名前による指定
    この方法では，"パラメータ名 => 式" という形式で，パラメータ名とそれに対応させる信号名などの式を記述する．

[使用例 1]

```
X <= SELECTOR(A => SA, B => SB, SEL => SS);
```

この使用例では，ファンクション SELECTOR を名前による指定で呼び出している．ファンクションの呼び出しでは，return 文で返される値を信号などに代入する必要がある．

[使用例 2]

```
process ( A, B, C ) begin
   ……
      SELECTOR(SA, SB, SS, SOUT);
   ……
end process;
```

この使用例では，順次処理プロシージャ SELECTOR を位置による指定で呼び出している．順次処理プロシージャは，順次処理文なので，process 文内で呼び出す必要がある．

[使用例 3]

```
architecture STRUCTURE of ALU is
begin
   ……
      SELECTOR(SA, SB, SS, SOUT);
   ……
end STRUCTURE;
```

この使用例では，同時処理プロシージャ SELECTOR を位置による指定で呼び出している．同時処理プロシージャは，同時処理文なので，architecture 本体内や block 本体内で呼び出す必要がある．　□

● 構文解説 30（subtype 宣言）

[構文]

```
subtype サブタイプ名 is データタイプ名 [ 範囲指定 ];
```

[機能解説]

- subtype 宣言は，既存のデータタイプに対して範囲の制限を設けるための構文である．データタイプ名には，宣言済みのタイプ名やサブタイプ名などを指定する．
- subtype 宣言は，配列を定義する際の基底タイプの宣言などにも用いられる．
- subtype 宣言は，architecture 宣言部，entity 宣言部，block 宣言部，process 宣言部，package 宣言などに記述することができる．

[使用例 1]

```
subtype WORD is std_logic_vector(7 downto 0);
signal DATA : WORD;
```

この使用例では，8 ビット幅の std_logic_vector 型のサブタイプ WORD を宣言している．また，このサブタイプを用いて，WORD 型の信号 DATA を宣言している．よく使用するデータ範囲がある場合などは，subtype 宣言をパッケージ内に記述しておくと便利である．

[使用例 2]

```
subtype DIGIT is integer range 0 to 9;
```

この使用例では，0 から 9 の範囲指定を持つ integer 型のサブタイプ DIGIT を宣言している．この例のように，integer 型では，予約語 **range** を用いて範囲指定をする．　□

● 構文解説 31（type 宣言）

[構文 1]

```
type 列挙タイプ名 is ( 列挙定数 { , 列挙定数 });
```

[構文 2]

```
type 配列タイプ名 is array ( 範囲指定 ) of サブタイプ名;
```

[機能解説]

- type 宣言は，ユーザ独自のデータタイプを定義するための構文であり，よく用いられるユーザ定義データタイプは，上に示した列挙タイプおよび配列タイプである．

- 列挙タイプは，そのタイプのデータが取り得る全ての値を列挙することによって定義される．ステートマシンの設計において，状態を定義する場合などに使用される．

- 配列タイプは，サブタイプ名で指定されたデータタイプのデータが指定された範囲の数だけ集まったものとして定義される．RAM や ROM の設計において，二次元配列を定義する場合などに使用される．

- type 宣言で宣言できるデータタイプには，この他，物理タイプ，レコードタイプ，ファイルタイプなど多くデータタイプが存在するが，本書では割愛する．

- type 宣言は，architecture 宣言部，entity 宣言部，block 宣言部，process 宣言部，package 宣言などに記述することができる．

[使用例 1]

```
type STATE is ( INIT, S1, S2, S3 );
```

この使用例では，STATE というデータタイプを宣言している．データタイプ STATE は，INIT，S1，S2，S3 という 4 種類の値を取り得る．

[使用例 2]

```
subtype WORD is std_logic_vector(7 downto 0);
type MEMORY1 is array ( 0 to 15 ) of WORD;
signal RAM1 : MEMORY1;
```

この使用例では，8 ビット幅の std_logic_vector 型のサブタイプ WORD を用いて，MEMORY1 というデータタイプを宣言している．データタイプ MEMORY1 は，サブタイプ WORD が 16 個集まったものとして定義されている．また，データタイプ MEMORY1 をもつ信号として，RAM1 が宣言されている．

[使用例 3]

```
subtype WORD is std_logic_vector(7 downto 0);
type MEMORY2 is array ( integer range <> ) of WORD;
signal RAM2 : MEMORY2(0 to 31);
```

この使用例のように，範囲に（integer range <>）と指定すると，範囲制限のない配列を定義できる．使用例のデータタイプ MEMORY2 は，範囲制限のない配列として定義されている．この場合，データタイプ MEMORY2 を持つ信号や変数を宣言する際に，範囲を指定する．使用例の信号 RAM2 は，サブタイプ WORD が 32 個集まった配列タイプとして定義されている． □

● 構文解説 32（use 節）

[構文]

```
use ライブラリ名.パッケージ名 [ .アイテム名 ];
```

[機能解説]

- use 節は，パッケージの呼び出しに用いられる．ライブラリ名およびパッケージ名で指定したパッケージ内の，アイテム名で指定した宣言を呼び出す．
- アイテム名に予約語 all を用いると，指定したパッケージ内の全ての宣言を呼び出す．

[使用例]

```
library IEEE;
use IEEE.std_logic_1164.all;
```

この使用例では，ライブラリ IEEE 中のパッケージ std_logic_1164 を呼び出し，その全ての宣言を使用可能としている． □

● 構文解説 33（variable 宣言）

[構文]

```
variable 変数名 { , 変数名 } : データタイプ [ := 初期値 ];
```

[機能解説]

- variable 宣言は，process 本体や subprogram 本体で用いる変数を宣言するための構文であり，process 宣言部および subprogram 本体の宣言部に記述できる．
- 宣言された変数は，その process 本体や subprogram 本体でのみ有効なローカル変数となる．
- 変数への値の代入には，<= ではなく，:= を用いる．
- 変数への値の代入は，信号代入文とは異なり，**デルタ遅延**なしに行われる．

[使用例]

```
variable V1, V2 : bit_vector(2 downto 0);
```

この使用例では，3 ビットの幅をもつ bit_vector 型の変数 V1，V2 を宣言している． □

● 構文解説 34（wait 文）

[構文]

```
wait [ on 信号名 { , 信号名 } ] [ until 条件 ] [ for 時間 ];
```

[機能解説]
- wait 文は，process 文の起動制御を行うために用いる．
- wait 文は，on で指定した信号のいずれか一つが変化するまで，または，until で指定した条件が成り立つまで，または，for で指定した時間が経過するまで，処理を一時停止する．指定条件のいずれか一つが成立すると，その wait 文の次の文から処理を再開する．
- 何の指定もない wait 文を用いると，wait 文を処理した段階で，その wait 文のある process 文は永久に停止する．
- wait 文とセンシティビティ・リストを同時に使用することはできない．

[使用例]

```
wait on A, B until C > D for 10ns;
```

この使用例では，信号 A，B の少なくともいずれか一方の値が変化するか，あるいは，信号 C，D の間に "C > D" なる関係が成立するか，あるいは，10 [ns] の時間が経過するまで，処理を一時停止する． □

● 構文解説 35（コメント文）

[構文]

```
-- コメント
```

[機能解説]
- コメント文は，VHDL 記述中にコメントを挿入する場合に使用する．
- VHDL 記述中に "--" がある場合は，"--" から "--" のある行の最後までは，コメント文として無視される．

A.2 VHDL の構文解説　237

[使用例]

```
-- 回路名：半加算器
-- 設計者：名無しの権兵衛
-- 作成日：2000 年 1 月 1 日

library IEEE;                          -- ライブラリ宣言
use IEEE.std_logic_1164.all;           -- パッケージ呼び出し

　．．．．．．
```

この使用例のように，コメント文を使って回路名や設計者名を明記したり，記述の説明を加えておくと，後で記述を見直す際などに役立つ．　　　　　　　　　　　　　　　　　　　　　　　　□

● 構文解説 36（条件付き信号代入文）

[構文]

```
代入先信号 <= { 式 when 条件 else } 式；
```

[機能解説]

- 条件付き信号代入文は，記述されている順番に条件を評価し，最初に成立した条件に対応する式の値を代入先信号に代入する．

- 式は，一つの信号やその信号に単項演算を施したもの，また，複数の信号間に演算を施したものなどである．なお単項演算子や二項演算子には，表 A.1 (p.239) に示すようなものがある．

[使用例]

```
X <= A when S = "00" else
     B when S = "11" else
     C;
```

この使用例では，S = "00" が成り立つとき A の値を，S = "11" が成り立つとき B の値を，それ以外のとき C の値を，それぞれ信号 X に代入することを表している．　　　　　　　　　　□

● 構文解説 37（信号代入文）

[構文]

```
代入先信号 <= 式；
```

[機能解説]

- 信号代入文は，式から定まる値を代入先信号に代入するために用いられる．

- 式は，一つの信号やその信号に単項演算を施したもの，また，複数の信号間に演算を施したものな

どである．なお単項演算子や二項演算子には，**表 A.1** に示すようなものがある．

[使用例]

```
X <= ( not A ) and ( not B );
Y <= not ( A or B );
```

この使用例では，信号 X に $\overline{A}\cdot\overline{B}$ の値を，また信号 Y に $\overline{A+B}$ の値を代入することを表している．　　□

● 構文解説 38（変数代入文）

[構文]

```
代入先変数 := 式;
```

[機能解説]
- 変数代入文は，式から定まる値を代入先変数に代入するために用いられる．
- 式は，一つの信号や変数，その信号や変数に単項演算を施したもの，また，複数の信号や変数間に演算を施したものなどである．なお単項演算子や二項演算子には，**表 A.1** に示すようなものがある．

[使用例]

```
V1 := A;
V2 := A and B;
```

この使用例では，変数 V1 に A の値を，また信号 V2 に $A\cdot B$ の値を代入することを表している．　　□

A.3　VHDL で使用できる演算子

VHDL で使用可能な演算子を**表 A.1** に示す．

表 A.1　VHDL の演算子

分類	演算子	機能	優先順位 (*1)
論理演算子 (単項)	not	否定	1
論理演算子 (二項)	and	論理積	6
	or	論理和	6
	xor	排他的論理和	6
	nand	論理積の否定	6
	nor	論理和の否定	6
算術演算子 (単項)	+	正 (符号)	3
	-	負 (符号)	3
	abs	絶対値	1
算術演算子 (二項)	+	加算	4
	-	減算	4
	*	乗算	2
	/	除算	2
	mod	モジュロ (*2)	2
	rem	剰余 (*2)	2
	**	べき乗	1
関係演算子	=	等しい	5
	/=	等しくない	5
	<	より大きい	5
	>	より小さい	5
	<=	より大きいか等しい	5
	>=	より小さいか等しい	5
連接演算子	&	連接	4

*1：この数値が小さい演算子ほど優先順位が高い
*2：モジュロ (mod) と剰余 (rem) の違い
　　mod の結果：　被除数と同じ符号をもつ
　　rem の結果：　除数と同じ符号をもつ

A.4　VHDL の予約語

A.4.1　現在の版 (Std 1076-1993) の予約語

abs	downto	mod	report
access	else	nand	return
after	elsif	new	select
alias	end	next	severity
all	entity	nor	signal
and	exit	not	subtype
architecture	file	null	then
array	for	of	to
assert	function	on	transport
attribute	generate	open	type
begin	generic	or	units
block	guarded	others	until

body	if	out	use
buffer	in	package	variable
bus	inout	port	wait
case	is	procedure	when
component	label	process	while
configuration	library	range	with
constant	loop	record	
disconnect	map	rem	

A.4.2 旧版 (Std 1076-1987) にあって 1993 年版で削除された予約語

group	postponeded	ror	sra
impure	pure	shared	srl
inertial	reject	sla	unaffected
literal	rol	sll	xnor

A.5 VHDLで使用できる型変換関数

各パッケージに定義されている型変換関数を表 A.2 に示す．

表 A.2 定義済みの使用できる型変換関数

関数名	機能
numeric_std パッケージ	
to_integer(A)	unsigned 型, signed 型から integer 型への変換
to_unsigned(A, ビット幅)	integer 型から unsigned 型への変換
to_signed(A, ビット幅)	integer 型から signed 型への変換
std_logic_1164 パッケージ	
to_bitvector(A)	std_logic_vector 型から bit_vecotr 型への変換
to_stdlogicvector(A)	bit_vecotr 型から std_logic_vector 型への変換
std_logic_unsigned パッケージ	
conv_integer(A)	std_logic_vector 型から integer 型への変換
std_logic_signed パッケージ	
conv_integer(A)	std_logic_vector 型から integer 型への変換
std_logic_arith パッケージ	
conv_integer(A)	unsigned 型, signed 型から integer 型への変換
conv_unsigned(A, ビット幅)	integer 型, signed 型から unsigned 型への変換
conv_signed(A, ビット幅)	integer 型, unsigned 型から signed 型への変換
conv_std_logic_vector(A, ビット幅)	integer 型, unsigned 型, signed 型から std_logic_vector 型への変換

Appendix B
TEXTIOパッケージ

TEXTIO パッケージは，コンピュータ上のテキストファイルにアクセスするためのデータタイプや関数が定義されているパッケージである．TEXTIO パッケージを使用するためには，**リスト 4.14** や**リスト 6.11** に示すように，ライブラリ STD を指定し，パッケージ TEXTIO を呼び出す必要がある．

TEXTIO パッケージ内で定義されているデータタイプおよび関数を，それぞれ**表 B.1** および**表 B.2** に示す．

表 B.1　TEXTIO パッケージで定義されているデータタイプ

データタイプ名	説明
line 型	テキストファイル内の 1 行分の文字配列を表すアクセスタイプ
text 型	テキストファイルにアクセスするためのファイルタイプ
side 型	右詰め right か左詰め left をとる列挙タイプ
WIDTH 型	書き込み時の文字幅(非負整数)を指定するためのサブタイプ

表 B.2　TEXTIO パッケージで定義されている関数

関数名	機能
readline(F, L)	file 変数 F で指定されたファイルから 1 行分のデータを読み出し，line 型の変数 L に代入する
read(L, V)	line 型の変数 L から，変数 V の幅の分だけの文字を読み出し，変数 V に代入する
writeline(F, L)	line 型の変数 L に代入されている 1 行分のデータを，file 変数 F で指定されたファイルに書き込む
write(L, V, S, W)	WIDTH 型の変数 W で指定した文字幅の中に，side 型の変数 S で指定した文字の詰め方で，変数 V に代入されているデータを，line 型の変数 L に書き込む．変数 S には，右詰めを表す right または左詰めを表す left を指定できる
endfile(F)	file 変数 F で指定されたファイルの最後まで読み出した場合に TRUE を，それ以外の場合に FALSE を返す

　ファイルにアクセスするためには，ファイル変数を宣言しておく必要がある．ファイル変数の宣言には，file 宣言を用いる．この際，TEXTIO パッケージで定義されている text 型を使用する．
　またファイルに対するアクセスは，1 行単位で行われる．この 1 行を保持するための変数もあらかじめ宣言しておく必要がある．このとき，TEXTIO パッケージで定義されている line 型を用いて変数を宣言しておくことにより，**表 B.2** に示した定義済み関数を用いて，ファイルに対するアクセスが行える．
　なお，TEXTIO パッケージでは，std_logic 型を使用できない．TEXTIO パッケージで std_logic

型を使用する場合は，リスト 4.14 やリスト 6.11 に示すように，さらに，ライブラリ IEEE の中のパッケージ std_logic_textio を呼び出す必要がある．

なお，std_logic_textio パッケージには，ファイルアクセス用の関数がいくつか追加されている．この追加されている関数を表 B.3 に示す．

表 B.3 std_logic_textio パッケージで定義されている関数

関数名	機能
hread(L, V)	16 進数表示で読み出す点を除いて，read(L, V) と同じ
oread(L, V)	8 進数表示で読み出す点を除いて，read(L, V) と同じ
hwrite(L, V, S, W)	16 進数表示で書き込む点を除いて，write(L, V, S, W) と同じ
owrite(L, V, S, W)	8 進数表示で書き込む点を除いて，write(L, V, S, W) と同じ

TEXTIO パッケージおよび std_logic_textio パッケージの使用例については，本文中のリスト 4.14 やリスト 6.11 を参照して頂きたい．

Appendix C
信号代入文と変数代入文

　信号代入文は，**signal**宣言で宣言された信号に対して値を代入する構文である．一方，**変数代入文**は，**variable**宣言で宣言された変数に対して値を代入する構文である．どちらも値を代入する構文であるが，その動作が異なる．以下で，この違いについて簡単に説明する．

　信号代入文は，それが実行されたとき即座に値が代入されるのではなく，非常に短い遅延の後に代入される．この非常に短い遅延を**デルタ遅延**(delta delay：Δ遅延) という．デルタ遅延は，シミュレータだけに存在し，実際の遅延時間には対応しない見かけ上の遅延である．一方，変数代入文は，それが実行されたとき，デルタ遅延なしに即座に値が代入される．このような信号代入文と変数代入文の違いを，**リストC.1**の代入文を例に見ていこう．

リストC.1　信号代入文と変数代入文の違い

```
[信号代入文]                        [変数代入文]
process ( A, B, C, D, E )          process ( A, B, C, D )

                                   variable E : std_logic;

begin                              begin
    E <= A + B;                        E := A + B;
    X <= D + E;                        X <= D + E;
    E <= A + C;                        E := A + C;
    Y <= D + E;                        Y <= D + E;
end process;                       end process;


[代入結果]                          [代入結果]
X = A + C + D                       X = A + B + D
Y = A + C + D                       Y = A + C + D
```

　信号代入文では，デルタ遅延があるため，すべての信号代入文の右辺の計算が行われてから，計算結果が左辺に代入される．**process**文内では，順次処理文を上から順に最後まで実行した時点，または，**wait**文により時間が変化した時点で，信号代入文の右辺の計算結果が左辺に代入される．このため，**リストC.1**の信号代入文では，まずE <= A + Bが実行されるが，この値は上書きされて，信号Eの値はA + Cとな

る.その結果,信号X,Yの値はともに,A + C + Dとなる.

　一方,変数代入文では,デルタ遅延がないため,実行されると即座に,右辺の計算結果が左辺に代入される.このため,**リストC.1**の変数代入文では,まず`E := A + B`が実行され,この結果が信号Xの値に反映される.また,`E := A + C`の結果は,信号Yの値に反映される.その結果,X = A + B + DおよびY = A + C + Dとなる.

　デルタ遅延は,ハードウェアの並列動作を忠実にモデル化するための概念である.たとえば,`architecture`本体内に記述された各文は,並列に処理される.すなわち,`architecture`本体内の各文の記述順序を入れ換えても同じ動作をする回路を表していることになる.デルタ遅延により信号代入をまとめて行うことにより,このような並列処理を忠実にシミュレートしている.

参考文献

本書を執筆するにあたって多くの文献を参考にさせて頂いた．以下にそれらの文献を紹介する．

1. ディジタル回路に関する参考文献

[1] 笹尾 勤 著, 論理設計 — スイッチング回路理論 —, 第 2 版, 近代科学社 (1998).
[2] 山田 輝彦 著, 論理回路理論, 森北出版 (1990).
[3] 藤井 信生 著, ディジタル電子回路, 昭晃堂 (1988).
[4] 正田 英介 監修, 常深 信彦 編著, ディジタル回路, オーム社 (1997).
[5] 田村 進一 著, ディジタル回路, 昭晃堂 (1988).
[6] 河崎 隆一, 安藤 隆夫, 清水 秀紀 共著, ディジタル回路入門, コロナ社 (1990).
[7] 江端 克彦, 久津輪 敏郎 共著, ディジタル回路設計, 共立出版 (1997).
[8] 猪飼 國夫, 本多 中二 共著, ディジタル・システムの設計, CQ 出版(株) (1990).
[9] 当麻 喜弘, 内藤 祥雄, 南谷 崇 共著, 順序機械, 岩波書店 (1983).
[10] 当麻 喜弘 著, 順序回路論, 昭晃堂 (1976).
[11] 当麻 喜弘 著, スイッチング回路理論, コロナ社 (1986).
[12] 当麻 喜弘, 米田 友洋 共著, スイッチング回路理論演習, コロナ社 (1988).
[13] 村田 裕 著, PLD 回路化のための組合せ論理回路, 共立出版 (1998).
[14] 村田 裕 著, PLD 回路設計のための順序論理回路, 共立出版 (1998).
[15] 小林 芳直 著, 定本 ASIC の論理回路設計, CQ 出版(株) (1998).
[16] S. G. Shiva, Introduction to Logic Design, 2nd ed., Marcel Dekker, 1998.

2. ディジタル IC に関する参考文献

[17] 桜井 至 著, LSI 設計の基礎技術, テクノプレス (1999).
[18] 白土 義男 著, 図解 ディジタル IC のすべて — ゲートからマイコンまで —, 東京電機大学出版 (1984).
[19] 津川 順 著, デジタル・IC 入門基本 18 章, 電波新聞社 (1980).
[20] 中村 行宏, 小野 定康 共著, ULSI の効果的な設計法, オーム社 (1994).
[21] 白石 肇 著, わかりやすいシステム LSI 入門, オーム社 (1999).
[22] 麻生 明 編著, システム LSI のすべて, 工業調査会 (2000).
[23] 西久保 靖彦 著, 基本 ASIC 用語辞典, CQ 出版(株) (1992).
[24] VDEC 監修, 浅田 邦博 編, ディジタル集積回路の設計と試作, 培風館 (2000).

3. VHDL に関する参考文献

[25] IEEE Standard 1076-1993, VHDL Language Reference Manual, IEEE, 1993.
[26] IEEE Standard 1164-1993, Multivalue Logic System for VHDL Model Interoperability(Std_logic_1164), IEEE, 1993.
[27] 長谷川 裕恭 著, VHDL によるハードウェア設計入門, CQ 出版(株) (1995).
[28] J. Bhasker 著, A VHDL Primer VHDL 言語入門, CQ 出版(株) (1995).
[29] Z. Navabi, VHDL — Analysis and Modeling of Digital Systems —, 2nd ed., McGrawHill(1998).
[30] A. Rushton, VHDL for Logic Synthesis, 2nd ed., John Wiley & Sons(1998).

[31] K. C. Chang, Digital Systems Design with VHDL and Synthesis — An Integrated Approach —, IEEE Computer Society(1999).
[32] D. L. Perry 著，メンター・グラフィックス・ジャパン株式会社 訳，今井 正治，山田 昭彦 監訳，VHDL，アスキー出版 (1996).
[33] 桜井 至 著，HDL 設計入門 — VHDL, Verilog-HDL, 合成を用いた設計 —，改定版，テクノプレス (1997).
[34] 桜井 至 著，HDL によるデジタル設計の基礎，テクノプレス (1997).
[35] 深山 正幸，北川 章夫，秋田 純一，鈴木 正國 共著，HDL による VLSI 設計 — VerilogHDL と VHDL による CPU 設計 —，共立出版 (1999).

4. 情報数学に関する参考文献
[36] 今井 秀樹 著，情報数学，昭晃堂 (1982).
[37] 尾崎 弘，樹下 行三 共著，ディジタル代数学，共立出版 (1966).
[38] 野崎 昭弘 著，離散系の数学，近代科学社 (1980).
[39] 細井 勉 著，情報科学のための論理数学，日本評論社 (1992).
[40] R. P. Grimaldi, Discrete and Combinational Mathematics — An Applied Introduction —, 3rd ed., Addison Wesley(1994).
[41] 小野 寛晰 著，情報代数，共立出版 (1994).
[42] 小野 寛晰 著，情報科学における論理，日本評論社 (1994).
[43] 桔梗 宏孝 著，応用論理，共立出版 (1996).

5. 暗号に関する参考文献
[44] D. R. Stinson 著，櫻井 幸一 監訳，暗号理論の基礎，共立出版 (1996).
[45] 澤田 秀樹 著，暗号理論と代数学，海文堂 (1997).
[46] 情報理論とその応用学会 編，暗号と認証，培風館 (1996).
[47] 岡本 龍明，山本 博資 共著，現代暗号，産業図書 (1997).
[48] A. Salomaa 著，足立 暁生 訳，公開鍵暗号系，東京電機大学出版 (1992).
[49] 辻井 重男，笠原 正雄 編著，暗号と情報セキュリティ，昭晃堂 (1990).
[50] 松井 甲子雄 著，コンピュータのための暗号組立法入門，森北出版 (1986).
[51] 松井 甲子雄 著，コンピュータによる暗号解読法入門，森北出版 (1990).
[52] 今井 秀樹 著，暗号のおはなし，日本規格協会 (1993).
[53] 太田 和夫，黒澤 馨，渡辺 治 共著，情報セキュリティの科学 — マジック・プロトコルへの招待 —，講談社 (1995).

索 引

【記号／数字】

'event 110, 212
'high 212
'left 212
'length 212
'low 212
'range 212
'right 212
'stable 111, 212
& 113
10 進-BCD 符号エンコーダ (decimal to BCD encoder) 71
10 進数 (decimal number) 7, 8
10 進定数 26
1 の補数 (one's complement) 10
2 進化 10 進 (BCD) 符号 9
2 進数 7, 8, 9
2 の補数 (two's complement) 10

【A】

A-D 変換器 (Analog to Digital Converter : A-D Converter) .. 140
all 235
AND-OR 二段回路 (AND-OR circuit) 78, 173
AND-XOR 二段回路 (AND-XOR circuit) 173
AND ゲート 12
architecture 宣言 25, 210
architecture 宣言部 211
architecture 本体 25, 65, 211
ASIC (application specific IC : 特定用途向け IC) 162
assert 文 211
attribute 212

【B】

BCD 符号-10 進デコーダ (BCD to decimal decoder) 69
bit_vector 型 26
bit 型 25, 26
block 宣言部 213
block 文 213
block 本体 213

【C】

case 文 65, 69, 88, 99, 101, 133, 173, 214
character 型 26
CMOS 162
component_instance 文 215
component 宣言 83, 215
configuration 宣言 82, 216
constant 宣言 217

【D】

D-A 変換器 (Digital to Analog Converter : D-A Converter) .. 140
D-FF 104, 132, 163
DRAM (dynamic RAM) 148
D ラッチ (D latch) 104

【E】

EEPROM (electrical EPROM) 145
EEPROM 型 FPGA 164
endfile 85
entity 宣言 25, 217
EPROM (erasable PROM) 145
ERROR 211
exit 文 218

【F】

FAILURE 211
falling_edge 111
FF 101, 122, 132, 169
file 宣言 85, 218
for-loop 文 65, 72, 173
FPGA 162, 163

【G】

generate 文 219
generic_map 文 220
generic 文 220
guarded 213

【H】

HDL 157

【I】

IC (integrated circuit : 集積回路) 109
IEEE 24, 26
if 文 64, 65, 67, 88, 99, 173, 221
integer 型 26

【J】

JK-FF 99, 129

【L】

library 宣言 222
line 型 85
loop 文 88, 218, 223
LSB (least significant bit) 10
LSI (large scale IC) 161

【M】

MIL 記号 (military standard) 12
MSI (medium scale IC) 161

【N】

NAND ゲート 13
NAND 二段回路 (NAND-NAND circuit) 173
next 文 224
NOR ゲート 13
NOR 二段回路 (NOR-NOR circuit) 173
NOTE 211
NOT ゲート 12
now 85
null 文 101, 224
numeric_std パッケージ 63

248　索引

n 進数 8, 9

【O】

OR-AND 二段回路 (OR-AND circuit) 173
OR ゲート 12
others 67, 214

【P】

package_body 文 225
package 宣言 225
port_map 文 227
port 文 25, 226
process 文 64, 66, 111, 161, 228
PROM (programmable ROM) 145

【R】

RAM (random access memory) 142
range 233
read 85
readline 85
real 型 26
report 文 211
return 文 230
rising_edge 111
ROM (read only memory) 142
ROM ライタ 145
RS-FF 92, 128
RSA 暗号 (Rivest-Shamir-Adelman scheme cipher) ... 181
RS ラッチ 98

【S】

severity 文 211
signal 宣言 229, 243
signal 文 25
SRAM (static RAM) 148
SRAM 型 FPGA 164
SSI (small scale IC) 161
std_logic_arith パッケージ 64
std_logic_signed パッケージ 64
std_logic_textio 85
std_logic_unsigned パッケージ 63
std_logic_vector 型 26, 63
std_logic 型 26
string 型 26
subprogram 宣言 229
subprogram 本体 230
subprogram 呼び出し 231
subtype 宣言 146, 233

【T】

T-FF 102, 131
TEXTIO パッケージ 85, 241
text 型 219
to 214
TTL 162
type 宣言 133, 146, 233

【U】

ULSI (ultra large scale IC) 161

use 節 235
UVEPROM (ultraviolet EPROM) 145

【V】

variable 宣言 235, 243
VHDL 3, 24, 26
VLSI (very large scale IC) 161

【W】

wait 文 236
WARNING 211
when others 節 101
when 節 214
write 85
writeline 85

【X】

XOR ゲート 13

【あ】

アーキテクチャ (architecture) 25, 82
アーキテクチャ名 211
アクティブ (active) 106
アップカウンタ (up counter) 135
アップダウンカウンタ (up/down counter) 136
アトリビュート 110, 212
アドレス (address) 143
アドレスバス 146
アナログ回路 (analog circuit) 11
アナログ信号 (analog signal) 11, 12
暗号 (cryptography) 179
暗号化 (encryption) 180, 182
暗号鍵 180
暗号器 180
暗号文 (ciphertext) 180

【い】

位相比較 (弁別) 器 117

【え】

エッジ (edge) 109, 110
エッジトリガ型 FF (edge-triggered FF) 109, 110
エラー・レベル 211
エンコーダ (encoder) 71
エンティティ (entity) 25, 82
エンティティ名 217

【お】

重み 41

【か】

ガード式 213
階層設計 (hierarchical design) 59, 61
解読 (cryptanalysis) 180
回路設計 (circuit design) 1
カウンタ (counter) 114
鍵 (key) 180
鍵配送 180
加法 (標準) 形 (disjunctive canonical form) ... 31, 173

加法展開定理 32, 43
カルノー図 42, 43
カルノー (Karnaugh) 図法 42, 173
含意 35
関数ハザード (function hazard) 81
完全系 34, 36
簡単化 (simplification) 19
慣用暗号 180

【き】

キーワード 209
記憶回路 (storage circuit) 122
奇数 (偶数) パリティビット (odd (even) parity bit) 72
基底定数 26
機能設計 1, 161, 191
機能ブロック (functional block) 167
機能ブロックライブラリ (functional block library) ... 167
揮発性メモリ (volatile memory) 148
基本積 (fundamental product) 40
基本和 (fundamental sum) 40
キャリ 8, 15
吸収則 (absorption law) 20

【く】

組み合わせ回路 12, 122, 155
組み合わせ回路合成 (combinational logic synthesis) ... 171
グレイコード 140, 171
グレイコードカウンタ 140, 171
グレイコード割り当て 170
クロック 95, 111
クワイン・マクラスキー法 42, 48, 173

【け】

形式的検証 (formal verification) 81
ゲートアレイ (gate array) 162
ゲート (gate) 回路 12
結合則 (associative law) 20
言語マニュアル (language reference manual : LRM) ... 24
検証 1, 81

【こ】

高位合成 (high level synthesis) 3
公開鍵 180
公開鍵暗号 (public-key chiper) 180
交換則 (commutative law) 20
合成 (synthesis) 3
合同 (congruent) 181
高レベル (high level) 2
コメント文 236
コンパレータ (comparator) 71
コンフィグレーション名 216
コンポーネント 59, 62, 215
コンポーネント・インスタンス文 60
コンポーネント宣言 60
コンポーネント名 215

【さ】

最下位ビット 10
最小項 40, 42, 43

最小公倍数 (least common multiplier : LCM) 181
最大項 (maxterm) 40
最大公約数 (greatest common divisor : GCD) ... 181
サブプログラム仕様 229
算術演算子 (arithmetic operator) 11
算術演算用パッケージ 63

【し】

識別子 209
システム LSI (system LSI) 162
システムオンシリコン (system on silicon : SOS) ... 161
システムオンチップ (system on chip : SOC) ... 161
実現 (implementation) 1
シフトレジスタ (shift register) 112
シミュレーション 81, 82
シャノン展開 (Shannon expansion) 32
主加法標準形 32, 33, 34, 42, 48
主項 45, 48
主乗法標準形 32, 33, 34
受信者 (receiver) 180
出力回路 (output circuit) 123
出力関数 123, 124, 125, 132
出力表 (output table) 125
出力ポート 25
出力メッセージ 211
順次処理プロシージャ 230
順次処理文 (sequential statement) 65
順序回路 12, 122, 124, 132, 155
順序回路合成 (sequential logic synthesis) 168
仕様 1, 160, 186, 191
条件付き信号代入文 237
状態 122, 133, 157, 169
状態数最小化 (state minimization) 169
状態遷移回路 (state transition circuit) 123
状態遷移関数 123, 124, 125, 127, 132
状態遷移図 124, 132, 157
状態遷移表 125, 132
状態変数 (state variable) 125
状態割り当て 125, 132, 133, 169
乗法 (標準) 形 (conjunctive canonical form) 31
乗法展開定理 32
ジョンソンカウンタ 138, 170
ジョンソン割り当て 170
シリアルデータ (serial data : 直列データ) 67
信号代入文 25, 237, 243
真理値 (truth value) 11
真理値表 12, 18

【す】

数値定数 25
スタンダードセル (standard cell) 162
ステートマシン 124, 133, 155, 156, 169
ストローブ (strobe) 97
スレーブ FF (slave FF) 107

【せ】

制御回路 (controller) 155
制御出力 (control output) 155
制御入力 (control input) 155
静的ハザード (static hazard) 74

索引

制約条件 ... 167, 173
正論理 ... 15, 95
積項 (product term) ... 30
積和 (標準) 形 ... 31
設計検証 ... 1, 81
設計自動化 (design automation : DA) ... 3
セミカスタム LSI (semi-custom LSI) ... 162
セル (cell) ... 173
セレクタ ... 64, 163
全加算器 ... 15, 45, 57
センシティビティ・リスト ... 64, 66, 110, 111, 228

【そ】
双対 (dual) ... 21
双対性 (duality) ... 21

【た】
対称鍵暗号 ... 180
対等 ... 35
タイミングチャート (timing chart) ... 27
ダウンカウンタ (down counter) ... 135
互いに素 (relative primes) ... 181
多数決回路 (voter) ... 54
多段論理回路 (multi-level logic circuit) ... 172
多段論理簡単化 (multi-level logic simplification) ... 172
単位元 (unit element) ... 21
単項 ... 31

【ち】
遅延 (delay) ... 73
遅延 FF (delay FF) ... 104
遅延回路 (delay circuit) ... 123
抽象度 ... 2

【つ】
通信路 (communication channel) ... 179

【て】
定義済み関数 ... 85, 111
ディジタル IC (digital IC) ... 161
ディジタル回路 (digital circuit) ... 11
ディジタル信号 ... 11, 12
定数 ... 25, 217
低レベル (low level) ... 2
データ出力 (data output) ... 155
データセレクタ (data selector) ... 64
データタイプ ... 26
データ入力 (data input) ... 155
データパス (data path) ... 155
テクノロジマッピング (technology mapping) ... 173
テクノロジライブラリ (technology library) ... 173
デコーダ (decoder) ... 68
テストベクトル (test vector) ... 82
テストベンチ (test bench) ... 82
デマルチプレクサ (demultiplexer) ... 66
デルタ遅延 ... 235, 243
展開定理 (expansion theorem) ... 32

【と】
同一則 (identity law) ... 20
同期型 RS-FF ... 95, 98
同期式 N 進カウンタ ... 134
同期式カウンタ (synchronous counter) ... 116
同期式順序回路 ... 123, 155
同期微分器 ... 118
同時処理プロシージャ ... 230
同時処理文 (concurrent statement) ... 65
盗聴者 (wiretapper) ... 180
動的ハザード ... 74, 106
特性表 (characteristic table) ... 93
特性方程式 (characteristic equation) ... 118
トップダウン設計 ... 2, 3
ド・モルガンの定理 (de Morgan's law) ... 22
ドントケア ... 26, 46, 96

【な】
内部状態 (internal state) ... 122

【に】
二重否定の法則 (law of double negation) ... 22
二段論理回路 ... 171, 173
二段論理簡単化 (two-level logic simplification) ... 172
入力ポート ... 25

【ね】
ネガティブエッジトリガ型 FF (negative-edge-triggered FF) ... 109
ネットリスト (netlist) ... 173

【は】
ハードウェア記述言語 (HDL) ... 3, 24
ハイインピーダンス ... 26
排他的論理和 ... 13, 35
排他的論理和否定 (XNOR) ... 35
バイト (byte) ... 9
バイナリカウンタ (binary counter) ... 136
バイナリ割り当て ... 169
バイポーラ系 IC ... 162
配列型 ... 146
ハザード ... 74, 78, 80, 95
ハザードフリー ... 77, 79
パッケージ ... 63
発振 (oscillation) ... 106
発信者 (sender) ... 180
ハミング重み (Hamming weight) ... 41
ハミング距離 (Hamming distance) ... 41
パラレルデータ (parallel data : 並列データ) ... 67
パリティジェネレータ (parity generator) ... 72
パリティチェッカ (parity checker) ... 72
パリティチェック (parity check) ... 72
半加算器 ... 15, 17, 24, 57
汎用 LSI (standard LSI) ... 162

【ひ】
比較器 ... 71
非対称鍵暗号 ... 180
ビット (bit) ... 9
ビット切り出し ... 113
ビット (列) 定数 ... 25

索引　251

否定 11, 12, 19
非同期型 RS-FF (asynchronous RS-FF) 94
非同期式カウンタ (asynchronous counter) 115
非同期式順序回路 (asynchronous sequential circuit) 123
秘密鍵 180
秘密鍵暗号 (private-key chiper) 180
ヒューズ型 FPGA 165
平文 180, 184

【ふ】

ファイルタイプ名 219
ファイル変数 85, 219
ファイル名 218
ファンクション 230
フィードバック (feedback) 92
ブール代数 (Boolean algebra) 20
フェルマーの小定理 (Fermat's little theorem) 182
不揮発性メモリ (nonvolatile memory) 144
復号 180, 182
復号鍵 180
復号器 180
符号絶対値 (sign and magnitude) 10
符号付き 2 進数 10, 11
符号ビット (sign bit) 10
不定値 26
フリップフロップ (flip flop : FF) 92, 155
フルカスタム LSI (full-custom LSI) 162
プロシージャ 230
ブロックサイズ 185
負論理 15, 94
分周器 (frequency divider) 115
分配則 20, 173

【へ】

べき等則 (idempotent law) 22
変数代入文 238, 243

【ほ】

法 181
方式設計 1, 160, 186, 191
補元 (complement) 21
補元則 21, 43, 48
ポジティブエッジトリガ型 FF (positive-edge-triggered FF) . 109
ボトムアップ設計 2, 3

【ま】

マスク ROM (mask ROM) 145
マスタ-FF (master FF) 107
マスタ-スレーブ型 FF (master-slave FF) 107
マルチプレクサ (multiplexer) 64

【み】

ミーリ (Mealy) 型順序回路 122

【む】

ムーア (Moore) 型順序回路 122

【め】

メモリ (memory : 記憶回路) 142
メモリレジスタ (memory register) 112

【も】

文字 (列) 定数 25

【ゆ】

ユニポーラ系 IC 162

【よ】

予約語 209

【ら】

ラッチ 92, 97, 101, 104, 169

【り】

リソース (resource : 資源) 167
リソースの共有化 (resource sharing) 167
リソースの割り当て (resource allocation) 167
リテラル (literal) 30
リプルカウンタ (ripple counter) 115
リフレッシュ 148
リングカウンタ 136, 170

【る】

ルックアップテーブル (look-up table) 163

【れ】

レイアウト設計 (layout design) 1
零元 (zero element) 21
レーシング (racing) 106
レジスタ 112, 155, 169
レジスタ推定 (register inference) 168
レジスタ転送レベル (register transfer level : RTL) 3
レベルトリガ型 FF (level triggered FF) 109
連接演算子 113

【ろ】

論理圧縮 19, 38, 42, 44, 48, 173
論理演算子 (logical operator) 11
論理回路 (logic circuit) 12
論理型 26
論理関数 11, 12, 19, 34
論理合成 3, 161, 166, 173
論理最適化 (logic optimization) 173
論理式 12, 18
論理積 11, 12, 19, 35
論理積否定 13, 35
論理設計 1, 173
論理値 11, 15
論理ハザード (logic hazard) 80
論理変換 167, 173
論理変数 11, 12
論理和 11, 12, 19, 35
論理和否定 13, 35

【わ】

ワード (word) 142
和項 (sum term) 30
和積 (標準) 形 31
ワンホット (one hot) 170
ワンホット割り当て 170

本書は印刷物からスキャナによる読み取りを行い印刷しました．諸々の事情により，印刷が必ずしも明瞭でなかったり，左右頁にズレが生じていることがあります．また，一般書籍最終版を概ねそのまま再現していることから，記載事項や文章に現代とは異なる表現が含まれている場合があります．事情ご賢察のうえ，ご了承くださいますようお願い申し上げます．

この本はオンデマンド印刷技術で印刷しました

本書は，一般書籍最終版を概ねそのまま再現していることから，記載事項や文章に現代とは異なる表現が含まれている場合があります．事情ご賢察のうえ，ご了承くださいますようお願い申し上げます．

- **本書記載の社名，製品名について** ─ 本書に記載されている社名および製品名は，一般に開発メーカーの登録商標または商標です．なお，本文中では ™，®，© の各表示を明記していません．
- **本書掲載記事の利用についてのご注意** ─ 本書掲載記事は著作権法により保護され，また産業財産権が確立されている場合があります．したがって，記事として掲載された技術情報をもとに製品化をするには，著作権者および産業財産権者の許可が必要です．また，掲載された技術情報を利用することにより発生した損害などに関して，CQ出版社および著作権者ならびに産業財産権者は責任を負いかねますのでご了承ください．
- **本書に関するご質問について** ─ 文章，数式などの記述上の不明点についてのご質問は，必ず往復はがきか返信用封筒を同封した封書でお願いいたします．ご質問は著者に回送し直接回答していただきますので，多少時間がかかります．また，本書の記載範囲を越えるご質問には応じられませんので，ご了承ください．
- **本書の複製等について** ─ 本書のコピー，スキャン，デジタル化等の無断複製は著作権法上での例外を除き禁じられています．本書を代行業者等の第三者に依頼してスキャンやデジタル化することは，たとえ個人や家庭内の利用でも認められておりません．

JCOPY 〈出版者著作権管理機構委託出版物〉
本書の全部または一部を無断で複写複製（コピー）することは，著作権法上での例外を除き，禁じられています．本書からの複製を希望される場合は，出版者著作権管理機構（TEL：03-5244-5088）にご連絡ください．

VHDLで学ぶディジタル回路設計 [オンデマンド版]

2002年 4月20日 初版発行
2014年 2月 1日 第8版発行
2022年 2月 1日 オンデマンド版発行

© Takeo Yoshida, Hiroshi Ochi 2002
（無断転載を禁じます）

著 者　吉　田　たけお
　　　　尾　知　　　博
発行人　小　澤　拓　治
発行所　CQ出版株式会社
〒112-8619　東京都文京区千石4-29-14
電話　編集　03-5395-2122
　　　販売　03-5395-2141

ISBN978-4-7898-5295-1
定価は表紙に表示してあります．
乱丁・落丁本はご面倒でも小社宛にお送りください．
送料小社負担にてお取り替えいたします．

表紙デザイン　奥村 恒夫

印刷・製本　大日本印刷株式会社
Printed in Japan